城镇规划设计指南丛书

城镇乡村公园

骆中钊 戴 俭 张 磊 张惠芳 ◎总主编

张惠芳 杨 玲 ◎主 编

夏晶晶 徐伟涛 ◎副主编

中国林业出版社

图书在版编目（ＣＩＰ）数据

城镇乡村公园 / 骆中钊等总主编 . —— 北京：中国

林业出版社，2020.8

　　（城镇规划设计指南丛书）

　　ISBN 978-7-5219-0666-0

Ⅰ . ①城… Ⅱ . ①骆… Ⅲ . ①城镇 – 公园 – 城市规划

Ⅳ . ① TU984.181

中国版本图书馆 CIP 数据核字 (2020) 第 120491 号

策　　划：纪　亮

责任编辑：李　顺

出版：中国林业出版社（100009 北京西城区刘海胡同 7 号）

网站：http://www.forestry.gov.cn/lycb.html

印刷：河北京平诚乾印刷有限公司

发行：中国林业出版社

电话：（010）8314 3573

版次：2020 年 8 月第 1 版

印次：2020 年 8 月第 1 次

开本：1/16

印张：15.5

字数：300 千字

定价：96.00 元

编委会

组编单位：
世界文化地理研究院
国家住宅与居住环境工程技术研究中心
北京工业大学建筑与城规学院

承编单位：
乡魂建筑研究学社
北京工业大学建筑与城市规划学院
天津市环境保护科学研究院
北方工业大学城镇发展研究所
燕山大学建筑系
方圆建设集团有限公司

编委会顾问：
国家历史文化名城专家委员会副主任　郑孝燮
中国文物学会名誉会长　谢辰生
原国家建委农房建设办公室主任　冯　华
中国民间文艺家协会驻会副会长党组书记　罗　杨
清华大学建筑学院教授、博导　单德启
天津市环保局总工程师、全国人大代表　包景岭
恒利集团董事长、全国人大代表　李长庚

编委会主任：骆中钊

编委会副主任：戴　俭　张　磊　乔惠民

编委会委员：
世界文化地理研究院　骆中钊　张惠芳　乔惠民　骆　伟　陈　磊　冯惠玲
国家住宅与居住环境工程技术研究中心　仲继寿　张　磊　曾　雁　夏晶晶　鲁永飞
中国建筑设计研究院　白红卫
方圆建设集团有限公司　任剑锋　方朝晖　陈黎阳
北京工业大学建筑与城市规划学院　戴　俭　王志涛　王　飞　张　建　王笑梦　廖含文　齐　羚
北方工业大学建筑艺术学院　张　勃　宋效巍
燕山大学建筑系　孙志坚
北京建筑大学建筑与城市规划学院　范霄鹏
合肥工业大学建筑与艺术学院　李　早
西北工业大学力学与土木建筑学院　刘　煜
大连理工大学建筑环境与新能源研究所　陈　滨
天津市环境保护科学研究院　温　娟　李　燃　闫　佩
福建省住建厅村镇处　李　雄　林琼华
福建省城乡规划设计院　白　敏
《城乡建设》全国理事会　汪法濒
《城乡建设》　金香梅
北京乡魂建筑设计有限责任公司　韩春平　陶茉莉
福建省建盟工程设计集团有限公司　刘　蔚
福建省莆田市园林管理局　张宇静
北京市古代建筑研究所　王　倩
北京市园林古建设计研究院　李松梅

编者名单

1 《城镇建设规划》
总主编 骆中钊 戴俭 张磊 张惠芳
主编 刘蔚
副主编 张建 张光辉

2 《城镇住宅设计》
总主编 骆中钊 戴俭 张磊 张惠芳
主编 孙志坚
副主编 陈黎阳

3 《城镇住区规划》
总主编 骆中钊 戴俭 张磊 张惠芳
主编 张磊
副主编 王笑梦 霍达

4 《城镇街道广场》
总主编 骆中钊 戴俭 张磊 张惠芳
主编 骆中钊
副主编 廖含文

5 《城镇乡村公园》
总主编 骆中钊 戴俭 张磊 张惠芳
主编 张惠芳 杨玲
副主编 夏晶晶 徐伟涛

6 《城镇特色风貌》
总主编 骆中钊 戴俭 张磊 张惠芳
主编 骆中钊
副主编 王倩

7 《城镇园林景观》
总主编 骆中钊 戴俭 张磊 张惠芳
主编 张宇静
副主编 齐羚 徐伟涛

8 《城镇生态建设》
总主编 骆中钊 戴俭 张磊 张惠芳
主编 李燃 刘少冲
副主编 闫佩 彭建东

9 《城镇节能环保》
总主编 骆中钊 戴俭 张磊 张惠芳
主编 宋效巍
副主编 李燃 刘少冲

10 《城镇安全防灾》
总主编 骆中钊 戴俭 张磊 张惠芳
主编 王志涛
副主编 王飞

总前言

习近平总书记在党的十九大报告中指出，要"推动新型工业化、信息化、城镇化、农业现代化同步发展"。走"四化"同步发展道路，是全面建设中国特色社会主义现代化国家、实现中华民族伟大复兴的必然要求。推动"四化"同步发展，必须牢牢把握新时代新型工业化、信息化、城镇化、农业现代化的新特征，找准"四化"同步发展的着力点。

城镇化对任何国家来说，都是实现现代化进程中不可跨越的环节，没有城镇化就不可能有现代化。城镇化水平是一个国家或地区经济发展的重要标志，也是衡量一个国家或地区社会组织强度和管理水平的标志，城镇化综合体现一国或地区的发展水平。

从 20 世纪 80 年代费孝通提出"小城镇大问题"到国家层面的"小城镇大战略"，尤其是改革开放以来，以专业镇、重点镇、中心镇等为主要表现形式的特色镇，其发展壮大、联城进村，越来越成为做强镇域经济，壮大县区域经济，建设社会主义新农村，推动工业化、信息化、城镇化、农业现代化同步发展的重要力量。特色镇是大中小城市和小城镇协调发展的重要核心，对联城进村起着重要作用，是城市发展的重要递度增长空间，是小城镇发展最显活力与竞争力的表现形态，是以"万镇千城"为主要内容的新型城镇化发展的关键节点，已成为镇城经济最具代表性的核心竞争力，是我国数万个镇形成县区城经济增长的最佳平台。特色与创新是新型城镇可持续发展的核心动力。生态文明、科学发展是中国新型城镇永恒的主题。发展中国新型城镇化是坚持和发展中国特色社会

主义的具体实践。建设美丽新型城镇是推进城镇化、推动城乡发展一体化的重要载体与平台，是丰富美丽中国内涵的重要内容，是实现"中国梦"的基础元素。新型城镇的建设与发展，对于积极扩大国内有效需求，大力发展服务业，开发和培育信息消费、医疗、养老、文化等新的消费热点，增强消费的拉动作用，夯实农业基础，着力保障和改善民生，深化改革开放等方面，都会产生现实的积极意义。而对新型城镇的发展规律、建设路径等展开学术探讨与研究，必将对解决城镇发展的模式转变、建设新型城镇化、打造中国经济的升级版，起着实践、探索、提升、影响的重大作用。

《中共中央关于全面深化改革若干重大问题的决定》已成为中国新一轮持续发展的新形势下全面深化改革的纲领性文件。发展中国新型城镇也是全面深化改革不可缺少的内容之一。正如习近平同志所指出的"当前城镇化的重点应该放在使中小城市、小城镇得到良性的、健康的、较快的发展上"，由"小城镇 大战略"到"新型城镇化"，发展中国新型城镇是坚持和发展中国特色社会主义的具体实践，中国新型城镇的发展已成为推动中国特色的新型工业化、信息化、城镇化、农业现代化同步发展的核心力量之一。建设美丽新型城镇是推动城镇化、推动城乡一体化的重要载体与平台，是丰富美丽中国内涵的重要内容，是实现"中国梦"的基础元素。实现中国梦，需要走中国道路、弘扬中国精神、凝聚中国力量，更需要中国行动与中国实践。建设、发展中国新型城镇，

就是实现中国梦最直接的中国行动与中国实践。

城镇化更加注重以人为核心。解决好人的问题是推进新型城镇化的关键。新时代的城镇化不是简单地把农村人口向城市转移，而是要坚持以人民为中心的发展思想，切实提高城镇化的质量，增强城镇对农业转移人口的吸引力和承载力。为此，需要着力实现两个方面的提升：一是提升农业转移人口的市民化水平，使农业转移人口享受平等的市民权利，能够在城镇扎根落户；二是以中心城市为核心、周边中小城市为支撑，推进大中小城市网络化建设，提高中小城市公共服务水平，增强城镇的产业发展、公共服务、吸纳就业、人口集聚功能。

为了推行城镇化建设，贯彻党中央精神，在中国林业出版社支持下，特组织专家、学者编撰了本套丛书。丛书的编撰坚持三个原则：

1. 弘扬传统文化。中华文明是世界四大文明古国中唯一没有中断而且至今依然充满着生机勃勃的人类文明，是中华民族的精神纽带和凝聚力所在。中华文化中的"天人合一"思想，是最传统的生态哲学思想。丛书各册开篇都优先介绍了我国优秀传统建筑文化中的精华，并以科学历史的态度和辩证唯物主义的观点来认识和对待，取其精华，去其糟粕，运用到城镇生态建设中。

2. 突出实用技术。城镇化涉及广大人民群众的切身利益，城镇规划和建设必须让群众得到好处，才能得以顺利实施。丛书各册注重实用技术的筛选和介绍，力争通过简单的理论介绍说明原理，通过翔实的案例和分析指导城镇的规划和建设。

3. 注重文化创意。随着城镇化建设的突飞猛进，我国不少城镇建设不约而同地大拆大建，缺乏对自然历史文化遗产的保护，形成"千城一面"的局面。但我国幅员辽阔，区域气候、地形、资源、文化乃至传统差异大，社会经济发展不平衡，城镇化建设必须因地制宜，分类实施。丛书各册注重城镇建设中的区域差异，突出因地制宜原则，充分运用当地的资源、风俗、传统文化等，给出不同的建设规划与设计实用技术。

丛书分为建设规划、住宅设计、住区规划、街道广场、乡村公园、特色风貌、园林景观、生态建设、节能环保、安全防灾10个分册，在编撰中得到很多领导、专家、学者的关心和指导，借此特致以衷心的感谢！

丛书编委会

前　言

我国的改革是从农村起步的，农村改革发展的伟大实践，为实现人民生活从温饱不足到总体小康的历史性跨越、推进社会主义现代化做出了重大贡献，为战胜各种困难和风险、保持社会大局稳定奠定了坚实基础。党中央出台的"三农"政策行之有效、深得民心，有效调动了农民积极性，进入 21 世纪以来，有力推动了农业农村发展。2013 年 12 月 23 ～ 24 日在北京举行的中央农村工作会议，是深入贯彻党的十八大和十八届三中全会精神，全面分析"三农"工作面临的形势和任务，研究全面深化农村改革、加快农业现代化步伐的重要政策，并部署了 2014 年和今后一个时期的农业农村工作。习近平总书记在会上发表重要讲话，从我国经济社会长远发展大局出发，高屋建瓴、深刻精辟地阐述了推进农村改革发展若干具有方向性和战略性的重大问题，同时提出明确要求。李克强总理在讲话中深入分析了农业和农村工作形势，并就依靠改革创新推进农业现代化、更好履行政府"三农"工作职责等重点任务作出具体部署。会议指出，这次中央农村工作会议，是党的十八届三中全会之后，中央召开的又一次重要会议。会议强调，小康不小康，关键看老乡。一定要看到，农业还是"四化同步"的短腿，农村还是全面建成小康社会的短板。中国要强，农业必须强；中国要美，农村必须美；中国要富，农民必须富。我们必须坚持把解决好"三农"问题作为全党工作的重中之重，坚持工业反哺农业、城市支持农村和多予少取放活方针，不断加大强农惠农富农政策力度，始终把"三农"工作牢牢抓住、紧紧抓好。

为此，怎样才能切实做强农业，让农业成为有奔头的产业，怎样才能真正靓美农村，让农村成为安居乐业的美丽家园？怎样才能确保农民致富，提高农民的自身价值，让农民成为体面的职业？这些问题成为举国上下普遍关心的话题，更是广大农民群众、从事农村工作的干部和规划、设计人员迫切期望破解的问题。

笔者长期深入农村基层的研究实践，在党中央"小城镇、大战略"和一系列有关"三农"政策的鼓舞和指导下，近年来着重对如何进行社会主义新农村的建设理念进行实践，取得一定的成效，深得广大群众、干部的支持，并在研究总结的基础上，组织了"创建美丽乡村公园，促进城乡统筹发展"的课题研究。实践证明，创建乡村公园，可以推进农业现代化，做强农业；可以塑造美丽乡村，靓美农村；可以确保农民持续增收，富裕农民。是破解"三农"难题，提高农民自身价值，使农民成为体面职业的有效途径之一。为此，在家人的支持下，老朽仍然抱病坚持深入基层，与广大农民群众、干部一起对创建乡村公园进一步开展探索和研究。

创建乡村公园，应该以乡村为核心，以农民为主体；农民建园，园住农民；园在村中，村在园中。

创建乡村公园，应该充分激活乡村的山、水、田、人、文、宅资源。通过土地流转，实现集约经营；发展现代农业，转变生产方式；合理利用土地，保护生态环境。发展多种经营，促进农业强盛；传承地域文化,展现农村美景;开发创意文化,确保农民富裕。

创建乡村公园,应该是涵盖现代化的农业生产、生态化的田园风光、园林化的乡村气息和市场化的创意文化等景观,并融合农耕文化、民俗文化和乡村产业文化等于一体的新型公园形态。它是中华自然情怀、传统乡村园林、山水园林理念和现代乡村旅游的综合发展新模式,体现出乡村所具有的休闲、养生、养老、度假、游憩、学习等特色;它既不同于一般概念的城市公园和郊野公园,又区别于农村小广场、小花园等景观绿地和一般化的农家乐、乡村游览点、农村民俗观赏园、乡村风景公园、乡村森林公园及以农耕为主的农业公园和现代农业观光园等,它是中国乡村休闲和农业观光园、农业公园的升级版,是乡村旅游的高端形态之一。

创建乡村公园,应该实现产业景观化,景观产业化;达到农民返乡,市民下乡;让农民不受伤,让土地生黄金。

创建乡村公园,应该推动乡村经济建设、社会建设、政治建设、文化建设和生态建设的同步发展,促进城乡统筹发展,拓辟城镇化发展的蹊径。

创建乡村公园,应该以其亲和力及凝聚力,吸纳社会各界更多的人群。乡村公园是在城市人向往回归自然、返璞归真的追崇和扩大内需、拓展假日经济的推动下,应运而生的一个新创意,是社会主义新农村建设的全面提升;也是城市人心灵中回归自然、返璞归真的一种渴望,从而达到"美景深闺藏,隔河翘首望,创意架金桥,两岸齐欢笑"的途径。

笔者通过长期对新农村建设的规划设计研究和对颇富中国传统文化内涵的乡村园林进行了一些有益的探讨,并在实践中加以运用,得到深刻的启迪,认识到乡村园林是中国园林师法自然的范本。回归自然,与自然和谐相处已成为现代人的理想追求。弘扬乡村园林,创建乡村公园成为建设社会主义新农村的崭新途径。近几年来,又对如何弘扬我国优秀建筑文化中的造园艺术的意境拓展进行了探讨,并着重以弘扬乡村园林,开发创意性生态农业文化,创建乡村公园,发展现代人所向往的乡村休闲度假产业作了较为深入的探讨和实践,获得广大群众的欢迎。特将自己长期对我国传统建筑文化和乡村园林进行的研究,并对乡村规划实践进行总结,编撰成书,与广大读者分享。期望能在古稀之年,为美丽乡村建设贡献菲薄之力。

本书是"城镇规划设计指南丛书"中的一册,书中阐述了追寻梦里桃源的乡村公园、独具时代理念的乡村公园和特点鲜明突出的乡村公园的基本概念;叙述了凝聚山水情缘的乡村公园、弘扬乡村园林的乡村公园和立足美丽乡村的乡村公园规划理念;探述了彰显创意亮点的乡村公园造园技巧;介绍了一些包括概念性规划、实施性规划和乡村游规划的实践案例,以便读者阅读和工作中参考。

书中理念新颖、观点鲜明、内容丰富,具有可资借鉴的实用性、广泛普及的适应性和颇富内涵的趣味性,是一本实用性较强的读物,适合广大群众、各级领导干部和社会各界人士阅读,可供从事城镇建设的广大设计人员、规划人员和管理人员在工作中参考,并可作为美丽乡村建设各级管理干部的培训教材和大专院校相关专业师生的教学参考。

本书在编撰中得到了 郑孝燮 、谢辰生等老师和许多专家、学者的指导和支持;中国村社发展促进会沈泽江秘书长、杨秋生博士和赵玉颖同志为本书提供了大量可供引用的资料,特致以真情的感谢。

限于水平,书中不足及不妥之处,敬请广大读者批评指正。

骆中钊

于北京什刹海畔滋善轩乡魂建筑研究学社

目 录

（提取码：71k3）

1 追寻梦里桃源的乡村公园

疯狂的"城市化"，使得城市不断地被拥挤，乡村不断地被冷落；城市中旧的棚户区似乎散失了，但是更大规模的棚户区却在城乡交界处不断扩大和增加，城乡两元化没有得到真正的改变，甚至造成耕地荒废、农村萧条。

城市无休止地扩大和膨胀，城乡缺少真正的科学规划，导致了超越现实的"工业化"和"现代化"，使得生态环境严重失衡。

四霾（火霾、车霾、楼霾、雾霾）、四暴（沙尘暴、风雪暴、雨暴、热暴）、喧嚣的噪音和丧失优秀传统"乡愁"文化，使得很多城市严重地丧失了人类居住环境的适宜性。环境污染严重地威胁着人类的健康，人们呼唤着留住地球，留住人类生存的大自然，那么我们需要怎样的生存环境呢？敢问生态文明路在何方？

人们（尤其是城里人）四处追寻幽静的居住环境、梦求幽雅的乡村美景，在美丽乡村建设的研究中，许多专家和学者都着力于乡村生态景观的保护和塑造，以便开展乡村旅游，满足城里人休闲度假的需求。随着我国城镇化范围的不断扩大，乡村地区正发生着巨大的变化，尤其是将社会主义新农村建设作为"我国现代化进程中的重大历史任务"给乡村的建设发展带来了前所未有的契机。"美景深闺藏，隔河翘首望。创意架金桥，两岸齐欢笑。"的创意便应运而生，研究和实践表明，乡村公园的建设是繁荣乡村、促进城乡统筹发展、推动城镇化进程的一种有效途径。

1.1 环境污染威胁健康

《2004 年地球生态报告》由世界自然基金会发布，报告的主要目的是探索人类对地球的冲击，报告在检验了 149 个国家和地区的自然及其资源状况后指出，地球的健康状况正在急剧地衰退，生态的破坏程度日趋严重，究其原因就是人类对自然资源的过度消耗和对自然掠夺的日益加剧。据统计，人类每年对地球自然资源的消耗量已超出地球产出量的 20%，已造成严重的透支，现在我们已经在严重侵占子孙后代的资源了。

人类一方面向地球无休止地掠夺自然资源，另一方面又毫无顾忌地向地球倾倒污染，致使地球的生态环境面目全非，伤痕累累，最终结果是人类自食恶果，人类的生存环境遭受严重污染，人类的生命健康遭受严重威胁。

1.1.1 形成温室效应和热岛效应的危害

（1）温室效应

温室效应是大气中某些微量气体含量增加而引起地球平均温度升高的现象。这些微量气体称为温室气体，主要有二氧化碳、甲烷、二氧化氮、水蒸气和氟利昂等，而引起温室效应的主要是二氧化碳。入射地球的太阳辐射热大都是短波光、1.5μm以下的近红外线和可见光（0.38～0.76μm），而地球的反射热大都是波长在4～20μm之间的远红外线。而二氧化碳一般不吸收短波，最容易吸收波长在4～5μm和14μm以上的远红外线。因此，大气中二氧化碳浓度的增加不会阻挡太阳辐射到达地球表面，却会吸收地球的反射热，使地球的热量输出少于热量输入，这就必然导致地球的温度升高。温室效应原理如图1-1所示。

由温室效应导致下列后果：

①全球气候变暖。在北半球，冬季变短、变潮；夏季变长，变干燥。按目前趋势发展下去，到2100年，地球平均温度可能会上升3～4℃，以致热带风暴频繁发生，而且强度加大。例如，2005年8月5日开始的强台风"麦沙"肆虐东南沿海，造成严重自然灾害就是一例。

②海平面上升。据推算，全球增温1.5～1.6℃，海平面则可上升16.5～20cm，这是由于温度升高，冰川融化，导致海平面上升。这对沿海大量繁华城市、海岛等造成极大威胁。南太平洋小岛国图瓦卢就遭遇灭顶之灾，只得全体移民至新西兰。印度洋小国马尔代夫，眼看也将遭遇同样命运。

③生态环境变化。气候的变化，将使农业和自然生态遭到破坏。

由于温室效应致使温度升高，炎热的天气使科学家们突发奇想，提出来给地球放一把伞，设想向太空发射4颗人造卫星，卫星上装有激光发射器和反射镜，这些漫射的激光就像一把遮光的伞，当太阳红外线穿过时其中一部分将被这把伞折射回去，达到为地球降温的目的。更有趣的是，还有科学家真正要做一把超薄型的大遮阳伞，其厚度不能超过2μm，其面积大到10亿m²，这把奇特的伞应该放到什么地方呢？经过科学家反复推算，应放在太阳和地球连线上、距离地球150万km的地方（太阳至地球的距离为1.5亿km），因为处于运动中的太阳、地球和月亮的距离恒定不变的，才能真正起到遮阳的作用。科学家认为，只要遮挡太阳光的3%即可使地球升温趋缓，给人们带来一些凉意。然而，上述还只是设想，何时实现还很渺茫。目前当务之急还是人类必须齐心协力地减少二氧化碳的排放。

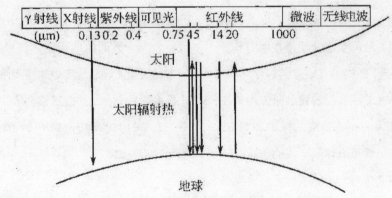

(1) 太阳辐射能 0.136～4μm(99%)，其中可见光 0.38～0.76μm，占50%
(2) 地面辐射能 4～20μm
(3) CO₂ 吸收能 4～5μm，14μm
  ① 地表 CO_2 浓度，不会阻挡辐射到地表的太阳能；
  ② CO_2 浓度越高，吸收地表的反射热则越多 —→ 地球表面温度升高 —→ 温室效应 —→ 地球变暖

图1-1 温室效应原理

(2) 热岛效应

居住在大城市的居民，每到夏季都感到酷暑难当，这是由于城市人口密集、工业集中，造成了温度高于周围地区的现象，称为热岛效应。其原因是：①城市上空污染物质起到保温作用；②混凝土等建筑物和道路大量吸引热辐射；③高层建筑过多、风速减低、放热困难；④空调等电器的大量使用增加热源。

由于热岛效应，使城市上空的污染物更难扩散、稀释，造成恶性循环。以2005年为例，入夏以后，我国部分城市均创出高温的历史纪录；南京、重庆、武汉、杭州素有中国"四大火炉"之称，但有些城市比"四大火炉"还热，也许成为新的火炉了。截至8月17日，上海已有28个高温日，其中连续5天气温超过38℃，最高达39℃，突破同期70年的纪录，4天的日平均气温更创下了133年来的新纪录。6月23日，济南出现罕见高温，最高气温达40.9℃，36℃以上的高温天数创下了历史纪录。7月份，"老火炉"杭州连续12天高温，最高温度达39.3℃。这些城市的热岛效应还有进一步发展的趋势。

2013年7月31日《北京晨报》刊载："马上就要过去的7月，江淮、江南、重庆等地犹如在日复一日的火炉中遭受炙烤；马上到来的8月，仍未有降温趋势，反有强度加强之虞。昨天11时，中国气象局今年首次启动高温Ⅱ级应急响应，这也是有史以来气象部门启动的最高级别的高温应急响应。中央气象台预计，8月上旬至中旬前期，南方地区高温持续，部分地区强度还将超过前期。据气象专家介绍，2013年的高温形势与2003年相仿，2003年南方也经历了罕见的高温过程，高温时段从6月30日到8月11日，长达43天，多地气温刷新历史同期极值，长沙、福州、南昌的最高气温达到41℃，杭州、重庆、武汉气温超过40℃。浙江中南部、福建北部和江西中部等地达到40～43℃。据2013年7月已有24个高温日，打破141年来的纪录，非职业中暑死亡人数十余人，江苏海安也已有18个高温日，刷新气象历史纪录……"再次拉响了热岛效应的警报。

1.1.2 出现臭氧洞的威胁

在离地球35km左右的平流层中有着丰富的臭氧，称为臭氧层。这是由于氧分子（O_2）在太阳辐射下分解出氧原子（O），再同分子氧结合而成（O_3）。臭氧有吸收紫外线（0.2～0.4μm）和其他短波太阳辐射的能力。因为这些辐射对人体和生物有致癌和杀伤作用，因而臭氧保护了人类和生态系统免受短波辐射（包括X射线、伽马射线、紫外线）的伤害。但由于在平流层内运行的飞行器日益增多，一些污染气体，如氟利昂分解出来的氯原子与臭氧发生反应，使臭氧减少，臭氧层遭到破坏，甚至在南极上空出现了"臭氧空洞"。

臭氧层遭到破坏，大量紫外线辐射到达地表，给地球上的生命带来莫大的危害。因为紫外线辐射能破坏生物蛋白质和基因物质DNA，从而造成细胞死亡（医院消毒杀菌用紫外线就是利用这一原理）。对人的直接损害包括皮肤癌发病率增高，眼睛伤害，白内障发病率亦升高，对植物也会造成损害，如抑制大豆、瓜类、蔬菜等的生长。因为紫外线能穿透10m深的水层，杀死浮游生物和微生物，从而危及水中生物的食物链和自由氧的来源，影响生态平衡和水体的自净能力。

1.1.3 造成沙尘暴的肆虐

近年来，我国北方的天气异常，每到春天，北京常常受到沙尘暴的袭击，强劲的风沙使人难以睁眼和呼吸，能见度往往小于1000 m。这种灾害性天气主要是由于对森林的乱砍滥伐、草原遭破坏、水土保持不力等因素造成的大自然的报复。其破坏力较强，可以造成农田受损，交通设施和农业设施被破坏和环境污染。

1.1.4 造成大气污染，导致雾霾笼罩

世界卫生组织（WHO）规定，大气污染的定义为"室外的大气中若存在人为造成的污染物质，其含量与浓度及持续时间可引起多数居民的不适感，在很大范围内危害公共卫生，会使人类、动植物生活处于受妨碍的状态。"

大气污染的主要来源：

①燃料的燃烧，主要是煤和石油燃烧排放的大量有害物质，如烟尘、二氧化碳、一氧化碳等。

②喷洒农药产生的粉尘和雾滴。

③交通工具的尾气，如氮氧化物、碳氢化合物、铅尘等。另外，由于生物因子造成的大气污染也不容忽视，如细菌、病毒、花粉、尘螨等。

大气污染除对人体健康和动植物产生危害外，还对工业、农业、生态带来破坏作用。

环境污染导致PM2.5的严重超标，是目前人类癌症增加的重要原因，多种试验与统计学分析，人类癌症80%与环境污染有关。近40年来，美国肺癌死亡率增加了150%。其他国家和地区的情况也大概雷同。据统计，大气污染导致每年有30万~70万人提前死亡，2500万儿童患慢性喉炎，400万~700万的农村妇女儿童受害。

1.1.5 造成水体污染的危机

水体污染是指一定量的污水、废水、多种废弃物等污染物质进入水域，超出了水体的自净能力和纳污能力，从而导致水体及其底泥的物理、化学性质和生物群等组成发生不良变化，破坏了水中固有的生态系统，破坏了水体的功能，从而降低水体使用价值的现象。

（1）造成水体污染的原因

①经处理的城市生活污水和工业废水向水体排放；②农田施用的化肥、农药及城市地面的污染物随雨水进入水体；③大气中的有毒污染物通过重力沉降随雨水进入水体。

（2）对水体产生重大影响的污染物

对水体产生重大影响的污染物来自工业、农业、畜牧业、生活等诸多方面，有以下几种：

①有机污染物，如碳水化合物、蛋白质、脂肪等；②植物营养物，如氮、磷、钾、硫等；③重金属，如铬、汞、铅、镉等；④农药，如六六六、DDT等；⑤石油；⑥酚类化合物；⑦氰化物；⑧酸、碱；⑨放射性物质；⑩病原微生物和致癌物质等。

全球水污染涉及的面积相当广泛，江、河、湖、海，甚至地下水无一幸免。如英国的泰晤士河早在1850年鱼虾就绝迹了；前苏联的伏尔加河河面上漂着油污；美国最大的河流密西西比河中含有各种杀虫剂、重金属；我国的长江、黄河的水污染也达到了惊人的程度，流经包头的黄河段酚的含量曾超过国家标准8倍，迫使520户居民迁往他乡。

湖泊污染也是触目惊心的，单化肥一项就会使湖泊磷酸盐、硝酸盐超常增加并引起藻类疯狂繁殖，直到把湖面盖满，当藻类腐烂分解后，大量细菌就会把溶解在水中的氧气耗尽，导致鱼虾等水生物大量死亡，久而久之，这些湖泊中将没有任何水生动物，这就是人们通常所说的水体富营养化。其结果导致大量浮游生物繁殖，水呈蓝、红、棕等各种颜色，江、河、湖泊中称此现象为"水华"。若此现象危及海域，则赤潮就发生了。例如，我国云南的滇池是著名的风景区，由于污染，国家已花费了巨资进行整治，可是至今仍然收效甚微；江南明珠太湖美是尽人皆知的，可是现在每年国家都要花大量人力、物力打捞水葫芦，否则湖面将被封死。

海洋污染举世瞩目，日本内海部分海域成了死海，简直就是生物的坟墓；大西洋的部分海域海面上漂浮着多种垃圾，若从直升机向下俯瞰长岛以南的部分海域，已看不到任何动物、植物。我国的渤海也已有 10% 的水域成了死海，20 世纪 80 年代，大连湾的海参和扇贝已经绝迹。

我国可更新的水资源总量约为 28000 亿 m^3/年，居世界第四位，人均水资源约为 2300m^3/年，仅为世界平均水平的 1/4，居世界第 88 位。由此可以看出，我国是一个缺水的国家，以北京为例，北京人均水资源占有量仅为 300m^3/年，为全国人均的 1/8，世界人均的 1/32，远远低于国际公认的 1000m^3/年的下限，比缺水的以色列还低。

虽然水资源紧缺，但是水资源的浪费和水污染的严重性严峻地摆在国人面前。由于水体的污染，给人类的生存和健康带来严重的威胁。在民间流传着这样一段顺口溜：

50 年代淘米洗菜，

60 年代洗衣灌溉，

70 年代水质变坏，

80 年代鱼虾绝代，

90 年代身心受害。

目前全世界总人口中，有相当高比例的人饮用不到安全清洁的水。人类疾病 80% 与水有关，每年有 1.5 万人死于由水为媒介而传染的疾病，如伤寒、痢疾、肠炎、霍乱等。

近年来，在美国的供水中已发现 2110 种污染物，其中有 2090 种属有机污染物。在这 2110 种污染物中，有 765 种存在于自来水中，其中 20 种已被确认为致癌物，23 种为可疑致癌物。

由于水体污染，我国部分地区癌症发病率逐年增加。例如，湛江雷州市北和镇龙斗村，一个只有 600 多人的村庄，在短短 10 年间先后已有 40 位村民被癌症夺去了生命，年龄最大的只有 60 岁，最小者只有 30 岁。由于河流污染，淮河支流沙颖河沿岸的河南省沈丘县出现了多个"癌症高发村"，仅沈丘县黄孟营村，全村人约 171 万人，14 年来因癌症而死亡的就有 114 人。安徽省宿州市杨庄乡总人口 3.8 万多人，5 年内因癌症死亡者就有 300 人，其中 80% 系死于肝癌、胃癌、食道癌。

联合国的数据表明，目前全球有 12 亿人口无法获得安全的饮用水，24 亿人口的生活用水没有经过有效的清洁处理。世界卫生组织公布的资料表明，因饮用水的污染，全世界每年有 3500 万人患心血管疾病，7000 万人患胆结石，9000 万人患肝炎，3000 万人死于肝癌、胃癌。而下一个 10 年，全球会有 10 亿人为获得安全而清洁的水资源而苦苦挣扎。到 2025 年，全球将有 35 亿人面临水资源短缺，占全球总人口的 50%，世界甚至会因水而引起战争。

我国的情况更不容乐观。早在 1996 年，国家有关 13 个部门联合签发文件指出，全国 79% 的人正在饮用有害的污染水。于是，热心环保的有识之士不断向社会发出警告："请不要让眼泪成为最后一滴水！"但愿生活在同一个蓝天下的人们，从一点一滴的环保行为做起，珍惜生命中的每一滴水。

1.1.6 面临宇宙"交通事故"的威胁

美国国家航空航天局曾不无忧虑地公布：2005 年 1 月 17 日，南极上空 885km 处，发生了一起看似偶然的"宇宙交通事故"——一块 31 年前发射的美国雷神火箭推进器遗弃物，与中国 6 年前发射的长征四号火箭 CZ-4 碎片相撞。这是一起典型太空垃圾"宇宙交通肇事案"。太空垃圾简单地说，就是人类在探索宇宙的过程中，被有意无意地遗弃在宇宙空间中的各种残骸和废物。太空垃圾的名目繁多：大的有已经"寿终正寝"但仍在空间轨道兜圈子的卫星、空间站等航天器，以及被遗弃的运载火箭推进器残骸；中等的有意外爆炸形成的碎片，如 1996 年 6 月 3 日，美国一枚飞马座火箭发生了爆炸，共产生了约 30 万个危害性碎片；小的有一些零部件，如星箭分离用的爆炸螺栓、卫星包带和弹簧等，还有宇航员"随地乱扔"的垃圾，例如 1965 年，美国宇航员爱德华失手丢掉了一只手套，还好在一个月后，这只时速近 1.8 万 km、人类历史上杀伤力最大的手套坠入大气层烧毁；更多的则是极其微小的空间微粒，如航天器脱落的油漆颗粒等。

自从人类在 20 世纪 50 年代开始进军宇宙以来，各国已经发射了 4000 多次航天运载火箭。据不完全统计，太空中现有直径大于 10cm 的碎片 9000 多个，1 ~ 2cm 的有数十万个，而漆片和固体推进剂尘粒等微小颗粒可能有数以百万计。这些太空垃圾，由于飞行速度极快，通常达到每秒 6 ~ 7km，因此它们都蕴藏着巨大的杀伤力，一块 10g 重的太空垃圾撞上卫星，相当于 2 辆小汽车以 100km 的时速迎面相撞——卫星会在瞬间被打穿或击毁！试想，如果撞上载人的宇宙飞船结果会是怎样。

人类对太空垃圾的飞行轨道无法控制，只能粗略地预测。这些垃圾就像高速路上无人驾驶、随意乱闯的汽车一样。它们是宇宙交通事故的最大的潜在"肇事者"，对于宇航员和飞行器来说都是巨大的威胁。

目前，地球周围的宇宙空间还算开阔，太空垃圾在太空中发生碰撞的概率很小，但一旦撞上就是毁灭性的，更令航天专家头疼的是"雪崩效应"——每一次撞击并不能让碎片互相湮灭，而是产生更多的碎片，而每一个新的碎片又是一个新的碰撞危险源。因此，对于各国科学家而言，研究和解决太空垃圾，将是一个相当严峻的课题，亟待着专家去攻克。

1.2 追寻理想生态环境

1.2.1 生态学与生态系统

（1）生态学

生态学是研究生物之间及生物与非生物环境之间相互关系的科学。生态学是一门综合性极强的科学，它是对人类文明的整合和反思。

生态学不仅是一门科学，它更是一种精神，一种思想，一种信仰。生态学是一座智慧的殿堂，在这里，它是汇集了物质世界、能量的宝库和信息的桥梁。

生态学呼吁全人类要珍惜宇宙、呵护地球，要求人类反思，要求人类放下征服者的尊严与生活在同一片蓝天下的所有生命平等对话。要珍惜高山、河流、绿地、海洋以及地球上的一草一木，一块岩石，一堆土壤，和它们息息相关、和谐相处。只有这样才能回归自然，天人合一，共度美好的明天。

（2）环境和生态因子

有科学家估算，茫茫宇宙已经有 137 亿岁了，估计有生命的行星至少有 1 万亿颗。地球大约是在 46 亿年前形成的，地球原来是一团火，由于渐渐冷却形成了一个半径达 6400km、赤道周长为 4 万多 km、总体积为 1.1 万亿 km³、重量达 6.0×10^{21}t 的蓝色行星。在这漫长的岁月里，没有生命，直到 3 6 亿年前地球上才出现了单细胞的生命，这个单细胞的生命来之不易，首先要有水、空气以及合适的温度，这个温度来自太阳。地球最近的邻居有火星和金星，金星离太阳最近，为 1.08 亿 km，表面温度为 480℃，显然是太热了，不适宜生命生存；火星离太阳 1.28 亿 km，表面平均温度为 -50℃，显然是太冷了，也不宜生命生存；地球离太阳距离为 1.5 亿 km，距离适中，表面温度平均为 15℃；另外，地球被称为"蓝色的星球"，水圈总重量为 1.66×10^{17}t，为地球总重量的 1/3600，海水为陆地水的 35 倍，平均深达

3600m，地球 71% 表面被水覆盖，再加上 500km 的大气层，有 20% 的氧。因此，生命就在这样一个摇篮里诞生了。

随着第一个单细胞的生命诞生，经过数亿年的繁衍，地球上的生物种类逐渐丰富多彩起来，生物的数量也有惊人的发展。据统计，地球上仅蚂蚁就有 13000 多种，而蚂蚁的个体、数量大约有 1000 万亿只以上；鸟的个体总数也达到 1000 亿只以上。大约在 400 万年前，地球生态系统出现了一个惊天动地的转折点，那就是人类的出现。人不同于一般动物，因为人有自觉意识，能使用工具进行生产劳动，能按照自己的意志调节自然，影响生态。然而，地球上的生物和环境是互相影响、互相依存的。生物生长离不开阳光、空气、水、食物，自有生命以来，大约有 3 亿种不同的生物曾在地球上生存过，这些生物彼此不仅相互联系，而且也和人类、整个地球的非生物环境构成一个统一体，即生物圈。而这个生物圈中最重要的环境因子就是阳光、空气、水和地球磁场，当然还有众多的因素，诸如大气、气温、气压、空气湿度、降水、水温、水压、水流、水质、土壤含水量、土壤成分、土系交织在一起，形成一个巨大的关系网（表 1-1）。

生命活动的基本原则之一，就是机体内环境与机体外环境不断进行物质、能量和信息的交换。在生命的起源和发展中，生态因子起着重要的作用，如阳光、空气、水、地磁场、电流、温度等都是生命起源的物理基础，统称为生态因子。

（3）生态系统

生态系统的概念是英国植物生态学家坦斯雷在 1935 年提出来的，其定义为：生态系统是指生物群落与生活环境由于相互作用而形成一种稳定的自然系统。生态系统由两大部分、四个基本成分组成。

两大部分：生命系统——植物、动物、微生物；非生物环境——是生态系统的物质和能量的来源，如温度、光、水、氧气、二氧化碳及各种矿物质等营养素。

四个基本成分：生产者——指能利用简单无机物合成复杂有机物的自养生物，如绿色植物等；消费者——指能靠吃其他生物或有机颗粒的动物；还原者——亦称"分解者"，以动植物残体为营养源的异样性细菌、真菌、某些原生动物和腐食性小动物，将复杂的有机物分解为简单的无机物，归还于环境中，便于生产者重新吸收利用；非生物环境——概括地说，生物群落从环境中取得能量和营养，形成自身的物质，这些物质由一个有机体，按照食物链转移到另一个有机体，最后返回到环境中去。通过微生物的分解，又转化成可以重新被植物利用的营养物质，这种能量流动和物质循环的多个环节缺一不可。系统的物质循环如图 1-2 所示。

表 1-1　生命进行曲

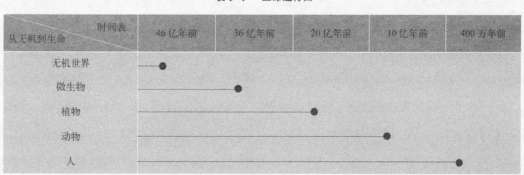

从无机到生命　　时间表	46 亿年前	36 亿年前	20 亿年前	10 亿年前	400 万年前
无机世界	●				
微生物		●			
植物			●		
动物				●	
人					●

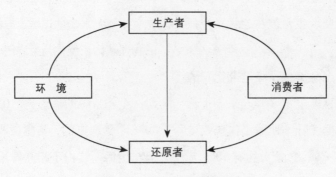

图1-2　生态系统的物质循环
（来源：窦伯菊《生态学与人类生活》）

除了能量流动和物质循环以外，生态系统还包含着大量复杂的信息，信息是生态系统的基础之一，没有信息，也就不存在生态系统了。信息是自然、社会间的普遍联系，信息的实质是负熵。

1.2.2 环境因素对人体健康的影响

人类赖以生存和繁衍的外部条件称为人类环境，包括自然环境、生活环境和社会环境等。

（1）自然环境

地球上生存的人类及其他生物构成了生物圈，其范围包括海平面以上15km，海平面以下11km。组成生物圈的主要物质有空气、水、岩石、土壤、阳光及各种生物，这些物质为生命提供了条件，人类的各种活动基本上是在这个生物圈内进行的。生物圈内的各种动、植物及微生物构成各自的生命群落，互相之间或与周围环境之间不断进行着物质、能量、信息的交换，构成各自的生物环境综合体，称为生态系统，而这些生态系统又组成一个更加巨大的生态系统——人类生活的自然环境。该系统由于不断发生着能量、物质及信息的交换和转移，是一个复杂的动态系统，当这种变化达到平衡时则称为生态平衡。因此，在生态系统中常维持动态平衡，以推动其自身的进化和发展。

在生态系统中，生物之间的生态平衡大多靠食物链维持，这对于环境中物质的转移和蓄积有重要的意义。如果人为地对自然环境施加额外的影响，并超出自然环境的承受能力，过量索取自然资源使之枯竭并影响自然环境，这些自然环境会由量变发展到质变，危害人体的健康，甚至威胁到人类的生存。人本身是在不断调节自己以适应外界环境并与之达到平衡的，但这种调节是有限度的，如果环境变化超出人体正常调节范围，可引起人体某些生理功能、器官结构发生异常，出现病理改变，造成疾病的发生，严重者可造成死亡。

（2）生活环境

除居住环境外，还有饮水、食物等。居住环境对人体健康的影响一般是长期的、慢性的，不会在短时间内显现出来。各种家庭用燃料在燃烧时会不同程度产生二氧化碳、氮氧化物、一氧化碳、二氧化硫等对人体有害的物质。

吸烟也会污染室内空气，通过动物实验证明，烟草中致癌物不少于44种。

现代建筑使用的新型建筑装饰材料，可使室内空气中增加新的污染源，如装饰用壁纸、粘合剂中含有未完全化合的甲醛，用之装饰墙壁，甲醛可逐渐释放出来污染居室空气。在居家的天花板、墙壁贴面使用的塑料、隔热材料及塑料家具中一般都含有甲醛。甲醛是一种无色易溶的刺激性气体，当室内含量为 0.1mg/m³ 时就有异味和不适感；0.5mg/m³ 时可刺激眼睛引起流泪；0.6mg/m³ 时引起咽喉不适或疼痛；浓度再高可引起恶心、呕吐、咳嗽、胸闷、气喘甚至肺气肿；30 mg/m³ 时可当即导致死亡。长期接触低剂量甲醛还可引起慢性呼吸道疾病、女性月经紊乱、妊娠综合症、新生儿体质下降、染色体异常，甚至引发鼻咽癌。

氡气的主要来源是放射性建筑材料，如花岗岩、水泥及石膏之类，特别是含有微量铀元素的花岗岩，极易释放出这种气体。当室内空气中的氡气浓度低于建筑结构中所含氡气浓度时，建筑物中的氡便向室内空气中扩散出氡气和氡离子体，放射出对人体有害的射线。而现代建筑从节约能源出发，建筑物的密闭程度较高，室内、外通气减少，因而室内氡气会浓缩和蓄积。长期接触高剂量氡气，可导致肺癌、白血病、皮肤癌及其他一些呼吸道病变。

空调，是一种人工小气候装置，可调节室内温度，但使用空调需室内密闭而致通风不良，可使室内空气中负离子减少，在这种环境中活动过久会出现头昏、头痛、烦闷、疲倦、恶心及一系列呼吸道症状，甚至引发"空调病"。

住宅噪声，也日益引起人们的注意。噪声超过50分贝就会影响睡眠和休息，若噪声在90分贝以上，会严重影响听力，甚至导致病理性改变，亦可影响消化系统、内分泌系统和生殖系统，出现食欲不振、月经失调胎儿畸形和流产等症状。长期受噪声侵扰，会引起人们耳鸣、头晕、听力下降等，称为"噪声综合症"，继之会对人体各器官功能产生影响，造成损害。

现代城市高楼林立，公用设施广布，立交桥纵横交错。白天，太阳辐射，建筑物及地面很快升温，并把热量传给大气；日落后，被加热的建筑物和地面会缓慢向市区空气中散热。这种气候，利少弊多，市区温度高，周围冷空气会向市区汇流，把郊区工厂的烟尘及市区扩散到外围的污染物重新聚集到市区，加重市区空气污染，对人健康带来许多不利的影响。这就是城市的"热岛效应"。

1.2.3 长寿村的启迪

巴马瑶族自治县是广西壮族自治区的一个山区县，位于南宁以西 250km，这里的长寿老人最多的甲篆乡是世界著名的长寿之乡。这里的长寿老人之多，有时一个村子一百个人中就有一名百岁老人，十个人中就有一名八十岁以上的老人，人均寿命在90 岁以上。这是全世界长寿老人人均密度最高的地区。

巴马县的长寿老人有三个特点：一是迄今为止没有发现一例癌症患者，二是没有心脑血管疾病发生，三是无疾而终。长寿村地处十里大山，交通不便，生活清苦。他们穿的是布衣草鞋，吃的是玉米、黄豆、红薯、南瓜等粗茶淡饭，住的是茅屋土舍。只有到春节时，全村才杀一头猪，全村老少才能开一次荤，每到这时孩子们高兴得手舞足蹈，欢呼雀跃。阿拉伯有句俗语说得好："不要以为玫瑰生刺，应该庆幸从荆棘中长出美丽的玫瑰来。"居住在这里勤劳、善良、质朴的人们用辛勤的汗水浇灌他们热爱的每一寸土地，这里的每一道山梁，每一道沟坎都深印着他们踏实的足迹。祖祖辈辈，世世代代，无怨无悔，与世无争。然而苍天有情，沧桑重义，大自然却把世界上最好的阳光、最好的空气、最好的水和最好的磁馈赠给他们。

早在 2400 年前，医学之父——西波克拉底就说："阳光、空气、水和运动是生命和健康的源泉。"这就是说，天公把生命和健康送给了人们。试想，世界上还有比生命和健康更美好更重要的吗？有位哲人说得好："健康是人生第一财富。"要问世界上谁最富有？不是比尔·盖茨，也不是富兰克林，是他们——长寿村人，他们才是世界上最富有的人们。

阳光：长寿村的天空特别明朗，蓝天白云，日照时间长，而且80%以上是被誉"生命之光"的4～14μm波长的远红外线，它能不断地激活人体组织细胞，增强人体新陈代谢，改善微循环，提高免疫力。

空气：长寿村的空气特别新鲜，空气负离子的含量可达到2500个/m³。众所周知，空气负离子有"环境警察""空气维生素""大气长寿素"三大美名，它能有效地消除人体内的氧自由基，又能使人体的体液保持在弱碱性状态，使人体内的疲劳素降低，血粘度降低，调节人的情绪处在最佳状态，又能使人体免遭慢性疾病特别是癌症的袭击。

水：长寿村的水有五大好处，①是小分子团的六环水；②无有毒有害及致癌物质；③是碱性离子水；④含对人体有益的矿物质和微量元素；⑤氧化还原电位低。这种水，特别是小分子团的水被科学家称为健康水、功能水、回归自然水，对人体健康长寿有极大的益处。

磁：长寿村的水为什么是小分子团的水呢？科学家发现与长寿村的地磁关系甚大。长寿村地磁的磁场强度远远高于其他地区。一方面一定的磁场强度能改善人体的血液循环，特别是微循环，改善人体的新陈代谢，调节人体的离子平衡和阴阳平衡；另一方面，通过磁力线的作用水被磁化了，使大分子团的水变成了小分子团的六环水。科学证实，只有小分子团的水才能通过只有2nm的亲水通道进入细胞，激活第二信使钙系统，激活细胞酶系统，活化组织细胞，发挥生命的活力。

总之，长寿村的阳光好，空气好，水好，磁更好。人类赖以生存的四大要素都占全了，而且都是最好的，借用庄子之道说，长寿村的人占据了"天、地、人合一，人浑一于自然"的佳境，我们现在所处的环境比起长寿村的人来说，可谓天壤之别，长寿村的人健康长寿才是天经地义、理所当然的。

追求健康长寿是人类有史以来的美好愿望，有人说，全国甚至全世界的老百姓都住进长寿村，该是多么美好的事啊！然而，这是不可能的。

我国是一个多山的国度，有着许许多多山清水秀的乡村，保护好广大乡村的优美自然环境，激活乡村的山、水、田、人、文、宅资源，为广大城市人返璞归真、回归自然创造了一个时代桃源的幽雅生存环境是完全有可能的。

1.2.4 探索健康安居因素

每年联合国都要评比一次世界上最适合人类居住的国家，其评比标准包括人均寿命、教育、家庭收入、贫困情况和环境等内容。

根据2003年7月份公布的最新前八位排名国家，挪威列第一位，后面依次为冰岛、瑞典、澳大利亚、荷兰、比利时、美国、加拿大。联合国每年也评比出人均寿命最长的国家名次，2003年日本名列榜首。同时联合国还确定了长寿地区的标准，其标准是每100万人口中百岁老人应超过75位。

目前，世界公认的长寿村有6个，依次为：中国江苏的如皋市，厄瓜多尔的比尔卡班巴，日本山梨县的罔原，俄罗斯和格鲁吉亚的高加索，巴基斯坦的罕萨和中国广西壮族自治区的巴马县。

中国人口监测中心2000年初曾发布长寿之乡或长寿地区的本土标准，即每10万人口中百岁老人应达到3位。因此，被列为中国五大长寿之乡的依次为：中国江苏的如皋市（145万人口中百岁老人125位），广西壮族自治区的巴马县（全县21.8万人口中，百岁老人有74位），四川乐山市（百岁老人122位），新疆克拉玛依地区，辽宁辽阳兴隆村。

世界上闻名全球的长寿村大多处于高寒地带或偏远山区。归纳起来，长寿村健康长寿有七大因素：

（1）高核酸的食品

粗茶淡饭，以玉米、黄豆、白薯、南瓜等素食为主的高核酸食品，再加上充足的红外线供给特殊的能量，使核酸得到完全分解、合成，便于人体吸收利用。供应基因以丰富的营养，基因健康了，身体也健康了，生命也长寿了。具体好处如下：增强基因自主修复能力，预防糖尿病、高血脂、脂肪肝、动脉硬化、癌症等；促进血液循环，改善微循环，预防脑血栓、冠心病、动脉硬化、脉管炎；改善脑机能，健脑益智，预防老年痴呆、神经衰弱、帕金森氏病；促进新陈代谢，促进能量代谢，抗疲劳；提高免疫力，预防传染病，预防感冒、肝炎、心肌炎；活化皮肤功能，润肤美容，预防脱发、白发、皮肤皱纹。

（2）高强的地磁场

由于地质的特殊结构，长寿村的地磁磁场高于外界地磁磁场，同时这里的地磁磁场与外界相比非常活跃，再由于这里的地磁磁场未受外界任何干扰，与人体的生物磁场十分协调和谐，有利于人体健康长寿。

（3）充足的红外线

长寿村由于自然环境特别是大气未遭到污染，天空晴朗、清新，蓝天白云，日照时间长，再加上长寿村人长年在山岭、田间劳动，充分沐浴着有"生命之光"之称的 4～14μm 的远红外线的照射，有利于人体健康长寿。

（4）丰富的负离子

由于长寿村地处大山，森林茂密，植物的光合作用放出大量的氧，再由于植物在紫外线照射下所进行的光电效应，氧分子获电子以后就变成了负氧离子，故而负离子含量很高，一般在 2500 个 /m³ 以上。再加上空气未遭到污染，保持了生态平衡，空气特别新鲜，负离子对人体健康的好处是多方面的。

（5）小分子团的水

这种水是目前世界上最好、最清洁、最符合生理要求的水。水的质量决定着生命的质量，长寿村人祖祖辈辈就是饮用这种甘露似的山泉水，身体能不健康吗？生命能不长寿吗？即使这样造物主还不放

心，索性再来个"双保险"，又把具有充足的红外线的美好阳光赐给这些善良的人们，使他们在接受红外线照射之后，血液和体液即使有大分子团的水也会再次被红外线打开氢链，把大分子团的水变成小分子团的水，这样就万无一失地保证了长寿村人的体内细胞，特别是基因滋润于这种"琼浆玉液"中，生长、发育成健康的基因、健康的身体、健康的生命。

（6）善良的好心态

长寿村人善良勤劳质朴、与世无争。有一副对联说得好："胸无一物心常泰，腹内无求品自高。"他们过着"春有百花秋有月，夏有凉风冬有雪，若无闲事挂心头，便是人间好时节"和"仁者不忧"的日子。试想，这不也是一种至善尽美的人生吗？有这种心态的人，何愁不长寿。

（7）长期的户外活动

长寿村的人"日出而作，日落而息"，长年累月头顶蓝天，爬岭涉谷，脚踏泥土，充分融入大自然的怀抱。生命在于运动，劳动创造了幸福，劳动创造了健康，劳动带来了长寿。

总之，长寿村人之所以健康长寿是这七大因素相互联系、相互协同、相互叠加的综合作用的结果。这七大因素，环环相接，脉脉相承，给长寿村人创造了生命的奇迹。而现在的人们，尤其是城市人由于环境的污染和对人类生存环境缺乏正确的认识，造成人类生存环境的危机。现就上述大因素把长寿村人与城市居民健康长寿因素作一比较（表 1-2）。

综上所述，长寿村的地磁好，阳光（红外线）好，空气（负离子）好，水（小分子团水）好，人类赖以生存的四大要素都占全了，而且都是最好的，再加上高核酸食品，良好的心态和户外活动，长寿村人的健康长寿是天经地义的。相比之下城市居民的健康长寿因素差距甚远，而且他们也不可能都搬到长寿村去居住，怎么办呢？这就给科学工作者、建筑

表1–2　长寿村人与城市居民健康长寿因素比较表

因素	长寿村人	城市居民
饮食	以素食为主的高核酸食品	以肉为主的三高（高热量、高蛋白、高脂肪）低核酸食品
地磁	①地磁磁场强度高于外界 ②地磁磁场较外界活跃 ③地磁磁场未受任何干扰，与人体生物磁场协调、和谐	①地磁磁场强度较低 ②地磁磁场不活跃 ③地磁磁场受到钢筋混凝土和生态失衡的严重干扰，造成生物磁场紊乱
红外线	充足	高楼林立，日照少，室内活动多，户外活动少，红外线缺乏
负离子	丰富，2500个/cm^{3}以上	少，空调房间几乎为0
水	饮水和体液均为小分子团水	大多数人饮水和体液均为大分子团水
心态	良好	大多数人心理压力重，心态失衡、浮躁
户外活动	多	少

师、规划师提出一个严肃的课题，如何改善城市居民的生活条件和居住环境？如何充分利用广大乡村的优美自然环境和青山绿水为城市人提供一个休闲度假的好去处？造就的高强度磁场、充足的红外线、丰富的负离子和小分子团水的美丽乡村，让广大人民群众（尤其是城市人）接近甚至零距离靠近长寿村，这将是科学家和建筑师、规划师的最美好愿望。

1.3 梦求幽雅乡村美景

1.3.1 中华建筑文化的环境理念

几千年来，中国优秀传统文化的形成和发展中，所认同的"天人合一"思想，非常高超和丰富。在春秋战国时期成书的《周易》所指出的"天人感应""道出于天"等内容，就已经认识到人类社会是广阔大自然中的一部分。汉代大儒董仲舒更进一步提出了"天人之际，合二为一"的主张。到了宋代儒学派的理学发展，正式提出了"天人合一"的主张，把人与大自然和谐共处的关系说得更清楚、更透彻。使得以儒、道、释为代表的中国优秀"和合文化"，成为中国优秀传统文化的精髓所在，也是中华文明哲学思想的根本和对自然的认识。

在光辉灿烂的中华文明孕育下独树一帜的中国优秀传统建筑文化，实质上是基于农耕文明的文化，缘起于"大地为母"，以"天人合一"思想作为最基本的哲学内涵，提倡人的一切活动都要顺应自然的发展。人与自然和谐相生成为中国优秀传统建筑文化崇尚自然的最高境界。中国优秀传统建筑文化以中国古典哲学的"阴阳"思想为根本，来认识大地，选择有利的生存和发展条件。古代的民居、聚落都依赖于自然，顺应气候和地势等自然条件来进行布局。因此，可以说中国优秀传统建筑文化是中国优秀传统文化观的一种典型表现，是一种蕴含着丰富哲理以及极具现实性和实用性，可资借鉴的人类环境文化观。

建筑承载着丰富的历史文化，凝聚着人们的思想情感，体现着人与人、人与社会、人与自然的关系。中国优秀传统建筑文化以其作为灵魂的主导地位，和营造学、造园学共同组成了中国优秀传统建筑文化的三大支柱，在我国聚落、房屋和园林所有可以纳入建筑范畴的人工环境建设中，几乎无所不在。辉煌的成就，成为人类顺应自然、利用自然、调谐自然、发展自我的有力见证和典范。使得中国独特的建筑风格，以其丰富的文化内涵和博大精深的技艺，令世人瞩目，成为世界建筑文明史奇迹中一朵璀璨的奇葩，乃是中国人引以为豪的民族文化瑰宝。

中国优秀传统建筑文化作为一种学问，自先秦以来，经历了从萌芽到产生，再到不断发展的过程。中国优秀传统建筑文化作为一种文化，也经过了从无形到有形，从经验到学问的转变历程。在各个发展时期，不论其有着多种不同的称谓，但中国优秀传统建筑文化所倡导的寻找理想生存环境，作为人类生存和发展的基本条件，都在其经天纬地和相地图宅的活动中发挥了极为积极的作用，深得人心，广为流传。

研究表明，中国优秀传统建筑文化实际上是融合了地球物理磁场、星体天文气象、山川水文地质、生态建筑景观、宇宙生命信息和奇妙黄金分割等多门学科于一体，并与哲学、美学、伦理学和宗教、民俗等众多的文化艺术智慧，最终形成了内涵丰富，综合性和系统性很强的独特和谐文化生态体系。中国优秀传统建筑文化的宗旨是审慎周密地考察了解自然环境、顺应自然，有节制地利用和调谐自然，营造安全、健康、优美、舒适、有利于人类生存和发展的优良环境，获得最佳的天时、地利与人和，达到"天人合一"的至善境界。中国优秀传统建筑文化崇尚人与人的和谐共处、人与社会的和谐共荣和人与自然的和谐相生，通过很多专家、学者和社会各界有识之士的长期努力探索，使得中国优秀传统建筑文化在正确处理人、建筑和自然三者之间和谐关系中发挥着极其积极的作用。因此具有科学性和文化性，生理性和心理性，现实性和理想性，多样性和复杂性以及普遍性和大众性的特点，颇应加以发扬光大。

中国优秀传统建筑文化是在中国几千年封建社会中基于农耕文化，成长和发展起来的。因此，与其他各种学科和文化一样，也会有某种局限性，特别是由于颇受群众的青睐，已成为一种聚落营造和民间建房的普遍性民俗活动，也就不可避免地会掺杂进一些封建迷信的色彩和唯心的成分。但这些局限性不是本质的和主流的。应以科学历史的态度和辩证唯物主义的观点来认识和对待这一门综合性的理论，对其进行精心的研究和科学总结，取其精华去其糟粕，使其精华更加纯正。中国优秀传统建筑文化中的环境选择的原则、观察地势的方法、建筑择基的要诀、建筑建造的要求，以及对方位与大气的理解，是一门对城乡建设、对人类日常生活影响最为密切的综合性学科，具有很强的实用性，在城乡规划和建筑设计中都有着极为重要的指导意义。因此，彰显出学习、研究和普及中国优秀传统建筑文化真实的迫切性。

1.3.2 中华建筑文化的安居之道

（1）古代圣人孟子云："居移气，养移体，大哉居乎！"

（2）《黄帝宅经》在总论修宅次第法中称道："宅以形势为身体，以泉水为血脉，以土地为皮肉，以草木为毛发，以舍屋为衣服，以门户为冠带，若得如斯，是事严雅，乃为上吉。"

（3）《黄帝宅经》称："故宅者，人之本。人以宅为家，居若安，即家代昌吉。"

（4）《子夏》云："人因宅而立，宅因人得存，人宅相扶，感通天地，故不可独信其命也。"

（5）《三元经》云："地善即苗茂，宅吉即人荣"

（6）《黄帝宅经》说："宅有五虚，令人贫耗，五实令人富贵。宅大人少一虚；宅门大内小二虚；墙院不完三虚；井灶不处四虚；宅地多屋少、庭院广五虚。宅小人多一实；宅大门小二实；墙院完全三实；宅小六畜多四实；宅水沟东南流五实"。

（7）《博山篇》在概论相地法中论曰：凡看山到山场先问水，有大水龙来长水会江河，有小水龙来短水会溪涧。须细问何方来，何方去。水来处是发龙，水尽处龙亦尽，两水合才是尽，或大合，或小合，须细认。

（8）《博山篇》在论穴中称：气不和，山不植，不可扦。气未止，山走趋，不可扦。气未会，山而孤，不可扦。气不来，脉断续，不可扦。气不行，山垒石，不可扦。

(9)《阳宅十书》在论宅外形中指出，人之居处，宜以大地山河为主，其来脉气势最大，关系人祸福最为切要。若大形不善，总内形地发，终不全吉，故论宅外形第一。

中华成语中有"百万买宅，千万买邻"的成语(宋)辛弃疾《新居上梁文》感慨曰："百万买宅，千万买邻，人生孰若安居之乐。"

1.3.3 中华建筑文化的民居之美

当人类摆脱野外生存的原始状态，开始有目的地营造有利于人类生存和发展的居住环境，也是人类认识和调谐自然的开始。在历史的发展长河中，经历了顺其自然——改造自然——和谐共生的不同发展阶段，使人类充分认识到只有尊重自然、利用自然、顺应自然、与自然和谐共生，才能使人类获得优良的生存和发展环境，现存的很多优秀传统聚落都展现了具有优良生态特征的环境景观。只是到了近、现代，由于科技的迅猛发展，扩大了对人类能力的过度崇信。盲目的"现代化"和"工业化"以及"疯狂的城市化"，孤立地解决人类衣、食、住、行问题，导致了人与自然的矛盾，严重地恶化了居住环境。环境问题已成为21世纪亟待解决的重大问题，引起了人们的普遍关注。因此，人们才感悟到古代先民营造优良生态环境景观的聪明智慧。乡村优美的田园风光和秀丽的青山碧水，便成为现代城市人的迫切追崇。

优美的传统聚落，有着以民居宅舍为主体的人文景观及其以山水林木和田园风光为主体的自然景观。形成了集山、水、田、人、文、宅为一体的和谐生态环境。

传统聚落民居之所以美，之所以能引起当地人的共鸣，主要还在于传统的聚落民居蕴含着深厚的中华文化的传统。传统聚落民居的美与传统中国画的章法美，在形式上是一致的，这种美包括无形无色虚空的空间美和疏密相间形成的造型美。

传统聚落民居之所以具有魅人的感染力，乃在于宅具有融于自然的环境和人文的意境所形成的意境美，这种美，由于能够引人遐思，而给以人启迪。这些都是颇为值得当代人追寻宜居环境时努力借鉴和弘扬的。

(1)传统聚落美在环境

传统民居之美包括山水自然、顺应地势和调谐营造所形成的环境景观之美。

1)山水自然

营造和谐优美的聚落环境景观就必须把民居与自然山水、植被融合在一起，相得益彰，使人们获得心灵上的慰藉，这种"山水情怀"的意境展现了中国人欣赏"天在有大美"，以求心灵的解决所形成对山水环境的自然情结；在环境风水观念熏陶下，通过"觅龙、察砂、观水、点穴"等步骤对聚落周围山势、水流、生态环境进行全面踏勘和考察，总结出"枕山、水环和面屏"选择最佳基址的三原则；并巧妙地就地取材，使民居宅舍与自然环境融为一体，形成了别具一格的山水自然环境景观之美。

2)顺应地势

为了适应我国多山的地理特点，传统民居宅舍多顺应地势，依山而建。巧妙利用坡地，只进行少量的局部填挖，尽量保存自然形态；利用建筑本身解决地形高差，运用或挖填互补、或高脚吊柱、或院内台地、或室内高差等手法，将地形的坡差融合到民居宅舍的空间设计之中，使得传统民居形成了疏密相间、布局灵活、植被映衬的整体景观，展现了诗画意境的山水情趣。

在雨量充沛、水网密布的江南；临水而建的聚落，民居滨水形成倒影，因水生景；溪河架设拱桥与廊桥，富于变化的造型为水乡增添诱人的魅力；而水边泊岸、码头往来的船舶和休息亭廊所形成的建筑景观与植物、水体动态景观交相辉映、使得聚落民居呈现出亲水的无穷活力；再加上四季差异晨、昏阴晴所形成的色彩、光线万千变幻，使得民居建筑与山水植物等自然景象所形成的亲和景观，极大地补充、丰富了视觉画面，令人心旷神怡。

3）调谐营造

在环境风水学理念引领下的传统民居，当处于水系不利的环境，先民们善于利用筑坝开塘、引渠、截水等疏导水系的举措。筑坝以提高水位，引水入村、入户；开塘可人造水面以利生产、生活之所需；引渠可用于灌溉。这些所形成的滚水坝体浪花飞溅、村边池塘微波涟漪，水口园林田坎风光相映，人水相融，妙趣洋溢。

为了增补山形地势之不足，先民们又采用增植林木以补山，作为改善环境的根本措施。为了补山形之不足，先民们在村后山坡广植林木，以防风。栽种树木，成为先民的保护生态环境的优先选择，聚落中百年古树，时常成为聚落文化底蕴的标志。

不同农业物所形成的田园风光，也是传统聚落民居景观的重要形成因素。江南四月油菜花盛开，使大地尽染嫩黄；北方麦熟季节，田野一片金黄；西南一带山区的层层梯田和新疆吐鲁番的连绵葡萄架等，都为传统聚落增添乡村气息，也使得传统聚落民居宅舍掩映在绿树和田野的传统聚落美景之中。

（2）传统聚落美在整体

传统民居之美还体现在建筑群体的整体美。首先是风格的一致性，为达到统一协调创造了必要的条件。相似的风格促使形成和谐的风貌，从而产生秩序感、归属感和认同感。有了统一的前提，也就可以为局部的变化提供可能。其次是在聚落的重要位置布置独特的建筑，使统一的聚落风貌有所变化，形成获取聚落景观独特性的因素之一。再者就是经营好通道的

艺术变化，通过线型通道的艺术变化，使得传统聚落形成丰富多变的街巷景观，得传统聚落能够各具特色，而绽放异彩。

1）风格统一

建筑风格是由建筑材料、营造方式、生活模式、艺术取向和人们的哲学观念等诸多因素综合决定的，每一因素在不同的民族、不同的地区、不同的聚落都会有着不同的表现。对于同一个地区或聚落，其建筑风格应该是统一的、相似的和相对稳定的，展现出聚落的和谐风貌。传统聚落因地制宜、就地取材，使得建筑材料具有独特的地方性和自然性；传统技艺的传承和"从众"心理的影响，使得传统民居宅舍都能融入传统聚落的整体之中，促成了聚落风貌的统一性，展现了平和安定之美。

传统聚落民居宅舍风格主要取决于民居宅舍融入自然的色彩，以及包括墙体、屋顶、门窗、主体结构和局部装饰等建筑外观的造型因素。这其中最重要的因素是屋顶形式、墙体材料、建筑高度和色彩运用的统一性。

2）重点突出

传统聚落以民居宅舍风格统一为前提，努力把聚落中的重要建筑突显出来，使得传统聚落展露出独特的景观效果。这些建筑除了在体量、规模、高度和装饰上均超出一般的民居宅舍外，还特别强调其建造地点均布置在要冲之处，如聚落的中心、路口、村口等居民常到达的场所，以展现其公共使用的性质，成为聚落的视觉的中心和亮点，在环境风水学概念的影响下，传统聚落还经常把重点建筑布置在聚落周边的高地或山坡上，从远处即能看见，成为聚落的地方标志，使得传统聚落形成独具特色的中国乡土景观。

3）通道变化

通道是指聚落的街、巷、河滨和蹬道等交通道路，包括平原地区的陆巷、山区的山巷、河网地区的水巷。通道是聚落的血脉，借助通道以通达全聚落、认识全

聚落、记忆全聚落。通道是聚落历史文化的传承和当地居民生活的缩影，因此通道是聚落独特性的重要载体。传统聚落通道景观的独特性表现出"步移景异"和比较产生差异的两大特点，给人以美感、令人获得富于变化、引人入胜的景观感受。

通道的景观取决于两侧建筑的垂直界面和道路的水平界面两大因素，两大因素之间的尺度比例关系，给人以不同的空间感受，而不同的建筑色彩、造型和高度变化使得通道景观极具多样性。如平原地区传统聚落陆巷大多是平直或略带弯曲的，路面简单，其景观变化主要是依靠两侧沿巷住户院门和院墙的变化，不同的聚落都能给人感受到不同的气息和景观感受，山区的街巷，由于增加了地形变化的因素，蹬道、平台、栈道、挡土墙使得路面景观变化万千，而山区大量使用石材和木材的民居宅舍，吊脚楼、干栏房、挑楼、挑台等造型特色形成了独具风采的山乡景观。

水网地区的河滨通道（水巷），利用船舶作为交通工具。由于水元素的介入，因水而设的船、桥、码头、栏杆、廊道和临水民居宅舍的挑台、挑廊、吊脚等，使得水乡景观更具生活气息和诱人的魅力。水巷景观其功能上的合理性和景观上的独特性，成为中国山水园林造园技艺的借鉴题材。

4）聚族而居

传统聚落的形成和发展，呈现着聚族而居的特点。多为独立民居并以聚族组群布置。另外一种是为了防御侵扰而建造的大型土楼聚族而居，其形式多种多样，有圆形、方形、长方形、椭圆形和五凤楼，一般皆高为三四层，外墙不开窗，顶层为防御而设箭窗。内部有大庭院，可设祠堂及各户辅助用房及水井等。造型变化较多，尤以五凤楼和长方楼的形式更为活泼。最具代表的福建土楼被誉为神奇的山乡民居而列入世界文化遗产名录。

（3）传统聚落美在民居

在优秀传统的建筑文化的环境风水学中，"千尺为势，百尺为形"的理论，对于民居宅舍的造型和群体组织都起着重要的指导重要。"千尺为势"指的是在远处（300m左右）观察聚落整体风貌，主要是看其气势和环境；"百尺为形"即是在近处（30m左右）观察民居宅舍的形态、构图和细部装饰。在近距离内形态是主要的景观因素，而民居宅舍外在形态因素的景观效果即取决于其结构形式、墙体构造、屋顶形式、院落空间和立面造型等诸多因素的不同组合方式所形成的各民族、各地区的独具特色的民居宅舍。

1）造型丰富

构成民居宅舍造型的独特之处，乃在于其空间、构架、色彩、质感等方面的不同表征。营造了各异的形体特色。其不同之处，源于各地居民的不同生活方式。所决定的不同空间组织，而空间要求又决定了采用何种结构形式，民居宅舍的就地取材充分利用地方材料，使得其承重及围护结构形式各富特色，造就了民居宅舍丰富多彩的造型风貌。

院落组织是中国民居建筑的独特所在，院落是由建筑和院墙围合的空间，院落空间与建筑内部空间相为穿插、彼此渗透，成为中国民居宅舍的"天人合一"使用方式而有别于西方建筑。院落的大小、封透、高低、分割与串联等不同的组织方式，给人以不同的感受。院落配以花木、叠石、鱼池和台凳等，在充实院落空间内涵中展现着中国人的自然情结和诗画情趣。

立面造型是民居宅舍整体（或组合体）及其相关部位合宜的比例配置关系以及细部丰富多变和图案装饰配置的综合展现。

木结构坡屋顶的运用，充分展现了华夏意匠的聪明才智，各种坡屋顶、披檐的组织和配置以及封火山墙形成的建筑立面造型的垂直三段中屋顶部分的变化，形成了民居宅舍富于变化的个性所在。

中国民居宅舍以其外观独特、庭院多样、形体均衡、屋顶多变的造型美，而成为世界建筑中的一朵璀璨的奇葩。

2）院门多样

中国传统的庭院式民居宅舍是门堂分立的，全宅的数幢建筑是被建筑物和墙垣包围着的，形成封闭的院落。院门是院落的入口，也是一座民居宅舍的个性表现最为重要的部分，它是"门第"高低的标志。因此，院门的规格、形式、色彩、装饰便成为人们极为重视的关键所在。北京四合院民居的院门有王府大门、合院大门和随墙门之别，合院大门又分为广亮大门、金柱大门、蛮子门和如意门；山西中部民居院门分为三间屋宅式大门、单间木柱式大门和砖褪子大门；苏州民居院门有将军门（三开间大门）、大门（单开间大的）、库门（亦称墙门）和板门（店铺可装卸的大板门）；等等。院门的形制可分为：宫室式大门、屋宇式大门、门楼式门和贴墙式门。院门从实用角度分析，仅是一个可开闭的、有防卫功能的出入口，或兼有避雨、遮阳的功能要求。但人们为突出门户的标志性含义，对院门创意进行到加工装饰，形成多变的形式和独特的构图，以达到美感的要求。纵观传统民居宅舍院门的艺术处理，主要集中在门扇及其周围的附件（包括槛框、门头、门枕、门饰等）、门罩（包括贴墙式、出桃式、立柱式等诸种门罩形式）和门口（包括周围的墙壁、山墙、廊心墙等）。不同地区的民居宅舍院门仅就其中的某个部分进行深入的设计加工；采用多样性和个性的手法，从而形成千变万化的造型效果，成为展现各具地方特色风貌的文脉传承。

3）结构巧妙

在中国传统民居宅舍中占导地位的是木结构，持续应用了近两千年。中国传统的木结构不仅坚固、稳定、合理，而且有着造型艺术美，这是华夏意匠聪明才智的展现。结构的美表现在其形式的有序性和多变性。结构，为了传力简单明确，方便施工，因此其形式都是有序的，有着极强的统一感。工匠们只能追求在统一中求变化，以显露其个性，结构的变化多表现在节点、端头及附属构件上，既不伤本，又有变化。

木结构的形制包括抬梁式、插梁式、穿斗式和平置密檩式四大类，每种结构因构造形式的差异，而有着不同的艺术处理，使得中国传统民居宅舍具有结构美的特性。

4）材料天然

优秀传统民居宅舍本着就地取材的原则，大量的建造材料是包括木、石、土、竹、草、石灰、石膏以及由土加工而成的砖、瓦等天然材料。天然材料的应用不仅实用经济，工匠们还善于掌握材料的特性和质感、形体、颜色的美学价值，运用独特的雕、塑、绘等手工工艺进行艺术加工，使之增加思想表现的内涵，形成建筑装饰艺术。传统民居宅舍材料的美，包括材料运用的技巧性、材料搭配的对比性、材料加工的精细性、珍稀材料的独特性。

天然材料由于产地不同、地质状况差异，因此在材质、色泽方面也会产生变化。巧妙地利用视觉特征，创造不同的观感，天然材料的运用造就了传统民居融于自然的美感，天然材料也就成为传统民居美的源泉。

5）装修精美

装修是在主体结构完成之后，所进行的一项保护性、实用性和美观性的工作。传统民居建筑的装修主要表现在外墙和内隔墙两方面。

外墙包括山墙、后檐墙及朝向庭院的前檐墙。传统民居宅舍的前檐墙大部分为木制，具有灵活多变的形制，采光及出入的门窗种类十分多样，是造型艺术处理的重点。

山墙和檐墙均为在木结构基础上的围护墙，建筑材料都以天然的石、土和经烤制的砖为主。不同的材料运用和搭配、不同砌筑方法和细部处理、不同的颜色选择等都为传统民居宅舍增添了诱人的魅力。

1.4 领悟中央政策精神

党中央、国务院历来十分重视新农村的发展和建设。1978年中国共产党十一届三中全会以来，我国的改革是从农村起步的，农村改革发展的伟大实践，为实现人民生活从温饱不足到总体小康的历史性跨越、推进社会主义现代化作出了重大贡献，为战胜各种困难和风险、保持社会大局稳定奠定了坚实基础。改革开放30年，更是我国小城镇发展和建设最快的时期，特别是在沿海较发达地区，星罗棋布的小城镇生气勃勃，如雨后春笋，迅速成长。数量从1954年的5400个增加到2008年的19234个，成为繁荣经济、构筑起农业、工业和服务业的基石，以及转移农村劳动力和提供公共服务的重要载体。铺就着乡村城镇化的道路，实现了千千万万向往现代生活农民的梦想，向世人充分展示着其推动农村经济社会发展的巨大力量。

为了推动小城镇的健康发展，党的十五届三中全会通过的《中共中央关于农业和农村若干重大问题的决定》指出："发展小城镇，是带动农村经济和社会发展的一个大战略。"

2000年6月13日，中共中央、国务院《关于促进小城镇健康发展的若干意见》指出"发展小城镇，是实现我国农村现代化的必由之路。""当前，加快城镇化进程的时期已经成熟。抓住机遇，适时引导小城镇健康发展，应当作为当前和今后较长时期农村改革与发展的一项重要任务。"

党的十六大提出："全面繁荣农村经济，加快城镇化进程。统筹城乡经济社会发展，建设现代农业，发展农村经济，增加农民收入，是全面建设小康社会的重大任务。农村富余劳动力向非农产业和城镇转移，是工业化和现代化的必然趋势。要逐步提高城镇化水平，坚持大中城市和小城镇协调发展，走中国特色的城镇化道路。发展小城镇要以现有的县城和有条件的建制镇为基础，科学规划、合理布局，同发展乡镇企业和农村服务业结合起来。消除不利于城镇化发展的体制和政策障碍，引导农村劳动力合理有序流动。"十六大作出的加快城镇化进程的重大部署，立足于我国国情和农村实际，是今后一个时期小城镇建设工作的指导方针和行动纲领。2005年，中央1号文件要求明确"着力发展县城和在建制的重点镇"。2008年，中共十七届三中全会《决定》指出："坚持走中国特色城镇化道路，发挥好大中城市对农村的辐射带动作用，依法赋予经济发展快、人口吸纳能力强的小城镇相应行政管理权限，促进大中小城市和小城镇协调发展，形成城镇化和新农村建设互促共进机制。"

2009年10月中共中央又出台了《关于促进小城镇健康发展的若干意见》，指出："当前，加快城镇化进程的时机和条件已经成熟。抓住机遇，适时引导小城镇健康发展，应当作为当前和今后较长时期农村改革和发展的一项重要任务。""发展小城镇要以党的十五届三中全会确定的基本方针为指导，遵循以下原则：一是尊重规律，循序渐进；二是因地制宜，科学规划；三是深化改革，创新机制；四是统筹兼顾，协调发展"。党中央所做出的这一系列的政策部署，是立足于我国的国情和农村的实际，是今后小城镇建设工作的指导方针和行动纲领。发展小城镇对加强我国的城镇化进程、缩小城乡差别、扩大内需、拉动国民经济持续增长都将发挥极其重要的作用。

在党中央、国务院的正确领导下，各级党政领导十分重视城镇的建设和引导，我国的城镇建设取得了辉煌成绩，"十二五"时期（2011～2015年），是我国全面建设小康社会的关键时期，是深化改革开放、加快转变经济发展方式的攻坚时期。深刻认识并准确把握国内外形势新变化新特点，科学制定"十二五"规划，对于继续抓住和用好我国发展的重要战略机遇、促进经济长期平稳较快发展，对于夺取全面建设小康社会新胜利、推进中国特色社会主义伟大事业，具有十分重要的意义。《中华人民共和国国民经济和社会发展第十二个五年规划纲要》中指出："完善城市化布局和形态。按照统筹规划、合理布局、完善功能、以大带小的原则，遵循城市发展客观规律，以大城市为依托，以中小城市为重点，逐步形成辐射作用大的城市群，促进大中小城市和小城镇协调发展。科学规划城市群内各城市功能定位和产业布局，缓解特大城市中心城区压力，强化中小城市产业功能，增强小城镇公共服务和居住功能，推进大中小城市交通、通信、供电、供排水等基础设施一体化建设和网络化发展。""十二五"期间，我国城镇化水平将从 47.5% 提高到 51.5%。城镇建设是我国社会主义建设的重要组成部分。在长期的深入基层进行调查研究和实践中，使我们深刻地体会到搞好城镇规划设计，是促进城镇健康发展的重要保证。

党的十八届三中全会审议通过的《中共中央关于全面深化改革若干重大问题的决定》中，明确提出完善城镇化体制机制，坚持走中国特色新型城镇化道路，推进以人为核心的城镇化。2013 年 12 月 12 ~ 13 日，中央城镇化工作会议在北京举行。在本次会议上，中央对新型城镇化工作方向和内容做了很大调整，在城镇化的核心目标、主要任务、实现路径、城镇化特色、城镇体系布局、空间规划等多个方面，都有很多新的提法。新型城镇化成为未来我国城镇化发展的主要方向和战略。

新型城镇化是指农村人口不断向城镇转移，第二、三产业不断向城镇聚集，从而使城镇数量增加，城镇规模扩大的一种历史过程。它主要表现为随着一个国家或地区社会生产力的发展、科学技术的进步以及产业结构的调整，其农村人口居住地点向城镇的迁移和农村劳动力从事职业向城镇二、三产业的转移。城镇化的过程也是各个国家在实现工业化、现代化过程中所经历社会变迁的一种反映。新型城镇化则是以城乡统筹、城乡一体、产城互动、节约集约、生态宜居、和谐发展为基本特征的城镇化，是大中小城市、小城镇、新型农村社区协调发展、互促共进的城镇化。新型城镇化的核心在于不以牺牲农业和粮食、生态和环境为代价，着眼农民，涵盖农村，实现城乡基础设施一体化和公共服务均等化，促进经济社会发展，实现共同富裕。

新型城镇化建设目标要清晰、特色要突出，这就要求规划观念要新、起点要高。党中央出台的"三农"政策行之有效、深得民心，有效调动了农民积极性，进入新世纪以来，有力地推动了农业农村的发展。2013 年 12 月 23 ~ 24 日在北京举行的中央农村工作会议，是深入贯彻党的十八大和十八届三中全会精神，全面分析"三农"工作面临的形势和任务，研究全面深化农村改革、加快农业现代化步伐的重要政策，并部署了 2014 年和今后一个时期的农业农村工作。习近平总书记在会上发表重要讲话，从我国经济社会长远发展大局出发，高屋建瓴、深刻精辟地阐述了推进农村改革发展若干具有方向性和战略性的重大问题，同时提出明确要求。李克强总理在讲话中深入分析了农业和农村工作形势，并就依靠改革创新推进农业现代化、更好履行政府"三农"工作职责等重点任务作出具体部署。会议强调，小康不小康，关键看老乡。一定要看到，农业还是"四化同步"的短腿，农村还是全面建成小康社会的短板。中国要强，农业必须强；中国要美，农村必须美；中国要富，农民必须富。我们必须坚持把解决好"三农"问题作为全党工作重中之重，坚持工业反哺农业、城市支持农村和多予少取放活方针，不断加大强农惠农富农政策力度，始终把"三农"工作牢牢抓住、紧紧抓好。

2015年中央一号文件突出地提出"人的新农村"，强调了繁荣新农村的重大作用。

历史的发展表明，城镇化没有统一的模式，许多国家都是依据自己的国情选择了自己的城镇化道路。我国是一个地域辽阔的多民族大家庭，由于受历史文化、民情风俗、自然条件和经济发展速度不同的影响，这就要求在社会主义新农村的规划设计中应在一般原理、原则的指导下，努力汲取各地的传统聚落的优秀文化，强化生态环境保护措施，探索大力发展经济的有效途径。从实际出发，努力开拓，创造既有地方特色又有时代气息，并可持续发展和风貌独特的新农村，以推动社会主义新农村建设向更高的水平发展。

现在，我国正处在城镇化进程迅速发展的重要历史阶段，深入系统地结合工作实践，积极开展社会主义新农村规划建设的研究，是时代赋予我们的重大责任。建设好社会主义新农村是面向21世纪国家的重要发展战略，要建设好新农村，规划是龙头。新农村规划涉及政治、经济、文化、建筑、技术、艺术、生态、环境和管理等诸多领域，是一个正在发展的综合性、实践性很强的学科。建设管理即是规划编制、设计、审批、建设及经营等管理的统称，是新农村建设全过程顺利实施的有效保证。为此，我们应该认真学习和领悟党中央的精神，深入农村基层，弘扬中华优秀文化，认真实践、努力实践、勇于开拓，为建设美丽中国、实现中国梦发挥应尽的义务和所能。

抓住城乡统筹、城乡一体、产城互动、节约集约、生态宜居、和谐发展的新型城镇化发展机遇，充分利用乡村优美的生态资源创建乡村公园，为城里人提供休闲度假的理想环境，是繁荣农村、促进城乡统筹发展、推动新型城镇化建设的一个有效途径。

* 1 亩 =1/15 公顷（hm²），下同

1.5 学术研究寻梦桃源

1.5.1 国内外动态

（1）农家乐公园

农家乐公园，具有规模较小、分布广的特点，游客以中、低收入阶层的城市居民为主。农家乐公园的乡土性、参与性比高技术的农业公园要强，这种方式近几年在内地中等城市的周边得到了快速发展。2010年9月西安市户县草堂镇李家岩村新村正式开村，新建成的村落占地180亩*，新村开村后就有20多户居民申请了农家乐个体经营权，开起了农家乐。2011年，李家岩村在户县政府部门和旅游局的支持下，将把李家岩新村建成环山旅游第一村，全村197户将有150户左右会开发成农家乐，并进行统一宣传和管理。"农家乐"取法自然，体现的是真正的农家生活。它主要以农家院落为依托，竭力营造出中国传统农耕社会外有田园，内有书香，衣食富足，天人和谐的理想境界，展现出农家特有的乡土气息。另外，农家乐与其他模式的农业公园相比，消费价格低廉，可以满足不同人群的休闲娱乐需求。西安市周边乡村的"农家乐"主要包括以下几种类型：农家园林型、花果观赏型、景区旅舍型和花园客栈型等。"农家乐"的兴起开拓了一个新的经济增长点，不仅转移了农村的剩余劳动力，还拉动了经济的增长。

（2）农业公园

我国的农业公园种类很多，分类方法也五花八门，缺乏统一的分类标准，即有高科技观光农业园，如上海奉贤区五四农场、北京西山脚下的"锦绣大地"、徐州稼悦园里、西安的杨凌农业科技示范区等都在筹建以农业为主题的公园，但是这些公园设施单一，涉及内容范围较窄，忽视了将村庄作为核心基准和以村民为主体的要素之一，故难以形成代表乡村为中心的乡村公园，更难体现带动农民致富的

作用。

我国以农业为主题的公园处于起步阶段，各具特色的近似景区与园区悄然形成。例如北京锦绣大地农业观光园、上海孙桥现代农业开发区；也有以"农家乐"形式为主的农业园，例如西安市户县草堂镇李家岩村新村。

高科技的农业公园具有规模大、科技含量高、项目投资数额大、高技术支撑等特点。锦绣大地农业观光园地理位置优越，位于优美的西山风景区和北京市绿化隔离带地区，界于北四环和五环路之间。在北京市大规划中，园区已被列入北京市农业高科技园区，以高新技术研发和工厂化生产示范为主要特点，以生态农业和生态观光为主，围绕湿地的经济、社会、环境工程进行建设。锦绣大地公园的主要特点是高新科技示范和科普教育、旅游相结合，拓宽了农业经济领域。同时，产学研相结合，提供科技内涵，扩展了观光客源。参观者不仅可以享受绿色的旅游，享受自然，还可以学习高新技术，了解农业最新发展动态。最后，公园坚持生态建设，保证可持续的发展趋势。锦绣大地农业观光园区自建设以来，共接待国内外游客 150 余万人次，接待全国各省（自治区）、市、县各级领导及人员 20000 多人，为高科技农业示范作出了贡献。

农业公园不是乡村公园。农业公园作为一种与观光农园、休闲农庄、农家乐相区别的农业旅游形态，在日本、马来西亚和德国等国家起步较早，但是真正意义的农业公园也是近几年才发展形成的。马来西亚农业公园（Taman Pertanian Malaysia）应是最具特色的形式，其宗旨是为旅游者提供有关马来西亚大自然的风貌特征和农业生产方面的科学知识，它的最大特点是寓游乐休息于学习之中。在这里不仅常年举办各种展览和表演，而且可以进行生物试验，举办社交活动，还可以接受马来西亚农业历史和农业技术方面的教育。农业公园已成为马来西亚最受人喜爱的公园之

一，吸引着众多的国内外游客。在日本，最为新奇的是江永崎农业公园中的南瓜森林，其以"野""洋""学"最具特点，吸引了来自世界各地的观光客。

中国台湾的休闲农业公园种类也很多，包括休闲农场、市民农园、农业公园、观光家园和旅游胜地等。这些农业公园结合了生产、生活与生态，形成了三位一体的发展模式。在经营上结合了农业产销、技工和游憩服务等三级产业于一体，是农业经营的新形态，具有经济、社会、教育、环保、游憩、文化传承等多方面的功能。例如，休闲农场就是一种综合性的休闲农业区，利用乡村的森林、溪流、草原等田园自然风光，增设小土屋、露营区、烤肉区、戏水区、餐饮区、体能锻炼区及各种游憩设施，为游客提供综合性休闲场所和服务。其中最具代表性的有香格里拉休闲农场的和飞牛农场。市民农园则是另一种完全不同的经营模式，由农民提供土地，让市民参与耕作园地。这种体验型的市民农园通常位于近郊，以种植花草、蔬菜、果树或经营家庭农艺为主。

（3）乡村公园

目前，国内外学者对乡村公园的相关研究主要侧重于乡村景观建设的研究，而具体针对乡村公园的实质研究较少，且也没有统一的定义与相关的建设规范或标准。通过国内相关网站、数据库、书籍、期刊等途径可以查询到很多有关乡村公园建设的新闻及相关介绍，几乎都是从景观规划设计的角度来进行理论探讨与实际案例的研究。在美丽乡村建设中，许多乡村都纷纷开展了村容村貌的整治工作。基于这样的背景，不少乡村地区开始建设乡村公园，为当地居民提供休闲、娱乐、健身的公共场所，从而改善乡村居民的生活条件。尽管乡村公园的建设工作已经先行，但却未能充分激活乡村的山、水、田、人、文、宅资源，推动乡村经济建设、社会建设、政治建设、文化建设和生态文化建设的同步发展，促进城乡统筹发展。乡村公园是新农村建设发展的产物，乡村公园

的建设应以城乡统筹发展为动力。当前国内制定的相关公园的规范及标准主要是针对城市建设用地而言，还没有乡村公园这一类型，乡村公园的建设在目前还是一个新的实践领域，国内相关的理论研究与实践经验都明显不足，因此，有必要对乡村公园的确切概念和建设的科学性、合理性进行探讨，以期在加快城乡一体化建设中，对乡村公园的规划建设提供可供借鉴的思路。

1.5.2 庄晨辉论"乡村公园"

目前，对于乡村公园的研究基本处于空白阶段，乡村公园没有明确界定。庄晨辉先生根据公园、城市公园、郊野公园的定义，结合乡村的特点和建设实例，在 2009 年其主编的《乡村公园》一书中，对乡村公园下了定义，认为乡村公园是指利用乡村集体所有土地为基地，采用社会化运作，以村民私有投资、多渠道集资为主建设，并由乡村自主经营、管理和维护，为村民提供休憩、康体、文娱、观光、民俗、纪念、朝圣等活动功能的自然化和人工化的生活境域和绿地形式[1]。并在书中提出了乡村公园的分类体系。

书中内容简介：与我们聚居生活最为密切相关的空间，就是人居环境，它是我们赖以生存的基地，是我们利用自然、改造自然的主要场所。党的"十七大"报告提出的科学发展观核心是以人为本，而人居环境的核心就恰恰是"人"，因此，人居环境建设要坚持"民本、文化、现代、生态"的理念，贯彻"以人为本"的思想。长乐市位于闽江口南岸，是福建省会福州的门户，国内屈指可数的空、海"两港"城市，全市土地面积 658km²，总人口 68 万人。在社会经济文化高速发展过程中，长乐市委、市政府深入贯彻落实科学发展观，围绕建设海峡西岸省会窗口生态城市的总体目标、打造"半小时文化圈"思路和"生产发展、生活宽裕、乡风文明、村容整洁、管理民主"的新农村建设总体要求，以规划建设乡村公园为突破口，

努力推动全市社会主义新农村建设。各镇乡（街道）结合本地实际，按照"条件许可、村民自愿"的原则规划建设乡村公园，充分调动基层群众的积极性，秉承社会化运作的理念，多渠道筹集建设资金，或依托当地自然和人文特色景观资源，或利用乡村"四旁"（村旁、路旁、水旁、宅旁）闲置地、废弃地、抛荒地等，大力植树造林，兴建了一个个形式多样、风格各异、功能齐备的乡村公园，为广大群众提供了休闲、健身、娱乐的场所。书中概述了乡村公园的概念辨析、分类体系、用地性质、投资方式、开发理念、功能特征和管理方式。

（1）乡村公园概念辨析

乡村公园是指利用乡村集体所有土地为基础，采用社会化运作，以村民私有投资、多渠道集资为主建设，并由乡村自主经营、管理和维护，为村民提供休憩、康体、文娱、观光、民俗、纪念、朝圣等活动功能的自然化和人工化的生活境域和绿地形式。

乡村公园是乡村的绿色基础设施，它作为乡村的主要开放空间，不仅是乡村居民的主要休闲游憩活动场所，也是乡村文化的传播场所。根据对乡村公园概念的界定和分析，乡村公园的内涵应从两个方面来界定：

一是向村民开放，与村民的生活密切相关，体现了乡村公园的开放性、公共性、生活性；二是以游憩为主要功能，有一定的游憩设施和服务设施，突出了乡村土地的使用功能。

除了具有与上述公园定义相同的内涵外，在外延上侧重于从乡村整体来考虑其结构和功能，因此它不仅包括乡村内部的公园，如社区公园、公共绿地等，也包括乡村外围以山地森林、风景名胜等为主体的具有游憩作用的乡村绿化隔离带、风景林地和休闲娱乐用地等。

（2）分类体系

1）按乡村公园建设用地分类

有种植地型、废弃地型（矿窑地、采石地、猪牛棚、

垃圾场)、闲置地型(拆迁地、"四旁"空地)、同地型、湿地型公园。

2)按公园依托资源分类

有风景名胜公园、文化古迹公园、历史名园、纪念性公园、植物游园、综合景观型公园。

3)按乡村公园的游憩功能分类

有休闲观光型、文化娱乐型、康体健身型、宗教朝圣型和教育纪念型公园。

4)按乡村公园的不同表现形式分类

有古迹延伸型(即在原有自然景观与人文景观基础上扩建延伸的人造景点)、借题发挥型(以文学名著、历史典故等借题设景)和自定义型公园。

5)按投资方式分类

有个体投资、集体投资、多渠道融资建成的公园。

以上所列举和的几种分类方法,并无严格的区分标准,因而只是对乡村公园作出粗略分类。实际上,许多乡村公园往往是将种种类型集于一身的整合体,难以简单地用某一种类型进行区分划定。

(3)用地性质

乡村公园建设用地均为乡村集体用地。乡村公园大都是因地制宜,依托遗留的古宗祠、古园林景观等,利用村中原有的山林、"四旁"的闲置地、废弃地、卫生死角等建立起来的,为周边的村民提供游憩的场所。

(4)投资方式

就目前乡村公园的建设来看,主要存在3种投资方式。

1)个体投资。由华侨、企业家、村民等个人捐资建设。

2)集体投资。由乡村集体财政、周边企业等投资建设。

3)多渠道融资。由各级政府引导,采取社会化运作方式,多渠道筹集资金建设。

(5)开发理念

改革开放30年来,我国公园建设发展迅猛,出现了一些新的公园类型,如主题公园、郊野公园、乡村公园、生态公园、森林公园、地质公园等。其中多数是由于建设主体的改变而产生,是城市公园的营造活动从政府包办向社会化转变,逐渐适应国家建立市场经济体制的发展要求,而乡村公园是其中特色鲜明的一种,具有特定的开发理念。

1)社会主义新农村建设总体要求

"生产发展、生活宽裕、乡风文明、村容整洁、管理民主"是社会主义新农村建设的总体要求,以规划建设乡村公园为突破口,有利于推动社会主义新农村建设。

2)村民精神文化生活的需求

随着国家社会经济的发展,绝大部分农民的生活环境和经济条件也得到明显的发达。富起来的农民寻思如何将自己的居住环境创造得更接近于城市居民的居住境况,如何满足自己精神文化生活的需求,于是纷纷建起了自己的公园。乡村公园的建设,不仅给周边村民创造了一处良好的生活环境和游憩场所,也为当地的精神文明建设提供了强有力的保证。

3)乡村自然风光和文化的展示

农村自然、人文资源丰富,具有良好的建园条件,可不费土石之功,而收事功倍之效,乡村公园的建设是村民对当地乡村文化和自然风光的展示,具有良好的社会效益。

(6)功能特征

1)功能定位

乡村公园作为一项公益事业,不少地方政府给予了足够的重视和资金支持,但由于其基础条件、外部环境以及针对人群等客观条件的不同,乡村公园与城市公园存在着功能定位上的差异性,主要表现为:

①**基础条件良好,有利于打造节约型公园**

大多数的乡村远离城市废气,基础环境良好,加上乡村本身就具园林造景条件：清闲的空气、清澈的溪流、丰富的植物资源、朴实怡人的乡村农舍……自然美景随处可见。因此，乡村公园的建设可采用节约型园林模式，广泛采用乡土元素，节省造园成本。

②外部环境半天然，宜形成和谐统一的田园风光

柔化城市轮廓是城市公园的重要作用之一。但在乡村公园的建设中，园林设计的主要任务是重新规划设计半天然式的外部环境，改造协调是主要工作。因此，对于乡村公园的设计定位而言，营造一个具有当地特色的田园式公园绝对是物美价廉的。

③针对人群身份不同，要注意功能需求对应性

乡村公园主体使用人群是乡村居民，由于生活方式、节奏存在明显差异，因此，乡村公园中的各功能分区不能直接照搬城市公园的设计套路，要根据乡村生活具体情况进行理性的分析。

2）功能需求

乡村公园在一定意义上可作为城市公园向乡村的延伸和补充，其质量直接关系到新农村建设的进程，并间接地对城市环境建设产生一定的影响。在建设中，要充分体现其特色，必须将公园的功能设置与村民的需求进行有机结合，并予以具体体现：

①社会功能

第一，有利于强调乡村个性，为乡村提供视觉特色：在一个乡村里曾经发生过的历史、生活过的名人，或是曾经为乡民所赞叹的建筑，以及特色鲜明的民俗文化、农耕文化等，都是这个乡村所特有的珍贵文化遗产，也是这个乡村的个性所在，而乡村公园则是这个乡村个性的反馈方式和物质载体，同时为乡村提供了视觉上的特色，绿化、水体、山石、小品等美景成为一个乡村不可多得的文化签名。因此，乡村公园成为乡村的主要景观所在，在美化乡村环境中具有非常重要的地位。

第二，为村民提供精神释放场所：面朝黄土背朝天的乡村生活是单一无趣的。随着物质生活逐步

富足，乡村居民的精神享受需求日益凸显，而乡村公园为村民提供了一个身心休憩的空间。其活动空间、活动设施为村民提供了大量户外活动的可能性，承担着满足村民游憩活动需求的主要职能。这也是乡村公园最主要、最直接的功能。

②生态功能

乡村公园大都是利用荒废地、闲置地、垃圾场等而建造起来的，公园内的绿化和变废为宝，有利于改善乡村的生态环境和整体风貌。

③经济功能

乡村公园的所有地具有相对的吸引人气、提升价值的经济意义。乡村公园是村民精神面貌的体现，蕴藏着乡村的名人名事、文化历史，可成为一个乡村旅游业的亮点。

3）功能特性

①公共性

乡村公园的主要功能特征是它的公共性，这是乡村公园与城市公园的最大不同。我国的城市公园作为城市规划的内容之一，主要由政府部门执手，大都纳入旅游景点的范畴，收取一定的参观费用，带有一定的经济性；而乡村公园多是华侨、富贾或村民自发为满足村民的精神生活需求而建造的，直接服务于村民，它为村民提供了游憩活动的空间和休闲娱乐的场所。

②游憩性

游憩性是乡村公园的基本特点。游憩活动是乡村公园为村民提供的一种不可或缺的活动类型。乡村公园为村民所创造的游憩空间的独特之处就在于将游憩活动与乡村文化相结合，或是变废为宝的合理利用，赋予一般游憩活动所不具备的精神和情感体验。

（7）管理方式

现有的乡村公园没有上级主管部门，市、县各主管部门只是负责对其工作的指导，公园完全由乡村

自行维护管理。每个乡村主管绿化的负责人直接对乡村公园的维护管理负责。而大部分的维护管理费用均由各乡村自行筹资解决，除了有政府专款扶持的乡村公园外，乡村公园的管理费用一般都列入乡村的财政预算，且都设有一两个人员专门负责日常卫生和绿化维护工作。各乡村公园的管理人员均由本乡村的居民担任，由村委会推举或村民投票选举。

但由于各乡村对公园管理费用的投入能力有限，加上村民的文明程度有限，在实际的管理工作中存在缺陷，例如公园出现露土、补苗不及时、园林小品受污染或破坏等现象。因而在管理方式上，要注意做好以下几点：

1）村民行为引导管理

制定明确的村民行为要求和被限制的行为要求，让村民进入公园活动之前就知道哪些行为是被禁止的，哪些行为是被约束的；充分发挥村委会的作用，定期集中开展村民参与各项保护教育活动，变被动教育为主动教育，使村民真正树立起环境保护的责任和意识。

2）融资管理

乡村公园的资金大都来自村民的集资和个体投资，应设置专门的部门，如公园管理办公室，由专人理财，定期公布资金的来源与支出情况。

3）设施管理

乡村公园拥有简单的运动健身设施，石桌、石椅、亭廊等游憩设施和垃圾桶等卫生设施，这些设施在使用过程中和自然外露的条件下会磨损，因而要加强设施的保护和维护，定期修补。

4）环境管理

采取有效的环境保护措施，加强对公园水土环境、固体废物等的治理；树立村民的环境保护意识，从而有效地预防和控制生态破坏和环境污染，达到保护环境的目的。

（8）建设实践

在"生产发展、生活宽裕、乡风文明、村容整洁、管理民主"的新农村建设总体要求中，以规划建设乡村公园为突破口，努力推动全市社会主义新农村建设。各镇乡（街道）结合本地实际，按照"条件许可、村民自愿"的原则规划建设乡村公园，充分调动基地群众的积极性，秉承社会化运作的理念，多渠道筹集建设资金，或依托当地自然和人文特色景观资源，或利用乡村"四旁"（村旁、路旁、水旁、宅旁）闲置地、废弃地、抛荒地等，大力植树造林，兴建了一个个形式多样、风格各异、功能齐备的乡村公园，为广大群众提供了休闲、健身、娱乐的场所。目前，全市共建设各类乡村公园200多个，极大地改善了乡村的人居环境，丰富了村民的精神文化生活。这些乡村公园中，不仅有芦际潭、龙潭晓瀑、晦翁岩等生态环境优美的乡村森林公园，还有八旗军旅园、东溪精舍、九头马等沉淀乡土文化底蕴的乡村文化公园，更有董奉草堂、姚广孝纪念馆、郑忠华公园等乡村纪念公园向我们展示历代名人的事迹。而那些让村民茶余饭后可以休憩、健身、娱乐的小公园，也已成为乡村中一颗颗璀璨的明珠。步入其中，常有的乡土气息扑面而来，一个个平凡中透着精彩，不知不觉地将我们带入历史文化长河和悠久的文明传承中，让我们抚慰中有所感悟，思索中奋而求进。

书中还撷取100个公园，展示长乐乡村公园建设的成就，展示长乐人科学发展的奋斗与智慧，展示长乐美好未来的向往。

（注：以上摘自《乡村公园》庄晨辉主编，中国林业出版社2009年出版）

1.5.3 郑占锋论"我国乡村风景公园体系构建理论初探"

首届河北高校风景园林文化节于2012年12月8日在石家庄河北师范大学开幕，此次文化节的主旨是解读十八大"美丽中国"发展战略，贯彻落实十八大关于生态文明的精神，探索风景园林行业未来的发展方向，文化节邀请国内众多专家和学者对话，共图河北省风景园林行业的腾飞。

文化节期间举行了"探索与发展"风景园林高端论坛。河北省风景园林学会副理事长、教授级高工郑占峰出席论坛并做了题为《我国乡村公园体系构建理论初探》的报告。

我国目前已经建成或正在兴建的乡村游览地很多，并且形式多样、内容各异。出现了各种提法，如：农业观光型园林、观光农业、农业观光园、休闲农业等。本文首次提出乡村风景公园的概念，使得这一特殊开放空间在乡村整体风貌协调和区域规划方面得到更为全面的认识。乡村风景公园是在维护乡村良好的生态环境下，发挥其独特的资源价值，实现游览、休闲功能，促进乡村区域整体发展水平的提高。

（1）乡村风景公园的概念

乡村风景公园泛指在乡村地区范围内，将乡村自然环境、乡村风景资源、田园景观、农业生产、农耕文化、农业设施、农家生活、村落古镇风貌、风土民俗等乡村资源，通过科学的规划设计，充分挖掘其观光、游览、休闲价值，为游客提供领略乡村田园风光、体验农事生产劳作、品味农家生活、了解风土民俗和回归自然需求的重要载体和方式。

首先，它包括合理开发利用农业生产资源，把观光游览和农业生产经营活动结合起来。其次，乡村风景公园还应包括对乡村自然资源、乡村聚落景观和乡村人文资源的开发和保护，使乡村与农业的观光游览功能显著扩大，满足游客不同层次的需求。此外，乡村风景公园不仅包括传统的农业活动的展示与体验，乡村田园风光及乡村遗产的欣赏与游览，还包括必要的管理经营、服务设施建设，为城市居民提供具有乡村特色的吃、住、行、游、购、娱等方面的服务和供应，满足他们对田园风光和乡土风景的向往。

总之，乡村风景公园是一种新型的风景游览地形态。它是按照现代游览地的经营思路，使乡村风景游览与现代休闲活动向更加规范化、规模化、高品牌化发展；也促进了乡村风景资源的开发与保护，为乡村社会发展和乡村风景规划找到了结合点，成为前沿研究对象。

（2）乡村风景公园的风景资源

乡村风景公园的风景资源是一个能引起审美与欣赏活动的多种元素构成的复合体，所反映的不是构成元素的独立效果，而是相关元素组成的复合效应，乡村游览地的空间环境和视觉形象总体，是构成乡村风景公园的基本要素。

① 承载各具特色的乡村自然风光；② 传承农耕文化的乡村传统劳作；③ 体现科学技术的现代农业；④ 表达风格迥异的乡土古村落景观；⑤ 展示充满情趣的民风民俗文化艺术。

（3）乡村风景公园的特性

乡村风景公园具有广博性、乡村性、季节性、地域性、体验性等五大特性。

（4）乡村风景公园的功能

①农业生产功能；②游憩保健功能；③科普教育功能；④文化传承功能；⑤综合服务功能；⑥维护生态功能。

（5）乡村风景公园的发展模式与类型

全国乡村风景公园自20世纪90年代中期以来发展极为迅速，在全国各地广为兴建，且一直是社会投资的热点。现已建成或正在兴建的乡村风景公园很多，发展情况千差万别、特色各异。笔者认为以公园主题内容作为分类标准，对今后乡村风景公园建设的主题定位具有借鉴意义。

1）以开展田园农业为主题的乡村风景公园模式

即以乡村田园景观，农业生产活动和特色农产品为景观内容，开展农业游、林果游、花卉游、渔业游、牧业游等不同特色的游园活动项目，满足游客体验农业，回归自然的心理需求，主要有4种类型：①田园风光；②观光采摘园；③特色蔬菜田园；④市民农园。

2）以科普教育为主题的乡村风景公园模式

利用农业观光园、农业科技生态园、农业产品展览馆、农业博物院或博物馆，为游客提供了解农业历史、学习农业技术，增长农业知识的游园活动项目。主要有3种类型：①农业科技教育基地；②休闲教育农业园；③教育农园。

3）以展示乡土风情为主题的乡村风景公园模式

立足与本地文化资源，为游客提供地方历史文化特色和原汁原味的乡情习俗，充分突出农耕文化、乡土文化、民俗文化和节庆文化特色，开展农耕展示、体验农家生活、民间技艺、时令民俗、节庆活动、民间歌舞等旅游活动项目，主要有6种类型：①乡土文化园（村）；②民俗文化园（村）；③民族文化园（村）；④农耕文化园；⑤欢乐农家园；⑥乡村风景公园绿地。

4）以观光村落乡镇为主题的乡村风景公园模式

以古村镇宅院建筑和特色村寨为主要内容，开展观光游览活动，主要有以下几种类型：

①古民居和古宅院游；②民族村寨游；

③古镇建筑游；④红色文化游。

5）以休闲度假为主题的乡村风景公园模式

依托自然优美的乡野风景、舒适怡人的清新气候，独特的地热温泉、环保生态的绿色空间，结合周围的田园景观和民俗文化，兴建一些休闲、娱乐设施，为游客提供休憩、度假、娱乐、餐饮、健身等服务，主要有两种类型：①休闲度假村；②休闲农庄。

（6）乡村风景公园的实施

2009年4月，河北省邢台市人民政府命名了首批7个市级乡村风景公园：柏乡县北郝村汉牡丹特色乡村公园、临城县前都丰村绿岭核桃特色乡村公园、内丘县侯家庄乡岗底村富岗苹果特色乡村公园、内丘县柳林镇西石河村长寿百果庄园、临西县下堡寺镇东留善固村玉兰特色乡村公园、邢台县东良舍村白马河沙地生态休闲公园、巨鹿县堤村乡刘庄杏花特色乡村公园。

2011年2月，邢台市人民政府命名了第二批7个市级乡村风景公园：临西县万和宫特色乡村公园、沙河市栾卸特色乡村公园、沙河市王硇特色乡村公园、巨鹿县团城林场特色乡村公园、巨鹿县堤村金银花特色乡村公园、临城白云掌特色乡村公园、临城闫家庄特色乡村公园。

（7）结语

时任国家总书记胡锦涛指出：建设生态文明，是关系人民福祉、关乎民族未来的长远大计。面对资源约束趋紧、环境污染严重、生态系统退化的严峻形势，必须树立尊重自然、顺应自然、保护自然的生态文明理念，把生态文明建设放在突出地位，融入经济建设、政治建设、文化建设、社会建设各方面和全过程，努力建设美丽中国，实现中华民族永续发展。

乡村风景公园的建立，不仅有利于对乡村独特资源的认识、保护和利用，更有利于促进政府对乡村总体规划建设理念的改进，使乡村的经济和社会发展步入良性循环。

（注：以上摘自中国风景园林网 www.chla.com.cn）

1.5.4 笔者研究综述

1999年，笔者在福建龙岩市洋畲村的规划建设中，提出了保护村里成片的原始森林和万亩竹林、发展"生态旅游富农家"的立意，使得偏僻山区，经济落后的革命基点村变成了著名的绿色生态社会主义新农村。2007年通过规划把其打造为创意性生态农业示范村（乡村公园雏形），吸引了投资者竞相进入开发。2008年，在福建永春县五里街镇大羽村的规划中，发掘了"永春拳（白鹤拳）"发源地的历史文化，以"突出鹤法，辅以农耕"的主旨，完成了"永春白鹤拳创意生态文化特色村"（乡村公园雏形）规划，引来了许多投资者的兴趣，现已成为福建省典型的美丽乡村。

在长期从事新农村建设规划研究的基础上，笔者1999年开始参加了福建省村镇住宅小区试点工作，完成了大量的规划设计任务和建设指导工作。深入基层，感受到只有熟悉农民、理解农民、尊重农民，才能做好村镇的住宅设计，为广大农民群众服务。在深入基层中，体验到广大农村自然环境在青山碧水环境中的幽雅和清新。与此同时，也唤起了对如何利用大好河山，发展农村经济的思考。因此，在每个村镇住宅小区的规划设计中都较为明确地提出发挥优势，促进经济发展的建议。

2007年以后笔者开始提出创意生态农业文化的建议和思考，并进而提出了创建美丽乡村公园的建议。

继洋畲村和大羽村的规划设计研究，笔者2009年提出了创建农业公园，开拓各具特色的乡村休闲度假产业。在研究中发现，农村中不仅有着美丽田园风光，更有着美好的大自然，山、水、田、人、文、宅都是可通过文化创意激活的乡村生态资源。为此，笔者自2011年开始在福建省建瓯市东游镇安国寺自然村的规划中，便开始做了建设"安国寺畲族乡村公园"的构想，随后完成了"福建省南安市金淘镇占石红色生态乡村公园"的概念性规划。2012年开始进行并完成了"福建省永春县东平镇太山美丽乡村公园规划"和"福建省永春县五里街镇现代生态农业乡村公园概念性规划"，并在实施中完成了永春县五里街镇大羽村鹤寿文化美丽乡村精品村规划。通过大羽村全体村民的努力，大羽村已建成福建省最富文化创意的美丽乡村和中国宜居村庄示范村。最近又正在指导一些地方的美丽乡村公园规划。

通过研究，笔者认为：

（1）创建乡村公园，以乡村为核心，以村民为主体；村民建园，园住农民；园在村中，村在园中。可以充分激活乡村的山、水、田、人、文、宅资源；通过土地流转，实现集约经营；发展现代农业，转变生产方式；合理利用土地，保护生态环境；继承地域文化；展现乡村风貌；开发创意文化，确保村民利益。

（2）创建乡村公园，涵盖着现代化的农业生产、生态化的田园风光、园林化的乡村气息和市场化的创意文化等内容。可以实现产业景观化，景观产业化。达到农民返乡、市民下乡；让农民不受伤，让土地生黄金。推动乡村经济建设、社会建设、政治建设、文化建设和生态文化建设的同步发展。是促进城乡统筹发展，拓辟新型城镇化发展的蹊径。

（3）创建乡村公园，可以做强农业、靓美农村、致富农村，是社会主义新农村建设的全面提升，也是城市人心灵中归为自然、返璞归真的一种渴望，是实现"人的新农村"的有益探索。

（4）创建乡村公园，充分展现了"美景深闺藏，隔河翘首望。创意架金桥，两岸齐欢笑。"的立意。

因此，创建乡村公园是统筹实现改善农村生态环境、弘扬优秀传统文化、建设新型乡村文明、提升农民幸福指数的有效途径。

借助中华建筑文化（建筑环境风水学）和可持续发展的理论，借鉴城市设计和园林设计的成功手法，建构既有历史文化的传承，又有时代精神的乡村公园，已经成为社会主义新农村建设的重要途径之一。这就要求我们应该努力继承、发展和弘扬中华建筑文化的和谐理念和传统乡村园林景观的自然性。使其在乡村和城镇如火如荼的建设中，将保护和发展聚落的乡村园林景观、运用生态学观点和把握聚落的典型景观特征，作为社会主义新农村建设的重要原则与基础。乡村园林是中国园林师法自然的范本。创建乡村公园，回归自然，与自然和谐相处必将成为现代人的理想追求。

2 独具时代理念的乡村公园

新型城镇化的基本特征是城乡统筹、城乡一体、产城互动、节约集约、生态宜居、和谐发展。抓住机遇，在城乡统筹发展中利用乡村优美的生态资源创建乡村公园，为城里人提供休闲度假的理想环境，是繁荣农村、促进城乡统筹发展、推动新型城镇化建设的一个有效途径。

2.1 乡村公园的核心内涵

乡村公园完全不同于人工建造的城市公园；有别于建立在自然环境基础上的郊野公园、森林公园、地质公园、矿山公园、湿地公园等；更不是简单的农村绿地和仿照城市街边绿地的"农民公园"；也不是单纯的农业公园。

乡村公园是以自然乡村和农民的生活、生产为载体，涵盖着现代化的农业生产、生态化的田园风光、园林化的乡村气息和市场化的创意文化等景观，并融合农耕文化、民俗文化和乡村产业文化等于一体的新型公园形态。它是中华自然情怀、传统乡村园林、山水园林理念和现代乡村旅游的综合发展新模式，体现出乡村所具有的休闲、养生、养老、度假、游憩、学习等特色；它既不同于一般概念的城市公园和郊野公园，又区别于一般的农家乐、乡村游览点、农村民俗观赏园、乡村风景公园、乡村森林公园及以农耕为主的农业公园和现代农业观光园等，它是中国乡村休闲和农业观光园、农业公园的升级版，是乡村旅游的高端形态之一。

乡村公园，其发展模式和商业模式呈现多元化。首先它是以现代农业为主题的休闲度假综合体，立意高，起点高，品牌高。其次，是创建以乡村为核心、以村民为主体，是为促进城乡统筹发展和建设独具特色社会主义新农村的需要，应运而生的新型公园。乡村公园内可根据当地的生态环境、气候条件制定现代农业生产计划，形成延伸产业链，在适应观光游览的春、夏、秋、冬季节中，创造不同的收入。乡村公园内精心点缀的经济作物的自然生长也不受影响，吃、住、行、游、娱、购，多种配套服务，形成多元赢利机制，更有利于为项目实施带来理想的生态效益、社会效益和经济效益。

2.2 乡村公园的基本目标

创建乡村公园的目的在于更快更直接地促进乡村文化遗产和农业文化遗产的保护，促进乡村旅游和现代农业展示朝着更科学更优化的形态发展。发展现代农业是全面建成小康社会的重要抓手，大力推进高优农业生产的建设，不仅可以推广现代农业技术，促进农业发展方式的转变；还可以培养新型农民，提高农民的致富能力和自身价值；更可拓展农业功能，促进农业提质增收。在配合国家以发展乡村旅游拉动内需发展的战略，推动乡村的经济建设、社会建设、政治建设、文化建设和生态文明建设的同步发展，促进城乡统筹发展，拓辟城镇化发展的蹊径。

乡村公园的目标是：

（1）以乡村为核心，以村民为主体；村民建园，园住农民；园在村中，村在园中。可以充分激活乡村的山、水、田、人、文、宅资源；通过土地流转，实现集约经营；发展现代农业，转变生产方式；合理利用土地，保护生态环境；继承地域文化；展现乡村风貌，开发创意文化，确保村民利益。

（2）涵盖着现代化的农业生产、生态化的田园风光、园林化的乡村气息和市场化的创意文化等内容的乡村公园，可以实现产业景观化，景观产业化；达到农民返乡、市民下乡；让农民不受伤，让土地生黄金；推动乡村经济建设、社会建设、政治建设、文化建设和生态文化建设的同步发展。是促进城乡统筹发展，拓辟城镇化发展的蹊径。

（3）是社会主义新农村建设的全面提升，也是城市人心灵中归为自然、返璞归真的一种渴望。

作者积长年对中华建筑文化和传统乡村园林研究和深入基层进行乡村规划实践，提出了创建美丽乡村公园，促进城乡统筹发展的理念，并在社会主义新农村建设中加以实践改变了乡村的面貌，获得广大群众的欢迎。

实践证明，创建乡村公园，充分展现了"美景深闺藏，隔河翘首望。创意架金桥，两岸齐欢笑。"的立意。

2.3 乡村公园的主要意义

从生态景观学的角度可以清晰地看到：农村的基底是广阔的绿色原野，村庄即是其中的斑块，形成了"万绿丛中一点红"的生态环境；而城市的基底是密密麻麻的钢筋混凝土楼群，为城市人修建的城市公园仅是其中的绿色斑块，因此城市公园是"万楼丛中一点绿"。同样有绿，农村是"万绿"，而城市只有"点绿"。建立在农村的以乡村为核心的乡村公园便以其天然性、生态化和休闲性与人工化的城市公园形成了性质的差异，凸显其鲜明的自然优势。乡村公园又以其文化性、集约化，和仅停滞在单纯的吃吃饭、转一转的粗放性、家庭化农家乐存在着文化的差异，成为农家乐向乡村游的全面提升。乡村公园集激活乡村山、水、田、人、文、宅众多资源于一体，与乡村发展的区域性、园林化和村庄建设的局限性、一般化形成的范围差异，促使了新农村建设的全面提升。乡村公园又以多样性、人性化的多种综合功能和仅以农业生产为主题的农业公园的局限性、单一化，自然景区（包括森林公园、湿地公园等）的保护性、景观化，以及人文景区的历史性、人文化形成了服务内涵的差异，从而使得乡村公园的亲和力及凝聚力，可以吸纳社会各界更多的人群。

乡村公园是在城市人向往回归自然、返璞归真的追崇和扩大内需、拓展假日经济的推动下，应运而生的一个新创意。

建立在绿色村庄（或历史文化名村等各种特色村）和农业公园基础上的乡村公园，是将建设范围扩大至全村域（乃至乡镇域）。不仅把当地优美的自然景观、优秀的人文景观和秀丽的田园风光进行产业化开发，激活乡村的山、水、田、人、文、宅资源，而且把乡村公园的每一项产业活动都作为产业观光、寓教于乐的产业园（或景点）进行策划和建设，可以在资金投入较少的情况下，使得乡村的产业规划与乡村生态旅游、度假产业的开发紧密结合，相辅相成，促使乡村公园的产业景观化、景观产业化和设施配套化，建设颇富精、气、神的社会主义新农村，形成各具特色和极具生命力的乡村公园。并以其独特的丰富性、参与性、休闲性、娱乐性、选择性、适应性、创意性、文化性和教育性等各种乡村生态文化活动，达到生态环境的保护功能，经济发展的促进功能，优秀文化的传承功能，"一村一品"的和谐功能，综合解决文化、教育、卫生、福利保障和基础设施的复合功能。并且可以获得乡土气息的"天趣"、重在参与的"乐趣"、老少皆宜的"谐趣"和净化心灵的"雅趣"等休闲度假功能与养生功能等综合功能并且这种综合功能是包括农业公园、城市公园、自然景区（包括自然风景区、森林公园、湿地公园）、人文景区（包括物质和非物质文化遗产以及国家文物保护区和历史文化名村）等公园和风景名胜区都难以比拟的。

通过创意性生态文化开发的乡村公园，以乡村作为核心，以村民作为主体，可以使得纯净的乡土气息、古朴的民情风俗、明媚的青翠山色和清澈的山泉溪流、秀丽的田园风光成为诱人的绿色产业，让钢筋混凝土高楼丛林包围、饱受热浪煎熬、呼吸尘土的城市人在饱览秀色山水的同时，吸够清新空气的负离子，享受明媚阳光的沐浴，痛饮甘甜的山泉水，并置身于各具特色的产业活动，体验别具风采的乡间生活，品尝最为地道的农家菜肴，获得丰富多彩的实践教育，令人流连忘返。从而达到净化心灵，陶冶高雅情操的感受，满足回归自然、返璞归真的情思。

不仅如此，创建乡村公园重要的意义还在于，在农村整体发展过程中，以此为契机，以乡村资源为基础，带动乡村产业的发展，带领村民致富，形成区域性的村庄自主城镇化，最终在不改变乡村自然状态、管理体制的前提下，实现城乡统筹发展。

近些年，中国城镇化进程速度加快，农村人口大量涌入城市，导致城市人口急剧膨胀，随之而来的一系列问题也接踵而至，诸如高楼林立、交通拥挤、空气污染、噪音喧嚣等。在市场经济的大环境下，紧张的生活节奏和激烈的社会竞争让人们倍感压抑，急切渴望回归到美丽宁静的大自然中舒缓压力，到悠

闲淳朴的田间和林中放松休憩。与此同时，我国的耕地面积也正在逐年萎缩，劳动力成本也呈逐步上升的发展趋势。在这种情况下，传统农业如何加快转型，进而提高市场竞争力，尤其是提高国际市场竞争力，已成为刻不容缓的重大课题。然而，面对这一强大的市场刚性需求和产业升级需求，原本薄弱的农业已不堪重负。因此，发展乡村公园也是城市人心灵的一种渴望，是时代的必然要求，更是加速我国城镇化进程的必然趋势。

2.4 乡村公园的构成要素

乡村公园的核心要素主要体现在乡村自身的要素上，即山、水、田、人、文、宅，体现了传统乡村园林所追崇的乡村万物皆为景的聚落构园理念。"山"和"水"，是乡村本身固有的自然景色，在乡村公园创建过程中，应充分体现把乡村山水资源转化为资本的运作。

2.4.1 "山"

山有名山，也有村里的小山丘，更有人造山景等，一切顺应乡村发展需要，与乡村协调存在。

2.4.2 "水"

水则以乡村河流、小溪、围堰、池塘等为构成因素，是或自然、或人为、或有机结合的资源。乡村山水既是村民赖以生存的资源，又是乡村文化与发展记录的载体，更是乡村未来发展的资源。

2.4.3 "田"

田则是乡村所特有的资源，是村民所进行农耕种植的根本所在，或旱田、或水田，有山区的梯田、丘陵的坡地、山间的河滩地等，不同地域种植作物不同，均是构成乡村美景的一部分。如南方的香蕉林、菠萝蜜树等，对北方旅客是一个异域风情的体验；而

北方的广阔草原、绵延无尽的田野又是南方游客所向往的；漫山遍野的油菜花已成为江西婺源的旅游品牌；数万亩连片种植的玫瑰田、一望无际的玫瑰花既是新疆和田县农民的特色农产品收入的主要来源，更是其重要的旅游资源：云南元阳梯田、广西龙胜龙脊梯田和湖南新化紫鹊界梯田，不仅成为文化遗产，更是旅游名胜。

2.4.4 "人"

人即村内居民，更是景区不可或缺的景观之一，村民有自己的服饰、习俗、自然神态等，甚至不同地域人的长相，也是公园的一部分，旅客来此观山、观水、观田、观地，更观民俗，组合成"人在画中走，云在画中游"的乡村美景，如四川汶川县的萝卜寨村，被称为"云朵上的街市"，就是乡村美景的自然体现。

2.4.5 "文"

文体现的是乡村的文化、历史、人物等，其中涵盖的内容十分丰富，乡村有古老的文化，也有新兴文化，有现代文化，也有历史文化，如中国农民画村——上海中洪村、河南王公庄村等。而乡村所涵盖的历史体现在，古老乡村的古老的历史，如山西皇城村的"皇城相府"发展历史；也有乡村自身发展的历史，如"天下第一村"江苏华西村；更有与国家发展的历史同步的历史，如河北的前南峪村的"中国抗日军政大学"所在地红色文化，天津玉石庄村的乾隆三十二次所到之村的帝王文化等。而乡村里的人物，则涉及面更广，有古代人物、现代人物，有与战争相关联的人物，有与文化相关联的人物等，如河南安乐窝村的著名北宋理学家邵雍故里、湖南益阳清溪村的周立波"山乡巨变第一村"等。更有体现宗教文化、武术文化的乡村，如湖北武当山旅游经济特区八仙观村的八仙道茶文化，河南温县陈家沟村"陈式太极第一村"，"永春拳"故里的福建永春县大羽村等。

2.4.6 "宅"

宅对于农村来说具有生活生产的双重性，既是村民所居住生活的场所，也是村民的生产资料。乡村公园离不开村庄，村庄是乡村公园的核心，也是乡村公园其他附属公共服务设施所关联的核心，有村庄才有公园。我国村庄之美可与欧洲小镇媲美，如浙江奉化的滕头村，村在园中，园在村中，处处美景，点点风情，被誉为"一个了不起的村庄"；新疆哈巴河县白哈巴村，村庄被密密麻麻的金黄的松树林环绕，村民住的木屋和圈养牲畜的栅栏，错落有致地散布在松林和桦林之中，安宁、祥和，特别是秋季一到，山村是五彩的红、黄、绿、褐色，层林尽染，犹如一块调色板，在阿勒泰山的皑皑雪峰映衬下，一年四季都是一幅完美的图画。

2.5 乡村公园的潜在优势

2.5.1 独特资源优势

乡村公园属于新型公园产业形式，人们在游览乡村公园的惯常思维中似乎处于劣势，而在新、特、奇的游览概念中，以乡村要素为核心的产业发展中则处于绝对优势。在要素天赋条件方面，乡村公园最丰富的成景要素就是乡村自然资源。因此，在中国乡村发展中，乡村公园是乡村旅游经济发展道路上必然的、科学的选择。其优势突出表现在以下几个方面：

（1）乡村文化底蕴极其广博

中国乡村发展的历史文化源远流长，文明的源头可以无限追溯，是城市发展的起源。如安徽黄山市周边的歙县、祁门等地乡村出土的文物表明，早在旧石器时代，黄山市一带乡村就已有先民生活。乡村发展悠长的历史孕育了灿烂而独特的文化，不同文化的发祥地形成不同的历史文化体系，在中国乡村中，大量保留完整的不同时代的古村落、古祠堂、古民居、古牌坊、古戏台、古石坊、古栈道、古作坊、古街、古巷、古楼、古庙、古塔、古桥、古井、古坝、古董、古树等富有地域特色的古建筑和文化遗存更是比比皆是。而非物质文化遗存也极其丰富，仅地方方言就有几千种之多，传统工艺匠心各具，舞龙、舞狮、叠罗汉、抬阁、目连戏、乡村戏剧等民俗文化古风犹存，菜系、糕点、茶艺等特色饮食别具风味。这些灿若星辰的大量遗存如珍珠般镶嵌于中国乡村，它们是中国乡村公园的重要组成部分，是区别于其他形式公园的最大优势，也是中国乡村公园持续稳定快速发展的核心竞争力之所在。

（2）乡村生态环境资源丰富

我国乡村分布地域远远大于城市的地域分布，有中国版图的地域均有乡村，且乡村所处的地域范围内环境资源异常丰富，我国版图内所拥有的气候、山水、人文、历史等资源均是乡村所拥有的。仅以黄山市辖区乡村为例，其地处属亚热带湿润性季风气候，雨量充沛，气候温和，四季分明。境内群峰耸立，山水相间，丘谷错列，河溪回环，自然生态条件十分优越。境内有国家级、省级自然保护区以及黄山、齐云山、徽州等国家森林公园。保护区和森林公园的面积达 4.57 万 hm^2，占全市面积的 4.6%，全市有林地面积 69.97 万 hm^2，植被覆盖率达 75.3%，乡村植被覆盖率更是高达 85% 以上，全市大气达到国家一级标准的天数占全年的 95% 以上，是全国 13 个一类大气城市之一，地表水 95% 以上为三类以上，无四类以下地表水；大部分乡村空气中的负氧离子都超过了2 万个 /cm^3（1000 个 /cm^3 即具保健作用），是名副其实的"乡村天然氧吧"。地处经济发达地区的乡村生态资源也是十分丰富。如浙江奉化滕头村，村域经济以苗木繁育为主，产业发展辐射带动周边村庄发展，创造区域性村庄发展的生态环境，成为 5A 级国家旅游风景区。

（3）乡村物产资源十分丰厚

我国传统的公园基本以游览为主，没有原则意义上的特产，而乡村公园内的特产则异常丰富。由于我国山区乡村境内山峦重叠、山水相间、植被茂盛、物种繁多，所以特产资源十分丰富。境内各类植物多种多样，不同的地域种植不同的植物，生产不同的产品，除传统的种植植物外，还有药用植物、花卉等，珍稀、特有树种也各不相同。动物资源则更加丰富多样，野生动物有兽类、鸟类、两栖类、爬行类等，其中还有受国家保护的珍稀动物。各品牌名茶驰名中外，各种水果如枇杷、雪梨、香榧、花菇和贡菊等闻名遐迩，陶器、名石、名雕等传统名特产不胜枚举。

（4）乡村旅游资源特色鲜明

我国乡村旅游资源不仅丰富异常，而且特色鲜明，差异化明显。有些以文化见长，有些以田园风光著称，有些乡村的民风纯朴敦厚，有些乡村的特产闻名遐迩，有些乡村春花烂漫，有些乡村秋色怡人。仅以安徽歙县新安山水画廊周边的乡村为例，雄村为宰相故里；义成村有王茂荫故居；卖花渔村以徽梅盆景著称；南源口以花基地闻名；"三潭"的枇杷园、"三口"的蜜橘园果香诱人；漳潭村既是樟树之王所在地，又是张良隐居地；新杨村民居林立；新溪口龙门瀑布雄伟。画廊两岸山水、村落交映，四季景色各异，可以说是处处有看点、村村有卖点。这些村庄几乎涵盖了国内目前所有的乡村旅游元素，不同地域、不同民族的乡村资源特色则更加鲜明。

（5）乡村旅游品牌具有独特性

一方面，其具有乡村的独特性、名村的独特性和民族乡村的独特性。乡村在公园内，公园以乡村为核心，是任何公园都不可能具备的；村民是公园一景，其生产、生活与交友均是公园的重要组成部分。而名村的品牌更是其他公园所无法拥有的，中国的名村有很多，类型也各不相同，特色村更是呈现产业多样性和生活环境的多样性。民族乡村根据各民族的特色体现出独特的品牌资源，其风情、习俗、生产方式大相径庭，特色优势更加显著。另一方面，乡村公园具有十八坊（详见文化创意中的特色经营创意）作为核心创意要素的独特性，十八坊的创意要素使得在公园中加入任意一坊，均是其他公园所不可能达到的独特有效组合。同时，还体现在世界自然和文化以及世界地质公园遗产、国家级风景名胜、国家级地质公园、国家级历史名村、历史名人等都为不同地域的乡村公园构成了独特的顶级品牌。

（6）乡村区位条件优势明显

乡村公园建设区位选择根据公园的主题不同而条件各异。如以绿色生态为主题的滕头村农业公园与溪口镇比邻，与溪口共建为5A级国家级旅游风景区，为游客的游览提供特色产品；以循环生态农业为主题的河横村农业公园，以民俗为主题的蒋巷村农业公园地处工业发达的江苏省，为工业发达地区的游客展示农产品生产的安全性，及经济腾飞之后满足人们的回归意识；而地处东北的大梨树村农业公园以中药材生产为切入点，发展区域性的影视基地产业，将两种关联性不强的产业进行融合，以农业公园带动新型产业的发展形成新的经济增长点；以红色文化为主题的河北前南峪村农业公园地处太行山区，将绿色生态、红色文化、千年古树充分结合，为红色文化注入新的要素，将太行山区中的农业公园展示给游客，让游客体验到红色文化的全新感受。这些农业公园的建设经验，也都可以作为创建乡村公园在区位选择中的借鉴。其优势各有特色，或处沿海与内陆腹地的过渡带，或处旅游圈、经济圈、城市圈。其交通、环境、客源等均体现出乡村公园的特色区位优势。

（7）国家政策与政府部门的支持

国家"十二五"发展纲要中指出，积极发展旅游业，全面发展国内旅游。积极发展入境旅游，有序发展出境旅游。坚持旅游资源保护和开发并重，加强旅游基础设施建设，推进重点旅游区、旅游线路建设。推动旅游业特色化发展和旅游产品多样化发展，全面推动生态旅游，深度开发文化旅游，大力发展红色旅游。完善旅游服务体系，加强行业自律和诚信建设，提高旅游服务质量。在拓宽农民增收渠道部分中，明确指出巩固提高家庭经营收入，因地制宜发展特色高效农业，利用农业景观资源发展观光、休闲、旅游等农村服务业，使农民在农业功能拓展中获得更多收益。乡村公园则是以此为突破口，将乡村资源、农业生产、村民生活与乡村休闲度假有机结合，在保护乡村历史文化的基础上，拓展乡村旅游的新领域。

（8）村民致富需求与支持

乡村域经济发展到一定阶段，经济转型是发展的关键，特别是传统乡村的产业经济发展。充分利用现有资源，发展自身建设是乡村发展及产业升级的核心。而乡村公园则是充分利用乡村的资源要素，在进行乡村建设的同时，发展乡村的旅游经济。而这种不改变乡村整体结构，不改变乡村集体土地用途，由创意生态文化要素注入带动乡村建设与发展的产业形式，深受村民的支持，也是村民致富的重要途径之一。

2.5.2 产业融合优势

产业融合在其本质上表现出产业创新的特征，无论产业融合发生于哪一个层面，都是打破了原有的产业界限，在产业要素之间发生重组并创造出新的生产或消费平台。产业融合的本质就是一种创新，其中包含了技术、组织形式、管理制度以及市场等多方面的创新。这种产业融合创新是以产业之间的技术、业务的创意性生态文化为手段，以管理、组织形式创新为过程，以获得新的融合型产品、融合型服务，开辟新的市场，获得新的增长潜力为目标。这种以技术创新和融合为核心的产业发展趋势，将成为现代生态农业产业发展的广泛趋势。建立在科技不断发展并不断交融基础之上的产业融合，形成了新的产业革命，突破了传统的生产模式和传统范式的产业创新形式，丰富了产业创新理论，产业和企业间的融合将提高产业的创新能力和产业结构升级的能力，从而提高了产业的竞争力。

（1）产业融合与农业发展

随着技术进步和社会经济结构的变化，传统三次产业出现了相互融合的趋势。从农业的角度，农产品生产过程的标准化日益加强，科技含量逐渐增加，农产品逐步摆脱了低价格和低附加值的状态，向高附加值转变。农产品的自然属性逐步淡化，社会化属性逐渐加强，与消费者的距离越来越近。在农业产业化体系中，农业生产与农产品加工、农产品销售及其他相关服务形成了一个整体。在劳动力就业统计上难以依据传统的第一产业、第二产业、第三产业加以区分，产业间的模糊化特征日趋明显。

从目前的情况看，我国农业产业融合分为纵向融合和横向融合两种类型，沿着纵向"农工商、产供销一体化"和横向产业交叉的"两维"路径展开。从产业融合的视角分析，现代农业的发展具有产业融合的必然性，农业产业化与农业多功能的实质是农业与非农业在纵向与横向上的融合发展，融合的最终目标是形成纵向延长、横向拓宽的块状农业产业链，提高农业在国民经济中的产业竞争力。

从农业产业融合的领域及层次上，农业产业融合的类型可以分为三个层面：

①农业内部子产业之间的融合，其典型代表为种植业、养殖业和畜牧业之间以生物技术的应用为基础，通过生物链整合，形成以生态农业为代表的新的业态。

②农业与外部产业的融合，表现为高新技术产业与农业的渗透融合，比如数字化农业、基因农业。

③产业之间延伸的融合，如农业的服务化和现代农业生产服务体系的建立；外部产业与农业之间的交叉融合，例如农业与旅游业的交叉融合而形成的旅游农业或观光农业、休闲农业以及农业与化学工业、

能源工业交叉融合而形成的化工农业、能源农业等。

农业与其他产业的融合表现为多种形式，如技术上的融合、产品和文化服务上的融合、市场上的融合等，使农业体系中的部分生产要素从农业中脱离出来，以新的形式创造了新的价值。在农业与旅游业相融合而形成的观光农业中，土地、劳动力、资本等传统生产要素与知识、技术、休闲、文化、产品及服务相结合。尽管仍然生产农产品，但生产目的、产品价值、顾客定位却发生了根本性改变，更多地与旅游休闲联系在一起，尽管与农业有关，其产业属性中的农业特征正慢慢退化，同时注入许多第三产业和创意性文化产业的特征。

产业融合推动了农业产业发展和经济增长。成为农业增长的新动力。通过产业融合，一方面使产业群增加，即新兴产业的发展和边缘产业的产生；另一方面促进产业渗透与产业发展，使产业向分工界限模糊化，突破原有产业之间的技术、业务和市场边界，形成新的产业形态，使农业成为产业化农业。融合还继续在农业领域的深化发展，形成新的重叠与融合。使得产业基础、产业关联性、产业结构、产业组织形态和产业区域布局等方面发生根本性变化，最终形成对经济与社会的综合影响。

（2）产业融合与乡村公园

乡村公园是产业融合表现形式之一。在乡村产业发展过程中，乡村域经济所涉及产业范围与其发展历程有较大的关联度。在乡村所涉及的产业中，除了传统的农业以外，创新与创意性生态文化农业也在不同程度、不同地域逐步形成，同时，乡村产业涉及制造业、加工业、矿产开采业、旅游业等，乃至影视、软件开发和动漫等产业。所以乡村产业间便形成多方位、多角度融合，形成不同的新兴产业。而农业与休闲度假业的融合所形成乡村公园，则是乡村旅游的一种创新形式的实质性体现。如浙江奉化滕头村的绿色生态农业与旅游产业融合、江苏苏州蒋巷村的江南民

俗文化与旅游产业融合、河北邢台前南峪村红色文化与旅游产业融合、江苏姜堰河横村的循环农业与乡村旅游产业融合、辽宁凤城大梨树村的影视基地文化与旅游产业融合、上海崇明前卫村的绿色乡村游与旅游产业融合等，分别形成以绿色生态为主题、以江南民俗为主题、以红色文化为主题、以循环经济为主题、以影视文化为主题、以乡村游为主题的农业公园。这些农业公园建设的成功经验也是值得创建乡村公园时学习借鉴的。

2.5.3 功能复合优势

乡村的多种功能复合性是指农业不仅具有生产和供给农产品、获取收入的经济功力，而且还具有生态、社会和文化等多方面的功能。从农业自身来讲，农业本身具有多维体的特性，既包含了物质产品功能，也包含了非物质产品功能，在农产品供给长期处于短缺的状态下，人们关注的重点必然是农业的物质产品功能，以物质产品生产为农业生产的主要甚至单一目标，忽视了其非物质产品功能。随着我国农产品供给短缺状态的改善，如何发挥农业的优势，提高农业的竞争力已成为人们普遍关心的新议题。如果仅仅围绕发挥农业物质产品的初级功能作用而采取支持和促进措施，这是远远不够的；只有不断发掘乡村的多样性功能，积极探索乡村的发展模式，为农业发展创造更多的有效途径，才是供促进农村经济发展的保证。

从乡村多功能性的价值角度来看，农业是提供食物的部门，但又不应该仅仅是提供食物的部门。除了提供食物的生产功能之外，乡村至少还应具有生态、生活、就业、文化教育等多种功能。乡村也创造了多方面的价值：一方面是由经济功能所创造的私人价值，即生产者获取物质产品；另一方面是由其他功能创造的公共价值，如生态功能、教育功能、文化功能等。两者一起构成了乡村的社会价值。在传统经济环境下，农业的社会价值没有得到充分体现，在市场经济环境下，农业的外部性功能则存在着内部化的可能。立足于农业及其相关产业市场，除了发展传统的食品、纤维等产业外，通过发展乡村的休闲产业、保健产业、资源产业和环保产业等，可以实施多功能乡村产业体系的一体化。因此，乡村功能演变的出发点和落脚点都是农业主流产品的市场需求。当市场需求产生变化时，乡村功能也将随之变化。随着科技进步所引发的经济时代的演进，市场需求的重心将从较低层次逐渐转向更高层次，乡村的功能也将从单一化逐渐向多元化演变。农业由单一的物质产品提供向兼顾提供非物质产品转换，为乡村产业结构调整增加了新的内容。

乡村功能多样性的发展模式应与农业制度创新密切结合，在发展乡村功能多样性的产业模式时，虽然与土地要素仍有着不可分割的联系，但经营内容却发生了重大变化，投资者更加趋于多元化。在这种情况下，必然要求乡村向功能多样的产业形式发展，建立起与市场经济相适应的制度体系。

目前，我国农产品主产区要解决普遍存在的量大质优但低效低价的问题，就必须拓展农业的多种功能，向农业的广度和深度进军，促进农业结构不断优化升级。拓展乡村多功能，必须立足当地自然资源、农业资源、区位资源和劳动力资源等优势。因地制宜地开发乡村的生产功能、生态功能、景观功能、生活功能、示范功能等。

乡村公园是乡村的休闲度假功能拓展的产物。其乡村农业的拓展，主要体现在以下三个方面：

（1）生态保护功能

乡村公园与其他公园最大的区别在于保留传统的农业生产与乡村的自然资源。乡村公园最具有吸引力的一个重要原因就是其所保留的良好生态环境和自然的气息，所以发展乡村公园能够提高整个村镇的环境质量，同时维护田园风光，强化生态系统平衡。

布局在郊区与城区边缘的乡村公园还可以作为城市的一道生态屏障，维护整个区域的生态平衡。其所体现的生态保护功能是农业本身所具有的功能之一，具体内容包含两个层次：

①农业可以防止、减轻城市外围导致的不利因素对本区域生态环境的破坏和危害，起到涵养水土、调节气候、维护生物多样性等防护保育作用；

②农业本身的自净能力和自我维持能力。以水稻田为例，水稻田是湿地的一部分，从生态保护的角度看，水稻田有其独特的功能，它具有净化污水、抗旱抗涝以及调节气候、缓解城市"热岛效应"等功能。目前，稻田保护在许多国家已经提上议事日程，如日本、韩国已经立法明确规定不许废除水稻田。

总之，现代农业建设更是生态建设的重要组成部分。因地制宜地发展农业生产，使生态与农业建设相生互动，遏制生态环境恶化的趋势，实现生态与现代农业的协调发展，以保证生态与经济的可持续发展。

（2）农业生产功能

乡村公园具有农业的生产属性，虽然不同类型的农业园生产的农业产品不同，但都为消费者提供了高质量的农副产品，提高了人们的生活质量，从物质上提供了保障。

（3）休闲度假功能

乡村公园毋庸置疑是以公园为载体，在提供各种农副产品的同时，为游人提供观赏、品尝、购买、农作、娱乐、住宿、康疗等多种休闲活动，极大地丰富了人们的日常生活，也为人们提供了一个缓解压力和体验自然的场所。因此，也还具有综合多种服务的特点。

乡村休闲度假产业是指利用农业资源、自然资源、人文资源和休闲度假资源的有机结合，满足人们旅游观光、度假休闲、习作体验所需求的现代生态农业经营模式。休闲观光农业不但向人们提供农业物质产品，而且向人们提供精神生活产品。

我国的休闲观光农业，于20世纪90年代率先在沿海大中城市兴起。在北京、上海、江苏和广东等地的大城市近郊，出现了引进国际先进现代农业设施的农业观光园，展示电脑自动控制温度、湿度、施肥、无土栽培和新特农产品的生产过程，成为农业生产科普教育基地，如上海的孙桥高科技农业园区、北京的锦绣大地农业观光园和珠海农业科技基地等。观光休闲农业的开发，促进了农业产供销的链接，拓宽了农业产业化经营渠道，创新了农业经营模式。通过农业休闲观光功能的开发，不仅提高了农业有形产品的价值，而且挖掘了农业无形产品即生态农业的价值，拓宽了农业增效、农民增收的空间。这些以企业为主题、以园区的形式体现的观光休闲，只是乡村公园表现形式的一部分。乡村公园的主题是村民和乡村，所体现的休闲是双向式，有村民自己的休闲生活，也有游客的休闲旅游，还有寄居者的休闲养生和养老。休闲方式更是体现在多方面，有生产劳动体验、学习实践形式、放松疗养形式等。

（4）文化传承功能

农业是记录和延续农耕文明、传统文化的重要载体。农业肩负着继承和发扬民族优秀文化的使命。我国作为古老的农业大国，几千年来形成了相对成熟、具有鲜明特色的农耕文化，创造了多样性的农业形态。拓展农业的文化传承功能，可以保留、提炼农耕文化中的精华。乡村公园将传统的农耕文化、乡村历史文化、宗族文化等民俗文化进行充分表现、展示与传承，将文化集中体现在乡村域范围内，对文化的保护与传承，更具有现实性与实操性。

（5）科普教育功能

在现代化的城市中生长的孩子大部分对农业生产了解得非常少，乡村公园恰恰提供了一个孩子们了解科普知识、农业知识的场所。在乡村公园中，他们可以了解日常生活中的食物的产生过程，农作物的生长过程，还可以体验农村生活，提高他们吃苦耐劳和保护环境的意识。而且，乡村公园中经常采用高科技来进行现代化的农作物生产，这让游客们了解了更多的高科技农业发展的成果以及农业发展的动态，在休闲娱乐的过程中开阔了视野。

（6）经济收益功能

由于乡村公园的特殊属性，使其具有了生产和旅游的双重经济收入来源。一方面，乡村公园可以为市场提供农产品，其无污染、高技术的生产过程为公园带来了较高的经济收入；另一方面，乡村公园的门票和园区内开展的各类娱乐项目为游客提供了舒适便捷的旅游体检，同时也带来了旅游服务的收入。

2.5.4 城乡统筹优势

长久以来，城乡融合发展是思想家、城市规划师的一个乌托邦式的美丽梦想，霍华德的田园城市思想是其中的重要代表。在目前中国的部分地区，却是符合经济、社会背景，并已初具雏形的发展现实。乡村公园则是城乡融合统筹发展在乡村建设过程中的理论创新。因为不同的乡村类型，环境变化极其复杂。根据乡村土地特征可以分类为：工业用地、商业办公用地、农业用地、居住用地、生态用地与道路交通用地。这些土地与城市用地现存着明显的差别，也有相重合性质土地，从而决定乡村建设与发展中的城镇化，也是乡村公园的类型之一。目前将乡村环境与公园游览充分融合形成城郊公园的模式较多，以北京周边为例，根据乡村发展的实际情况，结合游憩目的性质，分为五种类型：自然风光型，包括自然风景区、森林公园、自然保护区、田园山村等；文化艺术型，包括历史文化遗址、古建园林、科技文化艺术博物馆等；人工娱乐型，包括游乐场、主题公园等；运动休闲型，包括运动场馆、度假村、会议中心等；生产体验型，包括农田、菜圃、苗圃、温室大棚等。但这些公园均仅仅利用的是乡村环境资源为城市观光客提供场地，并没有将人类与自然有机融合，在城乡间的融合作用却未能充分得到发挥。

城乡发展的历史大致沿着这样一条轨道演变：乡镇培育城市——城乡分离——城乡对立——城乡联系——城乡融合——城乡一体。这一过程既反映了城乡演变的趋势，也反映了城乡演变进程的阶段性。就我国城乡的发展现状看，正处于由城乡联系向城乡融合转变的阶段。虽然城乡分割二元社会格局已"略有松动"，城乡经济社会发展出现了新局面。但是目前城乡关系远未达到根本性改变，城乡二元结构的种种矛盾仍十分尖锐，且出现了反弹、回潮和加剧失衡的态势。而乡村公园则从乡村发展的实际出发，将自然、生产、生活与人类资源进行合理有效配置，在乡村形成特色村镇，以村镇带动周边村庄向城镇化过渡与发展，逐步形成"城乡融合社会"。

2.5.5 隔离绿带优势

绿化隔离带，是指在城市周围建设的绿色植被带，其在城市周围设计环形绿带，以限制城市面积和保护耕地。英国是最早建设环城绿带的国家。目前英国的环城绿带建设已成为世界各国的典范。1930～1950年期间，英国通过了绿带法案，并环绕伦敦城建了一条宽约10km的绿带，当时主要目的为控制城市建成区的蔓延，后来发展为引导城市的有序扩张，控制城市格局，改善城市环境，提高居民生活质量。绿化控制带的形态结构多样，其类型有环形绿带、楔形绿带、环城卫星绿地、缓冲绿带、中心绿地、廊道绿带等。

自1950年以来，世界上一些大城市，如巴黎、柏林、莫斯科、法兰克福、渥太华等均规划与建设了环城绿带。1935年莫斯科的第一个市政建设总体规划就提出在城市外围建设10km宽的森林公园带。而在1991年版的总体规划中更是提出，要建立包括大面积森林、河谷绿地在内的城市绿地和水域系统，将莫斯科建成为"世界上最绿的都市"之一。从国际上特大城市环城绿带实施的效果来看，环城绿带对控制城市格局，改善城市环境，提高城市居民生活质量具有显著作用。我国北京、上海、天津、合肥等城市借鉴国际上大城市规划与建设环城绿带的经验，也都先后进行了环城绿带实践。

总结国内外环城绿带实践做法的共性，则是在城市外围城郊结合部安排较多的绿地或绿化比例较高的相关用地，使之系统化，形成环绕城市的永久性绿带，绿带内除保留农业用地、林地外，优先发展公共性开放绿地。加强大城市环城绿带的建设，是有效控制大城市无序扩大和改善城市生态环境的一个重要途径。但是，我国目前城市发展速度与绿带建设速度却不相匹配，绿带建设远远滞后于城市发展速度。

隔离绿带把现有的城市地区圈住，不让其向外发展，而把多余的人口和就业岗位疏散到一连串的"卫星城镇"中去，卫星城与"母城"之间保持一定的距离，一般以农田或绿带隔离，但有便捷的交通联系。1927年，雷蒙·恩温在编撰大伦敦区域规划时提出此建议，以解决绿带理论应用中出现的现实问题。这是值得借鉴的。

乡村公园则以乡村为核心，利用创意性生态文化要素的注入，从乡村城镇化发展的角度入手，逐步发展与建立这种新型"卫星小镇"，以满足城市发展需要。这种卫星城镇具备城市的功能，同时也拥有城市所缺失的自然生态环境、人文环境、城乡一体化的环境等。这种卫星城镇可以在城市的周边，也可以远离城市在交通便利的区域范围内，它充分利用了乡村的生态与人文环境资源，促进了城市统筹发展。

2.5.6 创意产业优势

创意产业是创造富有文化内涵的产品和服务的产业，其价值体现在创造知识型资本。创意产业的业态是多样的、灵活的和富于变革的，创意产业不仅关注市场，而且更注重的是创意实践和创意的过程。乡村的广阔天地和多种产业都能为创意产业提供创作的场所和机会，使得乡村公园具有创意产业优势。

2.6 乡村公园的功能特色

依托乡村的优美自然环境和人文景观，集山、水、田、人、文、宅于一体，通过创意性生态农业文化的开发，把乡村的一草一木、山水林石都进行文化性的创意，使其实现乡村的产业景观化、景观产业化。创建乡村公园，开发各富特色的休闲度假观光产业，是对传统乡村园林景观的弘扬，更显乡村公园的功能特色。

2.6.1 农业生产功能

"田"是乡村公园中的核心要素，展现其具有农业的生产属性，虽然不同类型的乡村公园农耕活动所生产的农产品不同，但都能够为消费者提供高质量的农副产品，从物质上提供保障，以纯生态的有机产品提高人们的生活质量。

2.6.2 休闲度假功能

乡村公园毋庸置疑是以公园为载体，在提供各种农副产品的同时，为游人提供观赏、品尝、购买、农作、娱乐、住宿、康疗等多种休闲活动，极大地丰富了人们的日常生活，也为人们提供了一个缓解压力和体验自然的场所。

2.6.3 生态保护功能

乡村公园最具有吸引力的一个重要原因就是其所保留的良好生态环境和自然气息。所以发展乡村公园能够提高整个乡村的环境质量，同时维护田园风光，强化生态系统平衡。布局在郊区与城区边缘的乡村公园还可以作为城市的一道生态屏障，维护整个区域的生态平衡。

2.6.4 科普教育功能

在现代化的城市中生长的孩子大部分对农业生产了解得非常少，乡村公园恰恰可以提供一个供孩子们了解科普知识、农业知识的场所。在乡村公园中，他们可以了解日常生活中的食物的产生过程、农作物的生长过程，还可以体验农村生活，提高他们吃苦耐劳和保护环境的意识。在乡村公园中经常采用高科技来进行现代化的农作物生产，这让游客们可以了解到更多的高科技农业发展的成果以及农业发展的动态。在休闲娱乐中开阔了视野，同时借助乡村公园中高科技现代农业的展示，还可以组织农业科技的培训。

2.6.5 经济收益功能

由于乡村公园的特殊属性，使其具有生产和旅游度假的双重经济收入来源。一方面，乡村公园可以为市场提供农产品，其无污染高技术的生产过程为公园带来了较高的经济收入；另一方面，乡村公园还可以为民政部门提供休闲养老服务、为教育部门提供青少年的素质教育和生活体验的场所，其门票和在园区内开展的各类娱乐项目为游客提供了舒适便捷的旅游体验等，也可带来了旅游服务的收入。

2.6.6 其他

除了上述乡村公园的功能外，乡村公园还具有的创业园区功能、新农村建设示范功能等。

2.7 乡村公园的规划原则

乡村公园是一种全新的公园形态，其规划设计应本着人、自然、科技的共生与共创，以营造诗情画意的现代乡村空间环境为宗旨，开展对乡村自然环境的研究与利用，对空间关系的处理和发挥，与住区整体风格的融合和协调，与乡村域产业的整合与发展。包括道路的布置、水景的组织、路面的铺砌、照明的设计、小品的设计、公共设施的处理等硬件设施的规划，也包括游客度假和休闲客户的吃、住、行、游、娱、购等软环境空间的规划，这些方面既有功能意义，又涉及视觉和心理感受。在进行乡村公园设计时，应注意整体性、实用性、艺术性、趣味性的结合。其规划设计原则为：

2.7.1 以乡村为主体，合理利用土地

乡村公园的核心要素决定其设计应以乡村为载体。在分析土地时，必须考虑其乡村域发展过程，必须从自然的过程和人与自然的相互关系中了解乡村的特征，强调顺应自然规律进行保护和挖掘乡村域范围内的自然资源，充分调谐、利用，尽量减少对自然的人为干扰，并充分利用自然力以形成富有生命力的乡村社区化的新型城镇。

虽然，乡村的土地资源使用相对于城市要更灵活，土地量也更多，但乡村的土地差别性很大。首先，土质的不同直接影响乡村公园或生态农业的发展，恰当地选择土地特性是乡村公园建设的基本要求。土质较好的土地适宜于植物与庄稼地的生长以及各类农耕活动的开展，土层较薄的石质土地适宜于放牧或建设活动场地。同时，生物多样性较好的土地区域可考虑建设保护区域或保护与游憩相结合进行开发建设。通常，在乡村公园的建设过程中，根据土地现状的不同情况，选择建设活动项目，如水上运动、滑雪、狩猎、野餐、徒步旅行、风景观赏等。

除了土地的本身特性之外。乡村不同区域以及与城市的位置关系也是至关重要的。与城市较近的区域，即使土地拥有很高的生产能力，也要结合实际情况，适当保护和建设乡村游憩空间。为此，设计应该节约并且合理利用土壤、植被、水系、生物等各种自然景观资源，发挥自然自身的能动性，建立和发展良性循环的生态系统。

总之，土地的综合、合理应用是乡村公园建设的重要基础。经过规划的乡村公园生产用地用作建设产业区，古老的乡村规划为保护区和娱乐区，处于两者之间的土地可以用作一种战略性的土地储备。

2.7.2 以弘扬为宗旨，传承地域文化

在国际化与信息化加速发展的浪潮中，传统的乡村特色和悠久的民情风俗不断地受到现代文化的冲击，乡村公园的发展恰恰是弘扬优秀传统乡村园林的营造理念，将园林艺术与美丽乡村完美结合起来，并创造出具有典型地域特色的景观类型，它兼顾游憩、生活和生态功能。

乡村公园的迅速发展，并成为大多数城镇居民追崇的主要原因，就在于乡村公园对于当地自然景观与地域文化的有力展现。地域特色表达是乡村公园建设的首要原则。

在乡村公园的建设过程中，应突出当地的自然景观或人文景观。如福建龙岩市新罗区的洋畲村以保护完好的原始森林和芦柑果林为基础，建设创意性生态农业文化示范村，开展生态旅游。而福建永春县五里街镇是永春拳（白鹤拳）的发源地，借助永春拳的历史文化，突出鹤法，辅以农耕地开发永春拳创意生态农业文化特色村。也可选择当地传统产业打造独具特色的娱乐活动项目，或者在乡村公园的建筑设计、景观设计中延续传统工艺，展现地方特色。这些传统文化的再现，不仅可以增加经济收益，同时能够宣传历史文化，让古老的文明得以延续。

意大利南部的古城阿尔贝罗贝洛是一座以特鲁利建筑闻名于世的小城镇，一座座网锥形的屋顶犹如童话世界般矗立在现代的环境之中。阿尔贝罗贝洛的特鲁利文化保护得非常完好，在城镇中具有历史文化意义的遗产特鲁利建筑，也有新建的现代特鲁利建筑。当地的技艺与工艺被传承下来，特鲁利城镇的整体氛围也被完美留存。这里承载的是现代的商业，既有工艺品店，也有餐馆和艺术展廊。阿尔贝罗贝洛地域的文化在现代的城镇之中完美地生长延续。

在贵州的乡村地带有这样一处融文化与自然为一体的乡村景观，它将传统的农业文化与现代的奥运文化相结合，创造出具有冲击力的景观，不仅具有恢弘的气势，更是弘扬民族文化、渲染地域精神的有力表达。在田间种植的油菜和小麦，利用了两种植物不同的色彩组成了奥运五环图案，每环直径约136m，宽约9m，这一景观每天吸引着众多游客前来参观。

2.7.3 以农耕为核心，发展现代农业

目前的观光农业可以大致分为两大类：第一类是以农为主的观光农业；第二类是以旅游为主的观光农业。

以农为主的观光农业是一种提高农业生产和农业经济，并有效保护乡村自然文化景观的高效推广示范农业开发形式。城郊观光农业则是利用城郊的田园风光、自然生态及环境资源，结合农林牧副渔生产经营活动、乡村文化、农家生活，为人们提供观光体验、休闲度假、品尝购物等活动空间的一种新型的"农业＋旅游业"性质的农业生产经营形态。

以旅游为主的观光农业，农业生产形式的开发服务于参观者的需求，他们将观光农业定义为一种以旅游者为主体、满足旅游者对农业景观和农业产品需求的旅游活动形式。这种观光农业是农业生产与现代旅游业相结合而发展起来的，是以农业生产经营模式、农业生态环境、农业生产活动等来吸引游客，实现旅游行为的新型旅游方式。

无论是哪类观光农业，其基本的旅游行为都可以通过出产和销售大量的农产品来促进经济的发展，还可以提高农业的新技术，并将成熟的技术和经营方式进行推广，促进乡村农业的整体发展。农业生产和农业景观吸引着旅游者前来观光，这为乡村带来很大的利润，是值得探索和推广的新形式。

观光农业具有内容广博的特征，包括资源的广泛性、形式的多样性和地域的差异性等。观光农业还将经济效益、社会效益和生态效益相统一，集观光、体验、购物于一体，全面体现了观光农业的特点。

2.7.4 以生态为原则，保护乡村资源

生态性原本就是乡村公园的基本特征之一，在乡村公园的规划过程中，应优先考虑乡村生态资源的合理开发利用，尽可能利用现有的树林、河流、田野等。保留大型的自然斑块，并在建成区内适当保留自然植被，将人工构建的环境与自然的环境相结合。

生态优先的原则也要求乡村公园内的游人活动和游人容量在有效的控制在一定范围之内，以减小对环境的冲击与破坏。在保护与开发的过程中实现自然资源与生态体系的均衡发展，创造既适宜休闲活动，又自然质朴的环境。

同时，因地制宜也是乡村公园规划建设过程中的生态环境保护的具体要求。不同的地域有不同的资源特点，建设过程中赋予的规划内容和模式也就不相同。生态优先原则要求保护乡村公园的生物多样性及景观要素多样性。多样性的景观不仅能增强生态的稳定性，减弱旅游活动对环境的干扰，也能增加乡村公园的魅力，提高景观的观赏性。

2.7.5 以环境为基础，立足整体景观

在追求乡村公园景观多样性的同时，还应注重乡村公园景观的整体性。一方面乡村公园要与所在区域的环境背景相融合，不破坏原有环境的整体风貌；另一方面乡村公园内的各种景观要素要相互联系与协调，无论是形式、材料，还是外观等有所呼应，形成乡村公园的整体风格，突出特色。人们从乡村公园中获得的审美情趣是实现游人与乡村公园的协调发展的关键。农田的斑块、防护林网、水系廊道等不仅仅是农业景观的生物生产过程，也是人们活动美感的重要元素。

此外，还应顺应乡村公园规划设计与景观生态学结合的趋势。在城镇化飞速的今天，乡村景观常常遭到较大破坏，或是新城、新区的建设，或是高速公路的开发，大规模的移山填河，改变自然地形地貌等建设活动屡见不鲜。景观生态学在乡村景观的开发过程中变得异常重要。建设开发是否合适，必须进行以自然地形地貌为基础的生态景观方面的评定。例如，在以自然村落和农田景观为主的区域内，如何开发建设以农业生产为基础的乡村公园，如何考虑其生态效益。乡村公园的规划设计不仅要考虑视觉审美、生产生活，还应与当地的生态系统相平衡，与当地人文活动相协调。

在进行乡村公园规划设计时，景观生态学起到至关重要的作用。对不同尺度上的景观生态的把握，将直接影响乡村公园的建设模式。针对不同尺度提出的方案，具有不同的功能定位。景观生态学所遵循的异质性、多样性、尺度性与边缘效应等原则，也是乡村公园规划设计过程中应该加以发扬的重要特点。通过对景观结构和功能单元的生态化设计，来实现乡村公园的良性循环，使整个园区呈现出多样的空间变化。

从景观生态学角度看，除去常规农业的第一性生产功能外，果园、茶园、绿化苗圃等都是重要的景观要素。在乡村公园中，茶叶、时鲜果品生产基地和果林观光胜地都是乡村公园的重要景观要素。

2.7.6 以创意为产业，确保村民利益

乡村公园的规划设计要遵循可持续发展的原则，即生态可持续性、生产可持续性和经济可持续性。为此，必须坚持以村民为主体，建设创意性文化产业，努力提高村民的素质和管理水平，开发产业品牌，从而提高农民的自身价值。通过合理规划乡村公园内的生产项目和休闲娱乐项目，从而达到保护村民利益和乡村环境的目的，同时保持乡村的农业生产功能。通过开发乡村公园的综合服务体系来实现长期的经济效益，以确保乡村的持续发展。

3 特点鲜明突出的乡村公园

目前，现代公园的种类繁多，名称主题也各有特点。根据研究需要，从公园的主要功能和公园展现的主题，将公园大致分为乡村公园、农业公园、城市公园（包括郊野公园）、地质公园、森林公园、湿地公园六大类。在保护区域生态系统、美化环境、休闲娱乐功能上，这六类公园都能有所体现，然而，从公园主题功能、核心要素构成、产业转型升级以及产生的社会和经济效益方面，乡村公园在一定程度上有别于其他五类公园。基于此，首先从范围、功能以及经济与社会效益等方面简要分述这五类公园，并从不同层面比较乡村公园与其他公园的异同。

3.1 各类公园简述

3.1.1 乡村公园

所谓乡村公园即是指以自然乡村和原住民的生活、生产圈为核心，涵盖现代化的农业生产、生态化的田园风光、园林化的乡村气息和市场化的创意文化等景观，并融合农耕文化、民俗文化和乡村产业文化等于一体的新型公园形态。从经营角度讲，它又是按照公园的经营思路，把农业生产场所、农产品消费场所和休闲旅游场所结合为一体的一种现代观光农业经营方式。通过乡村公园的建设可将区域内的农业观光资源利用最大化，并将现代农业与休闲度假融为一体。其核心是区域的生态平衡性，通过土地集约化利用方式将现代农业与第二、三产业密切结合，并通过文化创意，使农业产业结构得到根本调整，形成规划性经营的现代生态乡村公园。

在工业化、信息化、城镇化、市场化、国际化加速推进的趋势下，农业占 GDP 的比重会进一步下降，这是经济社会发展水平向更高层次迈进的必然趋势。但农业对绿色 GDP 发挥的作用将愈发重要，未来中国农业的发展将以对经济社会发展提供原料供给、就业增收、生态保护、观光休闲、文化传承和特色创意等生活、生态服务功能为主，兼顾食品保障等生产功能。以乡村公园的形式发展观光休闲农业可以更好地开发农业多种功能，有利于加快构建现代农业产业体系，具有良好的经济、生态和社会效益。主要表现在以下三个方面：

（1）乡村公园的创建，能通过土地流转，促使土地资源得到高效、集约利用，有力地推动农业产业结构的调整与产业素质的提升。土地资源是农业资源的核心，是农业生产最基本的生产资料。土地资源的稀缺，就要求必须十分重视对土地的保护和高效利用。在国家《基本农田保护条例》和《中华人民共和国土地管理法》中，一致强调要保持好土地资源，改良土壤，提高地力，防止土地荒漠化、盐渍化、水土流失和土地污染，避免不合理耕作及非农业占地等。目前，我国以农业为主题的农业公园发展最快的地区在东部沿海，这里优良土地资源较为集中、农村人均土地占有量少、乡镇企业发达、城镇化速度快、土地资源保护与高效利用的任务艰巨。仅从耕地的利用率分析，复种指数低，抛荒现象明显，耕地这一宝贵的资源得不到合理利用，造成极大浪费。农业公园能实现土地的集约化、规模化经营，并通过公司化管理、市场化运作，使得在追求最大利益的同时，保证土地资源得到珍惜和科学利用，最终实现价值最大化。在这些以农业为主题的乡村公园经营中，它们能利用其人才优势对土地进行合理的投入，包括耕地改良、高科技育种、田间管理等，以取得最大的效益；能对农产品市场进行科学分析与预测，选择合适的种植品种降低农业生产中的风险；能通过发展休闲农业减少农产品的销售环节，实现农产品就地购买与消费，提高农产品的附加值，增加农业收入；能推动农业直接进入第三产业拉动社会消费，也有利于就地转移农村富余劳动力提高土地使用效益，增加农民收入；能节省市政公园征地、建设、管理、维护等庞大财政支出，节约市政建设成本。

这些，是在农业公园建设中得已得到验证的成果总结。对于创建乡村公园不仅具有借鉴意义，而且可以在此基础上通过创意文化进一步推进和提高，使其成为乡村公园。

（2）乡村公园的创建能促使土地资源价值发生转化，有力地促进土地资源价值的多元化发展。从传统农业向乡村公园等休闲农业发展过程中，我们应当充分认识土地资源的价值变化，这对于正确处理好农民利益、农村集体利益以及开发建设投资商利益尤为关键。第一，乡村公园土地资源价值趋向多样化。与传统农业相比，乡村公园中的农业用地价值不仅体现在农产品实物产品的价格上，更重要的是体现在观赏价值、环境价值、休闲价值以及农产品的附加值上，土地资源的价值趋向多样化，土地使用者的收益来源也由单一转向多元。第二，乡村公园区位条件对土地价值的影响力增强。乡村公园中的休闲活动来源于人流而不是物流。因此，乡村公园田园风光的景观独特性会对旅游者产生较大吸引力。

（3）乡村公园的创建能够产生良好的生态效益和社会效益，有力地推进农业发展方式的转变。从生态效益来看，可以在对基本农田实行永久性保护及合理开发利用的基础上保护和改善城乡生态环境，为城乡居民提供相匹配的休闲娱乐场所和绿色空间，营造和谐的城乡生态系统。从社会效益来看，乡村公园的建立体现在既可以集约利用土地资源，避免因建设城市公园大量征地而大量挤占农用地引发的种种矛盾，也可以充分挖掘农业文化价值，发挥农业科普、教育、文化、娱乐等功能，促进农业发展方式转变，实现低碳农业的发展。

3.1.2 农业公园

我国的农业公园类型很多，分类方法也五花八门，缺乏统一的分类标准，既有高科技观光农业园，例如北京锦绣大地农业观光园、上海孙桥现代农业开发区；也有以"农家乐"形式为主的农业园，例如西安市户县草堂镇李家岩村新村。

高科技的农业公园具有规模大、科技含量高、项目投资数额大、高技术支撑等特点。锦绣大地农业观光园，位于优美的北京西山风景区和北京市绿化隔离带地区，界于北四环和五环路之间。在北京市大规划中，园区已被列入北京市农业高科技园区，以高新技术研发和工厂化生产示范为主要特点，以生态农业和生态观光为主，围绕湿地的经济、社会环境工程进行建设。锦绣大地农业观光园的主要特点是高新科技示范和科普教育、旅范游相结合，拓宽了农业经济领域。同时，产学研相结合，提供科技内涵，扩展了观光客源。参观者不仅可以享受绿色的旅游，享受自然，还可以学习高技术，了解农业最新发展动态。锦绣大地农业观光园还坚持生态建设，保证可持续的发展趋势。自建设以来，共接待国内外游客 150 余万人次，接待国内各省（自治区、直辖市）、市、县各级领导参见现代农业园区人员 2 万多人，为高科技农业示范做出了贡献。

农家乐公园，具有规模较小、分布广的特点，游客以中、低收入阶层的城市居民为主。农家乐公园的乡土性、参与性比高技术的农业公园要强，这种方式近几年在内地中等城市的周边得到了快速发展。2010 年 9 月西安市户县草堂镇李家岩村新村正式开村，新建成的村落占地 180 亩，新村开村后就有 20 多户居民申请了农家乐个体经营权，开起了农家乐。2011 年，李家岩村在户县政府部门和旅游局的支持下，将把李家岩新村建成环山旅游第一村，全村 197 户将有 150 户左右会开发成农家乐，并进行统一宣传和管理。"农家乐"取法自然，体现的是真正的农家生活。它主要以农家院落为依托，竭力营造出中国传统农耕社会外有田园，内有书香，衣食富足，天人和谐的理想境界，展现出农家特有的乡土气息。另外，农家乐与其他模式的农业公园相比，消费价格低廉，可以满足不同人群的休闲娱乐需求。西安市周边乡村的"农家乐"主要包括以下几种类型：农家园林型、花果观赏型、景区旅舍型和花园客栈型等。"农家乐"的兴起开拓了一个新的经济增长点，不仅转移了农村的剩余劳动力，还拉动了经济的增长。

中国台湾的休闲农业公园种类也很多，包括休闲农场、市民农园、农业公园、观光家园和旅游胜地等。这些农业公园结合了生产、生活与生态，形成了三位一体的发展模式。在经营上结合了农业产销、技工和游憩服务等三级产业于一体，是农业经营的新形态，具有经济、社会、教育、环保、游憩、文化传承等多方面的功能。例如，休闲农场就是一种综合性的休闲农业区，利用乡村的森林、溪流、草原等田园自然风光，增设小土屋、露营区、烤肉区、戏水区、餐饮、体能锻炼区及各种游息设施，为游客提供综合性休闲场所和服务。其中最具代表性的有香格里拉休闲农场的和飞牛农场。市民农园则是另一种完全不同的经营模式，由农民提供土地，让市民参与耕作园地。这种体验型的市民农园通常位于近郊，以种植花草、蔬菜、果树或经营家庭农艺为主。

农业公园的发展模式多种多样，不同的模式有不同的优势与特点，它们迎合不同消费人群的休闲需求，也满足不同年龄的人群的娱乐需求，更能够与生产、经济、审美、生态等多个方面相结合。尽管农业公园对于综合利用和开发激活乡村的资源等存在着局限性，难能发挥乡村村民的主体作用，其多功能性也远不如乡村公园，但这些农业公园的发展模式也是不可或缺的，不同地域的文化背景、经济状况都决定着农业公园向着什么模式发展。

3.1.3 地质公园

地质公园是以其地质科学意义、珍奇秀丽和具有一定规模和分布范围的地质遗迹景观为主体，融合自然景观与人文景观而构成的一种独特的自然区域。既为人们提供具有较高科学品位的观光游览、度假休闲、保健疗养、文化娱乐的场所，又是地质遗迹景观和生态环境的重点保护区，同时也是地质科学研究与普及的基地。地质公园是一种自然公园，它是向游客展示地质景观的地球科学知识和美学魅力的天然博物馆。地质公园的建立是以保护地质遗迹资源、促进社会经济的可持续发展为宗旨，遵循"在保护中开发，在开发中保护"的原则，依据《地质遗迹保护管理规定》，在政府有关部门指导下而开展的工作。地质公园的功能主要表现在保护地质遗迹、充分利用地质资源以及体现科学研究和科普价值三个方面：

（1）地质公园的建立能有效地保护地质遗迹。地质遗迹所记录的地质信息和反映的地质现象及其生态环境在一定的区域内是特有或独有的，一旦遭受破坏就意味着永远失去，造成无法挽回和不可估量的损失，建立地质公园是其免遭损失的重要途径。其次，伴随工业化的进程，各种采矿业迅猛发展，矿石开采量与日俱增，人为因素破坏日趋严重。经济建设和矿产开发活动与地质遗迹保护的矛盾日益突出，建立地质公园可以有效地解决这一矛盾。

（2）地质公园的建立能充分合理地利用地质资源。地质遗迹有独特的观赏和游览价值，因此建立地质公园可以使宝贵的地质遗迹资源不需要改变原有面貌和性质而得以永续利用。此外，地质公园的建立是土地利用的一种新形式，可以发挥土地资源的最佳效益，使不毛之地发挥最佳的经济价值。通过成立相应的机构有利于统一规划管理，协调资源开发利用与地质遗迹保护工作，是做到对矿产资源、地质遗迹资源、旅游资源及其他资源合理规划利用的有效途径。

（3）地质公园的建立能体现科学研究和科普价值。各种地质遗迹由于记录了其所在地区或地点的古地理、古气候、古生物、古构造等多方面的地球演化信息，因而能科学地说明某些地质事件发生的特点和某段时间内地球演化的历史。这些地质遗迹既是人类了解地球发展历史的基础，也是向人们宣传科学、破除迷信的天然课堂。

据统计，目前我国已建有 182 处国家地质公园，主要集中分布于大小兴安岭—长白山带、东部沿海带、环渤海带、武夷山带、太行山—巫山—雪峰山带、华蓉山—大娄山带、环青藏高原带、祁连山—秦岭—大别山带、南岭带和环准噶尔带等 10 个带中，这与我国的主要地质构造带和地势阶梯过渡带基本吻合。同时，还与各经济带中省域经济发展及其城市发展水平有明显的耦合关系。

3.1.4 城市公园

城市公园是一种为城市居民提供的有一定使用功能的自然化人工游憩生活境域，是城市绿化美化、改善生态环境的重要载体，特别是大批园林绿地的建设，不仅在视觉上给人以美的享受，而且对局部小气候的改造有明显效果，使粉尘、汽车尾气等得到有效抑制，在改善现代城市生态和居住环境方面有着十分重要的作用。它作为城市主要的公共开放空间，不仅是城市居民的主要休闲游憩活动场所，也是市民文化的传播场所。

城市公园在城市中应具有多样的价值体系，如生态价值、环境保护价值、保健休养价值、游览价值、文化娱乐价值、美学价值、社会公益价值与经济价值等。对于如北京、天津、上海等大城市来讲，城市公园无论在社会文化、经济、环境以及城市的可持续发展等方面都具有非常重要的作用，主要表现在优化环境、体现社会文化和带动经济发展三层面。

（1）优化环境。城市公园里的绿色植物是城市生态系统中最主要的生产者，在消费者密度大得惊人的城镇生态系统中，城市公园在优化环境方面的作用无疑是至关重要的。首先，它能降低城镇空气二氧化碳的浓度，增加氧气的比重，在吸收二氧化碳的同时，绿地上的植物还能吸收或吸附一些其他有害气体，它们承受了被污染的压力，再通过自身的新陈代谢使有害气体发生转化。其次，它能杀死某些致病微生物，例如针叶树放出的挥发性气体对许多细菌、某些感冒病毒有相当强的抑制或杀灭作用。此外，城市公园里的绿色植物还能降低风速，减弱噪声，屏蔽或吸收一部分对人体有害的电磁辐射，调节水分循环的过程，增加干燥时期的空气相对湿度。在美化市容方面，独具匠心的公园绿地布局可以给人以美的享受，突出城镇的个性，创造出引人入胜的小型生存空间，对常住居民和旅游者都有持久不衰的魅力。

（2）体现社会文化。城市公园作为城市必不可少的一个重要组成部分，其功能具有不可替代性，是人类居住、工作、生活必不可少的场所，理应服务于民众。城市公园是城市的公共基础设施，除具有旅游价值、文化教育、休闲游乐的功能外，还能折射该城市的变迁，具有重要的历史价值，城市往往因公园的存在而变得更有文化魅力。在国际上城市公园被公认为优效物品，所有人都有到公园游憩、活动的权利，发达国家的城市公园一般被作为基本福利提供给公众，实行免费开放以保障所有城市居民休闲、娱乐的权利。

城市公园具有物理和精神的双重功能，在某种程度上精神功能的意义更大。城市公园固然承担减轻污染、改善环境的作用，更能满足市民散步休闲、锻炼游憩、舒缓压力的精神要求。随着社会经济的发展、工作节奏的加快，后者需求会变得越来越大。绿地与城市之间的关系就像阳光、空气、水之于人一样。城市公园的周边人多地少，提高土地综合使用效率是当务之急。解决问题的关键在于，在提高土地使用效率的同时，让公园这种城市公共绿地发挥最大的生态及社会效益，在城市发展和公众利益之间找到最佳平衡点，真正让公园发挥应有的功能，让每个市民享有一份绿色的安宁、一片晴朗的天空。

（3）带动经济发展。城市公园可预留城市用地，为未来城市的建设提供公共设施用地，带动地方、社会经济的发展并促进城市旅游业的发展。

此外，城市公园在合理使用土地、降低人口密度、节制过度城市化发展、有机地组织城市空间和人的行为、改善交通、保护文物古迹、减少城市犯罪、增进社会交往、化解人情淡漠、提高市民意识、促进城市的可持续发展等方面都具有不可忽视的能力和作用。

3.1.5 森林公园

伴随着城镇化的迅猛发展和城市人口的快速增长，环境污染加剧，城市生态系统失调，居民生活环境不断恶化，越来越多的市民已不再满足于城市狭小的生活空间和环境，更多地希望回归到大自然中。到森林中领略大自然的秀丽风光，利用森林的特殊功能来调节身心、恢复心理和生理平衡。森林公园正是在这种背景下产生的并逐渐发展成为一项新兴的旅游产业。目前比较流行的一种森林公园的定义是：以良好的森林景观和生态环境为主体，融合自然景观与人文景观，利用森林的多样化功能，以开展森林旅游为宗旨，为人们提供具有一定规模的游览、度假、休憩、保健疗养、科学教育、文化娱乐的场所。具体地说，森林公园的功能主要表现在休闲娱乐、保护生态系统以及科研与教育方面。

（1）森林公园内植被覆盖率高，森林在涵养水分、净化空气、调节温度、降低噪音、散发芳香等方面的生态作用，使公园内水质清洁，空气清新湿润，含菌量、含尘量低，气候温和，为游客提供了一个愉悦身心、消除疲劳的良好生态环境。

（2）森林是陆地生态系统中分布范围最广、生物总量最大的植被类型，其结构、分布和数量影响着公园景观的观赏价值。部分森林公园虽然还保留着较为完整的森林生态系统，但却承受着空气和水污染、游客干扰、气候变化和外来物种的侵扰等各方面的压力。因此，保护公园内的森林生态系统即保护野生动植物赖以生存和繁衍的环境，则成了森林公园建设的首要目的与功能之一。森林公园内景观类型多样同样也是作为城市旅游业的一个新景点。从某种程度上来讲，森林公园是自然保护区的一种补充形式，在生物多样性保护方面发挥着重要作用。此外，森林公园多集中于山区、半山区，保存有许多地质、地貌遗迹，具有较高的科学、美学和生态价值，因此，建立森林公园的另一功能和任务就是保护这些地质、地貌遗迹，使其科学性、自然性和观赏性得到充分发挥和合理利用。

（3）森林公园内的资源长期受到保护，公园内的许多地区受人类活动影响小，甚至相对未受到人类活动的改变，因此，在揭开自然与人类历史、进化适应性、生态系统的动态性和其他自然过程奥妙的科学研究中，森林公园具有越来越重要的地位。

3.1.6 湿地公园

所谓湿地公园，是指保持该区域独特的自然生态系统趋近于自然景观状态，维持系统内部不同动植物物种的生态平衡和种群协调发展，并在不破坏湿地生态系统的基础上建设不同类型的辅助设施，将生态保护、生态旅游和生态教育的功能有机结合，实现自然资源的合理开发和生态环境的改善，突出主题性、自然性和生态性三大特点，集湿地生态保护、生态观光休闲、生态科普教育、湿地研究等多功能为一体的生态型主题公园，是推动区域社会经济可持续发展的"催化剂"。现在的湿地公园也加强了人文景观和与之相匹配的旅游设施，也越来越成为城市旅游业的一道风景线。简单地说，湿地是一类介于陆地和水域之间过渡的生态系统，湿地公园的概念类似于小型保护区。根据国内外目前湿地保护和管理的趋势，兼有物种及其栖息地保护、生态旅游和生态环境教育功能的湿地景观区域都可以称为"湿地公园"。

3.2 乡村公园与其他公园的比较

3.2.1 主题功能的差异

农业公园是仅以农村中农业和为载体，在充分利用农业自然资源和农村人文资源的基础上，将传统农业生产经营、农产品销售、农村观光旅游及相关的旅游服务等有机结合，为人民提供具有农村特色的吃、住、行、玩、购等方面服务，是农业与现代旅游业相结合的一种高效农业，是农业产业转型升级和社会主义新农村建设的重要内容。地质公园的主题功能是以具有一定规模和分布范围的地质遗迹景观为主体，融合自然景观与人文景观，保护当地地质遗迹，支持经济、文化和环境的可持续发展。城市公园作为城市居民户外休闲游憩的主要载体，其主要功能在于美化城市环境，改善人们的生活质量。森林公园内物种多样，纷繁复杂，它是以森林自然环境为依托，主要保护珍稀野生动植物，保护森林生态系统不被破坏，也可为人们提供旅游观光休闲和科学文化活动。湿地公园是以湿地景观为主体，以湿地生态系统保护为核心，兼顾湿地生态系统服务和科普宣教的功能，蕴涵一定的文化和美学价值。

乡村公园的主题是以乡村为载体、以村民为主体，服务于游客和居民以及园区的村民，而其他公园的主题则以政府的宏观调控为主，根据各自不同特性、不同的地域，呈现不同的主题。农业公园虽然同在乡村，但其主题仅以农耕为主，功能比较单一。城市公园位于城市的核心地段，由政府主导，以市民休闲为主题，服务于市民；森林公园则以生态保护为主题，一般地处景区附近，为区域范围内的生态环境改善提供保障；湿地公园主要是以保护环境或水资源为主题，服务于公共利益的受益者，一般地处水流域的源头或与人们生产生活保持一定的距离；而地质公园则以地况研究为主题，地处偏远地区，服务于科学研究与资源保护应用。

3.2.2 园区发展空间的差异

乡村公园是以农业生产活动为基础，农业与第二、三产业相结合的一种新型的交叉型产业。它变单向的、个体的农业生产、消费、销售为集约化、规模化生产，并结合游客观赏、品尝、消费休闲、体验、购物、度假等，形成区域的产业集群效应，是农业实现高效的一种非传统途径，也是推动农业产业转型升级的一种有效方式。其资源最丰富，可利用的新资源广泛，发展空间最大。农业公园、地质公园、城市公园、森林公园和湿地公园分别以农业耕作、地质遗迹、城市绿地、野生森林、湿地景观为载体，都不同程度地结合旅游业开发，虽然也具有一定的产业经济效益，但与其发展主题和所处地理位置关联性较大，其发展空间相对小于乡村公园。城市公园受其功能和土地扩展的限制，后续发展空间不大；湿地公园和森林公园因其保护性因素，限制其发展空间；地质公园则因其研究性能所在，发展空间也远小于乡村公园。

3.2.3 综合效益的差异

综合效益主要体现在生态效益、经济效益和社会效益。发展乡村公园在调整产业结构、提高农业生产附加值、实现乡村可持续发展，在保护生态环境的同时，均能实现巨大的经济和社会效益。

（1）发展乡村公园，有利于调整和优化乡村村产业结构。乡村公园具有生态、文化、科技、旅游、教育等综合开发的多样化功能，其生产经营方式明显地表现为高度集约化，是充分运用高新科学技术文化创意的绿色产业，而且具有产供销一条龙和农工贸一体化及公司+农户的生产模式，以及产业化经营和市场运作的特点，能最大效率地利用有限的土地资源、自然资源和人力资源，调整和优化乡村产业结构，不断提高农民收入。

（2）发展乡村公园有利于实现农业生产的高附加值。乡村公园是农业和旅游业、生产和消费、流通紧密结合在一起的交叉产业，以乡村产业为基础，结合旅游、休闲等第二、三产业，从而实现乡村产业的高附加值。

（3）发展乡村公园还有利于乡村的可持续发展。它既弥补了传统乡村生产目标单一、生产技术落后以及投入少、产出低的自然经济，又避免了以高投入追求高产出、高经济效益所带来的生态破坏和乡村环境恶化等弊端，有利于实现我国乡村的可持续发展。同时，乡村公园在生产过程中，生态效益也得到充分体现。而其他几类公园的生态效益显著，经济与社会效益均次于乡村公园。地质公园除了保护地质遗迹资源外，一般只能进行一般性的旅游开发活动。城市公园是生态绿地的主要载体，是城市良好旅游环境的基础，具有保护、改善、美化环境的环保功能，兼有生态功能、防灾避险功能以及公众娱乐休憩的功能，然而，由目前城市公园都由政府投资建设，公益性成分较多，所以，城市公园偏重于其社会效益，而经济效益较低。森林公园和湿地公园所体现的经济和社会效益主要在于开发旅游业及保护生态系统平衡和物种多样性。

除了上述六种类型的公园外，近年在我国迅速发展的主题公园，也已悄然走进城市居民的生活中。主题公园是根据某个特定的主题，采用现代科学技术和多层次活动设置方式，集诸多娱乐活动、休闲要素和服务接待设施于一体的现代旅游目的地。根据旅游体验类型，主题公园可分为五大类，分别是：情景模拟、游乐、观光、主题和风情体验。其显著的特点体现在：强烈的个性，普遍的适宜性；被动游憩形式；投入高，占地规模大；高门票，高消费。此种类型的公园。自1995年美国加利福尼亚州的迪斯尼乐园诞生并获得巨大成功后，就已在全球各国得到了迅猛发展。据不完全统计，我国目前包括建成营业、在建设和已经停业的各类旅游主题公园达2500多座。这些规模各异的旅游主题公园由于地域分布上的不均匀，大部分集中在经济发达的珠江三角洲地带，难能满足旅游者日趋复杂和个性化的旅游需求，这是摆在旅游主题公园经营者面前一个十分迫切的问题。

　　综上所述，农业公园、地质公园、城市公园、森林公园、湿地公园及主题公园等基于不同的物质载体，表现出不同的主题功能，而乡村公园作为一种新型的交叉产业，它以乡村的各种资源为开发要素，把农业和旅游业、休闲产业等紧密结合，实现乡村产业产品的高附加值，调整和优化乡村产业结构，是乡村发展的新途径，具有巨大的生态、经济和社会效益，也是最具发展前景的产业之一。

4 凝聚山水情缘的乡村公园

纵观当今世界各地的城市、房屋和园林，所有这些可以纳入建筑范畴的人工环境，都是人类调谐自然、发展自我的有力见证。

人类修造建筑，目的是在变幻无常的自然界中取得安全、舒适和身心愉悦的栖身之所。自从人类的先祖们用原始的材料搭建棚舍开始，世界建筑文明的历史已经延续了上万年。建筑承载了丰富的历史信息，凝聚了人们的思想情感，体现了人与自然的关系。

俗话说："一方水土养一方人。"同样，不同的水土也会滋养出具有不同地域特色的建筑。

西方建筑，虽历经古典建筑风格、哥特风格、文艺复兴风格、巴洛克风格、古典主义风格，变化起伏跌宕，但无论法老王的陵墓、希腊诸神的庙宇、罗马的公共建筑、基督教的大教堂，抑或帝王的宫廷，都是以砖石为最基本的建筑材料。西方各个历史时期大多数的标志性建筑都具有惊人的尺度，迥异于普通的平民建筑。

中国的建筑体系迥异于西方。究其原因，一方面是因为东西方相距遥远，彼此虽屡有渗透，但大都限于表层和局部，并未触及本质。更重要的原因在于中国早在两千多年前就已经形成了独立而完备的思想观念体系，这一思想体系博大精深、成熟厚重、独树一帜。在这一体系下形成的建筑，必然呈现出与西方完全不同的面貌。在四大文明古国中，只有中国

的建筑体系完整地延续下来，在数千年间未曾出现过断层，可以说是建筑文明史奇迹中的奇迹。这不是历史的偶然，这正是中国建筑的伟大之处。

4.1 中国"天人合一"的宇宙观念

苍茫而神秘的宇宙令人产生无限的遐想，无论东方人还是西方人，都相信人的命运与浩瀚的宇宙息息相关。

宇宙的神秘魔力在于它的无限大和无限远。在生产力落后的原始社会，出于对自然力的敬畏和不解，宇宙和世界被人为地赋予灵性和意志，这就是灵魂观念和鬼神崇拜。人们敬畏于自己所创造的神灵，并把自己所虚构的神鬼世界和宇宙秩序通过绘画、雕刻、文字、语言等方式描绘表达出来，建筑也是这样一种文化载体。古埃及金字塔与猎户星座具有精准的对位关系，中国秦始皇的宫殿和陵寝与天象图相一致，这些都是人们用建筑表达出的宇宙观念。

神鬼崇拜虽然广泛存在于中国人的观念里。但中国人并不认为神鬼是造物主，需要敬畏但不必一味臣服。没有造物主观念的中国人，有着更宏观的宇宙观念，尊崇"和为贵"的中庸思想避免了"天下唯人类独大"的观念。

中国历史上不乏享乐无度、暴殄天物的帝王，

比如商纣王，他可能是有史记载的最早的暴君。商纣王的下场很惨，直接导致了中国历史上一代强国商的灭亡。对于这个历史教训，历代都十分重视，尤其是举义灭商的周武王。中国的"和"的思想就是从周代诞生的。由"和"的思想出发，中国人总结出治国治世的具体方法，那就是尊崇"礼制"。礼的核心内容是建立尊卑秩序。天下万物都应按照"礼制"安排好各自的位置，这样便理顺了关系，就不会产生变乱。而尊卑秩序应以血缘关系来维系，皇帝是大宗主，血统最为高贵，皇帝的亲戚和功臣其次，然后是一般官员和民众。

地位在皇帝之上的是高不可攀的"天"。这个"天"不同于埃及的拉神、希腊的宙斯，更不是基督教的上帝。在中国人看来，"天"不是造物主，而是天上的皇帝，因此叫做"昊天上帝"。天与皇帝被安排为"父子"的神圣血缘关系，因此皇帝被称为"天子"，秦始皇还在中国首创了"奉天承运"这个皇帝专用的词汇。当然，无论是"天"还是"天子"，虽然地位独尊，但也必须尊崇宇宙运行的法则。这个宇宙便是"自然"。老子曰："人法地、地法天、天法道、道法自然"。道和自然的地位乃在天之上。自然是最大的、最可敬畏的。在西方神话里，拉神、宙斯、上帝都是有具体的形象的，他们具有和人一样的相貌，但是在中国人的宇宙观里，道和自然都是没有形象的。道和自然是可以感悟的，但又是虚空的。"敬天法道"是中国人最根本的思想观念。

由此可见，中国人的最高追求不是到达天国，而是更关注自然法则和现实生存。孟子的"尽其心者，知其性也，知其性则知天矣"就是这个意思。汉代大儒董仲书进一步提出了"天人之际，合二为一"的主张。到了宋代儒学的理学一派，更将中国人的这种宇宙观念高度概括为"天人合一"。在中国的建造活动中，"礼制"就是"天人合一"的具体表现。

中西方对于宇宙的认识存在着很大的差异。中国人认为创世主已经死去，神话中的创世巨人盘古在"开天辟地"之后因体力衰竭而死，他的身体变成了山川大地，他的灵魂变成了人类。而西方人认为创世主是永生的，并且始终操控着人类的生活。古埃及神话中，拉神是最高主神，天地是由拉神创造的，人类是被拉神放逐到大地上的。拉神每天都要乘坐着太阳船巡视大地，他自东方出发，从西方回归，给大地带来日出和日落，拉神愤怒时便会引起洪水暴发，人的一举一动都在拉神的监控之下。希腊和罗马神话认为最高天神宙斯（罗马称为朱庇特）与众神掌握着人间的一切事物，他们具有无穷的法力，会经常下凡来干预人类的活动，人类对众神的不敬最终会招致惩罚。基督教认为世界和人都是由上帝创造的，上帝是唯一的天主，并将永远控制人类。

由此看来，在中西方的宇宙观里，中国注重人与宇宙本体的关系，而西方人则看重人与造物主（上帝）的关系。

中国人"天人合一"的宇宙观，在优秀传统建筑文化理念中的发生不是偶然的现象，也不是外部世界强加于我国先民的，它有着深刻的社会背景，其产生于对自然的认识。

4.2 中国"自然而然"的环境观念

在西方人的观念里，只注重神和人的关系，自然的地位在神和人之下；而中国人传统的宇宙观里，天与人是一致的，天、人和自然三者的关系是被综合考虑的。这种对宇宙秩序的认识差异，使得中西方形成了不同的环境观。西方人对环境抱着斗争的态度，总是试图征服环境；中国人对环境有一种敬畏的心理，发自内心地去善待环境。

大山之美，平地兀立，不连岗自高，不托势悠远，故谓伟岸而雄奇。

水之大美，石门中开，水转绕山走，山回水中行，堪称曼妙而幽静。

时光穿越千年、万年、亿万年，穿越亘古……地老天荒，沧海桑田，深型造势，水退山现，既蕴含着虚幻也蕴含着历史，使得一幅幅美轮美奂的山水画卷令人陶醉，给人以启迪，陶冶了人们的心扉。在优秀传统建筑文化理论熏陶下，中国"自然而然"的环境观念，形成了我国崇尚自然的独特自然文化，使得优秀传统建筑文化中的自然山水理念，深深地影响着我国的美学和诗画等文化创作以及造园理论。

4.2.1 山水美学

圣人孔子提出"智者乐水，仁者乐山"。那么，智者何以乐水？而仁者何以乐山？孔子所说的"智者乐水，仁者乐山"，是智者、仁者从形成优美环境景观中的自然山水那里，看到与"智者""仁者"相似的性情和品性，从而生成优美的心理感受。它在先秦、秦汉时期就已经十分流行。

这种对优美自然环境的赞誉和追崇，使中国优秀传统建筑文化得到了丰富和发展，优秀传统建筑文化在中国的社会生活中产生了最为现实的影响，使得人们更加尊重自然，重视人和自然的和谐统一。从而形成了中国人独特的"天人合一"宇宙观，为世人所瞩目。

我国的先哲是很讲美的。先哲在实践中，处处追求美的效果。如建筑中，从住宅到宫殿，从坟冢到陵寝，都体现了美学思想。这种美学思想也为中国优秀传统建筑文化所吸收并且加以发挥。中国优秀传统建筑文化讲究曲线美。山要曲，水要曲，路要曲，桥要曲，廊要曲。"曲径通幽处"。曲有深刻的内涵，象征着有情、簇拥、积蓄。

中国优秀传统建筑文化相地，有地形四美之说："一美罗城周密。所谓罗城，就是穴的四周砂水。砂水有如罗列的星辰和护卫的城垣，故名罗城。立穴的位置，犹如大将军坐帐，两边排列旗鼓士卒，八面城

门锁住真气。二美砂水内朝。四周的砂水环抱着穴地，顶部内倾，似有情之意，又像鞠躬的样子。三美明堂宽敞。山水环抱的地势中有一块平地，小者可建村落，大者可立都市。四美一团旺气。整个地面生机勃勃，林木茂盛，五谷丰盈。"

在中国优秀传统建筑文化的著作中，对山川的美姿有着许多描述，并进行了分类。这些观念运用到实践中，形成了不少风景名胜。

4.2.2 山水诗词

中国古代山水诗的创作极为兴盛。山水诗以它特有的表现手法，使现实中的人能超越时空的局限，去探求理想中的山水模式，探求人与山水的关系。诗中的环境理念与通常的环境理念相比，在意象层次上跨越了一大步。如果说通常的环境景观是基于现实生活的，那么诗中的环境理念则更富有理想的色彩。因此，诗中的环境理念更能体现古代中国人对理想环境这一主题的执着追求。

诗中的环境理念常常通过诗的"意境"来体现，唐代诗人王昌龄从创作的角度对意境的繁复做过描述："诗有三境：一曰物境。欲为山水诗，则将泉、石、云、峰之境，极丽绝秀者，神之于心，处身于境，视境于心，莹然掌中，然后用思，了然境象，故得形似。二曰情境。娱乐愁怨，皆将于意而处于身，然后驰思，深得其情。三曰意境。亦将之于意而思之于心，则得其真矣。"从而指出了诗歌的创作由醒目的"物境"到触景生情的"情景"，再到由情悟意的"意境"，这种对"意境"创作繁复是中国山水诗歌常用的递进手法，也是中国山水诗歌审美感受的奥妙所在。这种从视境到悟境递进的心理过程，是以物境为基础，通过情景神韵的感化，产生意境的升华。古代山水诗歌中的环境观关于"意境"的内容则与庄子哲学、道家思想的返璞归真、回归自然及禅宗的崇尚山林的思想有关，如陶渊明、谢灵运、李白等人都是庄子思

想的崇尚者，唐代著名诗人韦应物、白居易、刘禹锡、王维等则是禅宗的信奉者。《六祖大师缘起外纪》中所载六祖慧能赏山水的情形，就反映了禅宗的一种环境观："游境内，山水胜处，辄憩止""随流至源口，四顾山水回环，峰峦奇秀，叹曰：宛如西天宝林山也"。这种意象的山水结构与优秀传统建筑文化的山水结构同出一辙。

古代山水诗中的"意境"特点和思想所追求的环境观充分展现着崇尚山水的理念。东晋陶渊明身居名山，耕读田园，生活悠然自得，与美好的山川环境结下了不解之缘。其诗作既有着对人间美好环境的描述，也体现出超然洒脱的艺术风格，对中国古代山水诗的发展有突出的贡献。诗曰："结庐在人境，而无车马喧。问君何能尔？心远地自偏。采菊东篱下，悠然见南山。山气日夕佳，飞鸟相与还。此中有真意，欲辨已忘言。"（《饮酒》）诗中既描绘了一种客观的"物境"，如"结庐""采菊""山气""日夕""飞鸟"等，又把人带入一种畅想的"意境"，如"心远地自偏""悠然见南山"这里既体现了心灵与自然的融合，也实现了主观精神的超然和洒脱，表现出一种"逍遥游"的"心境"。当然，这种"心境"的出现不是偶然的，而是建立在客观环境的基础上，是现实生活的客观环境与理想环境观的有机结合。在《归田园居》中云："方宅十余亩，草屋八九间。榆柳荫后檐，桃李罗堂前。暖暖远人村，依依墟里烟。狗吠深巷中，鸡鸣桑树颠。"再次得到验证。诗文是由其居住环境的"方宅""草屋""榆树""桃李"等为基础的居住环境出发，诗中除"远离人村"的逍遥意境外，其客观的居住环境与《后汉书·仲长统传》中通常的居住环境所要求的"使居有良田广宅，背山临流……竹木周布，场辅筑前，果园树后"也完全相同。所以中国古代山水诗歌中的环境观既反映现实的环境特点（物境），又反映了中国优秀传统建筑文化理想中的意境。谢灵运《庐山遥寄卢侍御虚舟》云："庐

山秀出南斗傍，屏风九叠云锦张。影设明湖青黛光，金阙前开二峰长。遥见仙人彩云里，手把芙蓉朝玉京"常建《题破山寺后禅院》称："清晨入古寺，初日照夜林。曲径通幽处，禅房花木深。山光悦鸟性，潭影空人心"郭璞《客傲》曰："绿萝结高林，蒙笼盖一山。中有冥寂士，静啸抚清弦。放情林泽外，嚼蕊挹飞泉"这三首诗所描绘的"屏风九叠""金阙前开""蒙笼盖一山""竹径通幽处"的景观，均是立足于现实的环境观的，"屏风九叠"等说法则是借用中国优秀传统建筑文化中的常用词汇来表现山岭之势。因此，可以说古代山水诗歌是中国传统文化的一面镜子。尽管古代山水诗歌中的环境是在现实生活环境的基础上注入了不少理性的成分，但透过诗歌的意境和理性成分，终能发现，诗歌中的环境观的原型仍是基于现实生活的，从中可以窥见中国优秀传统建筑文化所追求景观理念中的选择吉地的四条基本原则：一是依山，二是傍水，三是依山傍水，四是山清水绕。其景观空间结构，所表达的环境观更加贴近实际，也更加直观，也是古人在诗文中极为引人入胜的抒发。

（1）依山

山体是支撑阳宅和聚落的骨架，也是人们生活资源的自然宝库。传统的村庄聚落总是傍山而建。唐代诗人项思诗云："山当日午回峰影，草带泥痕过鹿群。"李白诗曰："山从人面起，云傍马头生。"在众多的诗句中，东晋文学家陶渊明的"采菊东篱下，悠然见南山"则是一首最脍炙人口的好诗，诵其诗，不由得使人想起一幅美好的村居图画，又像是身临其境，享受到农夫那种田园生活的乐趣。

（2）傍水

水是万物生机勃勃之源。没有水，人就不能生存。近水而居，这是人类生活经验的总结，也是一种民俗。唐代诗人孟浩然诗云："气蒸云梦泽，波撼岳阳城。"将岳阳城置于辽阔的云梦泽和洞庭湖之中，以大衬

小，写出了水与城的关系。唐代宋之问亦诗云："楼观沧海日，门对浙江潮。"写出了磅礴的气势和极佳的地形，行文工整，景色壮观，令人遐想。宋代诗人晏殊诗云："梨花院落溶溶月，柳絮池塘淡淡风。"这是多么优雅的庭院，梨花开放，月光如泻，柳絮摇曳，池波荡漾。生活在这样的宅舍，实在是一种享受。

（3）依山傍水

仁者乐山，智者乐水。中国优秀传统建筑文化既乐山又乐水。小到住宅，大到聚落都市，都选择依山傍水而建，诗人们都有精彩的感怀。对大环境的描写，宋代陆游诗云："三万里河东入海，五千仞岳上摩天。"这是将北方的黄河和华山概括为人们的住宅背景，对祖国雄伟壮丽山河的颂扬。对中环境的描写，唐代杜审言诗云："楚山横地出，汉水接天回。"这是对湖北襄樊形胜的赞颂，描写了马鞍山突兀拔地而起耸入长空和汉水萦绕迁曲奔流到遥远天边的动人景象。对小环境的描写，唐代杜甫诗云："窗含西岭千秋雪，门泊东吴万里船。"描写了草堂外场景，远处是雪，近处是船，雪是千秋雪，船是万里船，体现了大小远近的变化关系。

这种对不同范围环境的赞喻，正是对中国优秀传统建筑文化中有关"明堂"的生动写照。

（4）山青水绕

中国优秀传统建筑文化对环境的要求：山要青，要有葱翠的林木，水要绕，要环抱在宅居的四周。唐代诗人李白诗云："青山横北郭，白水绕东城。"以苍绿的山横卧在外城之北，清澈的水蜿蜒在古城之东。山水有情，令人依恋。描写安徽宣城一带秀丽景观，柳宗元诗云："岭树重遮千里目，江流曲似九回肠。"抒发了对层层山岭重重树，环绕之水如回肠的无比感叹！宋代王安石诗云："一水护田将绿绕，两山排闼送青来。"描写了江南农村景色，一条溪流环绕田畴，两座青山推门而入，寄情于物，表达了对生气勃勃山村环境的赞美。

上述的著名诗文都是对中国优秀传统建筑文化择地基本原则的褒扬，美好的景观正是人们所向往和追求的环境。

4.2.3 山水国画

中国古代山水画与山水诗一样，在表现"物境"（形）的同时，着意于"意境"（神）的表现。南朝山水画家宗炳，一生好游名山大川，他撰写的《画山水序》，强调山水画创作是画家借助自然形象，以抒写"意境"的一个过程。宋代山水画大师、山水理论家郭熙，以画家特有的敏感和细微的观察，总结出一套观赏山岳景观的方法，他在《山水训》中写道："山近看如此，远数里看又如此，远数十里看又如此；每远每异，所谓山形步步移也……山春夏看如此，秋冬看如此，所谓四时之景不同也。"他又在《林泉高致》中对山的四季不同感受作了解释："春山澹冶而如笑，夏山苍翠而如滴，秋山明净而如妆，冬山惨淡而如睡。"指出画山水时应把握这种来自大自然的感受，当画家把人放入大自然中时，强调人与环境相感应，郭熙进一步解释说："春山烟云连绵，人欣欣；夏山嘉木繁阴，人坦坦；秋山明净摇落，人肃肃；冬山昏霾翳塞，人寂寂。"可见，不同的时节，山水画中的环境特点是有差异的。但从根本上来说，山水画强调画中人与景的协调，追求一种正如《世说新语》记顾长康（恺之）言的山川环境中所称赞的："千岩竞秀，万壑争流，草木蒙笼其上，若云兴霞蔚"。

中国优秀传统建筑文化中讲究山势高大、来脉悠远、层峦叠嶂、山水回环有情等。这些都颇受古代文人墨客的重视，如明代书画家董其昌在《画禅室随笔》中就曾用优秀传统建筑文化的理念来比论文章的创作之理："青乌专重脱卸，所谓急脉缓受，缓脉急受，文章亦然，势缓处须急做，不令扯长冷淡；势急处须缓做，务令纡徐曲折。"又称：

"吾常谓成弘大家与王唐诸公辈，假令今日而在，必不随时受变者。其奇取之于机，其取于礼，其致取之于情，其实取之于"这充分说明作为书画家的董其昌对优秀传统建筑文化的理念了解至为透彻。

古人认为，好的山水应该有好的理想环境，同样，好的理想环境也必然会有好的山水，也即"地美则山美"。因此，古代山水画的构图常以中国优秀传统建筑文化中的龙势、生气等为神韵，如山脉的急缓、山水的迂直，村落、民居的位置，以及云蒸霞蔚的山林气氛等，均参照中国优秀传统建筑文化理念来处理。北宋郭熙在画论名著《林泉高致》中便指出："真山水之川谷，远望之以取其势，近看之以取其质。""山，大物也。其形欲耸拔……欲箕踞，欲盘礴，欲浑厚，欲雄豪……欲顾盼，欲朝揖，欲上有盖，欲下有乘，欲前有据，欲后有倚。""大山堂堂，为众山之主，所以分布以次冈阜林壑，为远近大小之宗主也。""山水先理会大山，名为主峰……以其一境之主于此，故曰主峰，如君臣上下也。""盖画山，交者、下者、大者、小者，盈碎向背，颠顶朝揖，其体浑然相应，则山之美意足矣。""山以水为血脉，以草木为毛发，以烟云为神彩，故山得水而活，得草木而华，得烟云而秀媚。"郭熙还在论画山水的技法时，就以中国优秀传统建筑文化理念所特有的措辞和原理展开论述。中国优秀传统建筑文化理念中所谓的主山耸拔、浑厚，群山朝拱如作揖，山得水而活等观点，都在郭熙的"画山水诀"中加以体现。唐宋时期是中国优秀传统建筑文化理念的兴盛时期，在这时期出现了很多有关中国优秀传统建筑文化理念的经典著作。也就在同一时期，对许多相关中国优秀传统建筑文化理念领域也产生了深刻的影响。为此，当时的山水画论受到中国优秀传统建筑文化理念的影响，对许多相关领域产生了深刻的影响也就是十分必然的现象。《黄帝宅经》称："宅以形势为身体，以泉水为血脉，以大地为皮肉，以草木为毛发，以舍屋为衣服，以门户为冠带，若得如斯，是事俨雅。"《管氏地理指蒙》云："山者龙之骨肉，水者龙之气血，气血调宁而荣卫敷畅，骨肉强壮而精神发越。"《青囊海角经》曰："夫石为山之骨，土为山之肉，水为山之血脉，草木为山之皮毛，皆血脉之贯通也。"显然，《林泉高致》中所谓"山以水为血脉，以草木为毛发"的思想就直接来源于唐代的优秀传统建筑文化名著的《黄帝宅经》《管氏地理指蒙》等。因而郭熙才会把画中山脉的气势神韵刻画得如此惟妙惟肖。清初名画家笪重光在《画鉴》一书中就告诫山水画家着笔之先应谙中国优秀传统建筑文化理念："作山先求入路，出水预定来源。择水通桥，取境设路，分五行而辨体，峰势同形，谙于地理，象庶类以殊荣，景色一致，昧其物情……云里帝城，山龙盘而虎踞；雨中春树，层鳞次而鸣冥。仙宫梵刹，协其龙砂；树舍茅堂，宜其风水。"在谈到山势的处理时，笪重光依然强调要借助风水理念："夫山川气象，以浑为宗。村峦交割，以清为法。形势崇卑，权衡小大……众山拱伏，主山始尊；群峰盘互，祖峰乃厚……一收复一放，山渐开而势转；一张又一伏，山欲动而势张……山从断处而云气出，山到交时而水口出。"显然，作者作为一名画论专家深谙风水理念，把画中的神韵通过中国优秀传统建筑文化的构图表现出来，可见中国优秀传统建筑文化对中国古代山水画的影响之深。继笪重光的《画鉴》之后，画家王原祁（号麓台）在画论巨著《雨窗漫笔》中，对画山水画的章法也用风水理念加以表述："画中龙脉开合起伏，古法未备，未经标出，石谷（按：指清代画圣王翚）阐明，后学知所矜式。然愚意以为不参体用二字，学者终无入手处。龙脉为画中气势，源头有斜有正，有浑有碎，有断有续，有隐有现，谓主体也。开合从高至下，宾主历然，有时结聚，有时澹荡，峰回路转，云合水分，俱从此出。起伏由近及远，向背分明，有时高耸，有时平修，欹侧照应，山头山腹山足，铢两悉称者，谓之用也。若知有龙脉而不辨开合起伏，必至拘索失势；知有开合起伏而不本龙脉，是谓顾子失母。故强扭龙脉则生病，开合逼塞浅露则生病，起伏呆重漏缺则生病。且通幅中有开合，分股中亦有开合；通幅有起伏，分股中亦有起伏。尤妙在过接映带间，制其有余，补其不足，使龙之斜正浑碎，隐现断续，活泼泼地于其中，方为真画。"《雨窗漫笔》关于山水画"龙脉开合起伏"的画法深受后人称赞，如《中国画学全史》的评价是："论龙脉开合起伏，启发微妙，尤足玩味。"并进一步评价道："（龙脉）开合起伏，为画之气势神韵所出，即画之生死关键，非常重要。"《中国画论类编》中也说："原祁以后之论画者多受其影响。"这种影响可从王原祁底子唐岱《绘事发微》中得到印证，《中国画学全史》中还评论道：唐著"较之笪重光之《画鉴》尤为详尽透彻。盖其论邱壑也，能得麓台（王原祁）龙脉开合起伏之秘；及所以能使龙脉开合起伏之势有关系者，如泉石屋木等，点缀之方法，亦颇详尽"。这充分表明，环境风水理念与中国古代山水画的创作有着极其密切的关系。

中国古代山水画不仅在绘画理论上受到中国优秀传统建筑文化理念的影响，而且在山水环境景观上也深受中国优秀传统建筑文化理念的影响。虽然山水画的主观意图是达到某种"意境"，但它的客观效果却表达了人们对中国优秀传统建筑文化理念中有关理想环境的追求。山水画不仅追求山脉的龙势神韵，而且追求环境结构上的靠山、朝山、护卫之山的完整，追求山林拥翠、溪水长流、曲径通幽的优雅情趣。仔细品味中国古代山水画，不难发现，其构图特点通常是：高山流水、烟村人家。由此可见，中国古代山水画与中国优秀传统建筑文化理念有着极为密切的关系。它所表现出来的"意境"既有着现实的基础，又充满浪漫的情调。

4.2.4 山水园林

在崇尚"天人合一"有机哲学观的中国优秀传统建筑文化影响下，中国山水园林具有悠久的历史和独特的民族风格，享有"世界园林之母"的美称，在国际上享有崇高的地位。在中国优秀传统建筑文化的"天道人伦"基本观念和在大环境选择方面趋利避凶的理念中，对中国山水园林的形成和发展都起着极其重要的作用。中国优秀传统建筑文化体现了一种环境美学，而这种美学升华的正是山水园林。

4.2.5 山林隐居

历史上，山林居士是中国古代一个特殊的文化阶层。士大夫们隐居山林的原因较多，或因党争纷乱、官场失意而隐遁山林；或因外族入侵、社会动乱而逃离现实；或受禅宗、道家思想的影响而纵情山水。《后汉书·逸民列传序》中有着一段具体的论述："或隐居以求其志，或回避以全其道，或静己以镇其躁，或去危以图其安，或垢俗以动其概，或疵物以激其清……"《宋书·隐逸传序》中则说："……身隐故称隐者，道隐故曰贤人。"总之都带着隐逸出世的思想倾向。隐逸文化的最终目的是保证士大夫的社会理想、人格价值、生活内容、审美情趣等的相对独立。由于士大夫隐居山林的特殊心态，所以其隐居地的环境要求幽旷、宁静、高远，其环境要素的构成依然离不开青山、碧水、茂林。晋代张华在《赠挚仲洽》诗中写道："君子有逸志，栖迟于一丘。仰荫高林茂，俯临绿水流。恬淡养玄虚，沉精研圣猷。"隐士们追求在一种怡然自得的山水环境中修心养性。

隐士们为何选择好的山水环境作为居所，郭熙在《林泉高致》中的阐述称："君子所以爱夫山水者，其有安在？丘园素养，所常处也；泉石啸傲，所常乐也；渔樵隐逸，所常适也；猿鹤长鸣，所常亲也。"

这种阐释反映了人与自然的亲切娱悦关系，这种关系还能反照出人生与世间的种种纷争喧嚣，从而使隐居者获得心灵的解脱和净化。促使山林居士达到隐逸出世目的的居住环境的特点，可从有关山居诗中得到论证：《周书·萧大圜传》云："面修原而带流水，倚郊甸而枕平皋。筑蜗舍于丛林，构环堵于幽薄。"《山居诗二十四首》之二十一，《全唐诗》卷八百三十七曰："蒙庄环外知音少，阮籍途穷旨趣低。应有世人来觅我，水重山叠几层迷。"《群官寻杨隐居诗序》（《杨炯集》卷三）称："诛茅作室，挂席作门。石隐磷而环阶，水潺缓而迎砌……得林野之奇趣。"《年谱》（《周子全书》卷二十）谓："（周敦颐）道出江州，爱庐山之胜，有卜居之志，因筑书堂于其麓。堂前有溪，发源莲花峰下，结清绀寒，下合与湓江，先生濯缨而乐之，遂寓名以濂溪。"《宣和画谱·范宽条》云："余其旧习，卜居于终南太华岩隈林麓之间"《怀土赋》（《陆机集》卷二）载："遵黄川以葺宇，被苍林而卜居。"

刘沛林先生在其专著中曾从引用的山居诗文中，总结出山居环境的明显特征，概括为：

（1）古代山居地点多通过"卜居"而确定，以求得到吉利的居住场所。山间居室本为阳宅之一种，中国古代阳宅从城市到村落以至民居，都盛行"卜居""卜筑"等，所以山居也不例外。

（2）古代山居以自然山水为背景，构舍于其中，常常是傍青山而带清流，以"得林野之奇趣"，并与大自然相亲悦。

（3）古代山居常选择在幽曲奥深之地，以免除世人打扰，是有在穿过"水重山叠几层迷"之后才能被人发觉。从隐逸的心态来看，幽深之地离世间高远而与天地相近，能达到一种类似于孙绰《答许询》（《先秦汉魏晋南北朝诗·晋诗》卷十三）所称："散以玄风，涤以清川，或步崇基，或恬蒙园，道足匈怀，神栖浩然"的境界。

东晋山水居士陶渊明的名作《桃花源记》所描绘的理想隐居环境，对后世的山水诗画创作及山水居士的环境选择产生了深刻的影响。现今湖南省桃源县的风景名胜桃花源，依山面水，地势环抱，幽深秀雅，相传为当年诱发陶渊明写《桃花源记》的地方。唐代始建寺庙，宋更盛，后屡毁屡建。清光绪年间重修，沿山布置亭阁，按陶渊明诗文设景命名，山坡、溪边遍是桃树。这一地点虽是后人所选，但它是据陶渊明文中的环境特点而确定，因此它在一定程度上展示了陶渊明当年所追求的理想隐居环境的特点。桃花源的空间结构与中国优秀传统建筑文化所追求的后有靠山、左右龙虎护卫、前方开敞的空间结构极为吻合。这种空间结构的功能，除了能达到与世隔绝的目的之外，本身还有一种"安乐窝"的性质。《周书·萧大圜传》载梁简文帝之子萧大圜曾"筑蜗居与丛林"。《宋史·邵雍传》邵雍居洛阳、为富弼、司马光等人雅敬，"恒相从游，为市园宅……（邵雍）名其居曰安乐窝，因自号安乐先生"。《衡阳左氏家集》内编卷八"燕窝山先宅记。"《衡阳左氏家集》记有其左氏先祖隐居地的情况："沿冈而此，蒸水宫之如带。沿冈而南，林木掩映如画，清初余祖子申公迁冈下，而筑庐于其南，小阜环之，形如长构，曰此真燕窝矣，故名燕窝山，庐前小溪屈曲……山川秀发，哲人所都……"显然，这些隐居地的形局都很讲究，其共同之点都是追求幽闲、宁静、安乐的理想环境。

总之，古代山林居士的隐居环境除了在意象层次上比普通民居有更高追求外，多数隐居地在空间结构上与中国优秀传统建筑文化的环境格局基本相同。

当今，人们处于和平盛世，虽然无古代山林居士寻求隐居之需，但缺乏生态保护和环境保护意识的过度工业化、现代化发展所造成的环境污染以及居住环境质量下降所造成的危机感，使得长期处在钢筋混凝土高楼丛林包围之中，饱受热浪煎熬、吸满尘土的城市人纷纷追崇回归自然，寻找返璞归真，净化心灵，陶冶情操的幽闲地。为此，古代山林居士隐居地的理想空间环境便可引为借鉴。在此启发下，通过长期的研究实践，笔者从生态景观学上认识到广大农村的基底是广阔的绿色原野，村庄即是其中的斑块，形成了"万绿丛中一点红"的生态环境；而城市公园即仅是"万楼丛中一点绿"。提出了以村庄作为核心要素创建集激活山、水、田、人、文、宅文化为一体的乡村公园的新农村建设理念，并在规划设计和建设中加以实践。通过集约化经营，进行产业景观化和景观产业化颇富创意性文化的规划构思，建设各具特色的乡村休闲度假观光产业。可以使得淳净的乡土气息、古朴的民情风俗、明媚的青翠山色、清澈的山泉溪流和秀丽的田园风光形成诱人的绿色产业，为现代城市人提供服务，促进城乡统筹发展。

4.3 中华建筑文化的环境勘察

勘察环境首先要搞清"来龙去脉"，顺应龙脉的走向。《考工记》云："天下之势，两山之间必有川矣，大川之上必有途矣。"《禹贡》把中国山脉划分为四列九山，中华建筑文化把延绵的山脉称为龙脉。龙脉源于西北的昆仑山，向东南延伸出三条龙脉：

①北龙从阴山、贺兰山入山西，起太原，渡海而止。

②中龙由岷山入关中，至泰山入海。

③南龙由云南、贵州入湖南至福建、浙江入海。

《朱子语类》论北京大环境云："冀都山脉从云发来，前则黄河环绕，泰山耸左为龙，华山耸右为虎，嵩为前案，淮南诸山为第二案，江南五岭为第三案，故古今建都之地莫过于冀，所谓无风以散之，有水以界之。"中华建筑文化要求理想环境的勘察，应从大环境观察小环境，大处着眼，小处着手。

4.3.1 中华建筑文化理想环境观的产生

我国独特的有机宇宙哲学观，不仅认为人是自然的组成部分，自然界与人是平等的，而且认为天地运动往往直接与人有关，人与自然是密不可分的有机整体。中国优秀传统文化重要组成部分的儒家和道家都力求把生命和宇宙融为一体。道家从静入，认为凡物皆有其自然本性，"顺其自然"就可以达到极乐世界；儒家从动入，强调自然界和人的生命融为一体。孔子称"生生之谓易"，即强调生活就是宇宙，宇宙就是生活，只要领略了大自然的妙处，也就领略了生命的意义。

这种"天人合一""万物一体"的有机宇宙哲学观念，长期影响着中国人的意识形态和生活方式，造就了中华民族崇尚自然的风尚。由此而形成的阴阳中华建筑文化观念、原型与构成，也是中国人理想环境观的总结和发展。

中国人对生存环境的独特见解和要求，在山水诗和山水画的作品中，展现了许多对理想环境的描述。作为艺术，它们必然会在实际原型的基础上加以升华，使其变为一种理想的观念，从而对选择实际的理想生存环境产生影响。

《诗经·小雅》写到了王宫所处的环境："秩秩斯干，幽幽南山"，描述出靠近涧水、面对青山的理想环境，显示了先哲在选址时对水源和景观方面的注重。从河南安阳市商朝宫室遗迹位置可以看出早期聚落的选址模式和环境特征。"这里洹水自西北折而东南，又转而向东去。小屯村位于洹水南岸的河湾处，是商朝宫室的所在地。"展示了聚落靠山面水的格局，使河流环绕在聚落的前面（图4-1）。

中国人崇尚自然的有机宇宙观，使得中国人的审美观极具浪漫性。唐代诗人杜甫诗曰："卷帘唯白水，隐几亦青山。"表现了诗人网罗天地、饮吸山川的空间意识和胸怀。与自然相结合的思想创造了优美

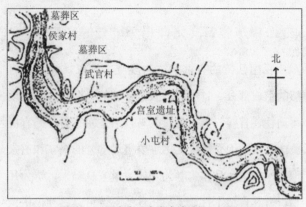

图4-1 河南安阳商宫室遗址的平面图

晋代陶渊明在《桃花源记》中描绘了一种理想的居住环境："林尽水源，便得一山，山有小口，仿佛若有光，便舍船从口入，初极狭，才通人，复行数十步，豁然开朗，土地平旷，屋舍俨然……"这里描绘的聚居环境是由群山围合的要塞，一种出入口很小、利于防卫的形态。唐代孟浩然在《过故人庄》诗中，也展示了一派聚落环境景观："绿树村边合，青山郭外斜。"写出了自然环境对聚落的保护性及聚落的对景景观。此外，历史上许多绘画作品也都表现出聚落周围的环境景观：面临水面，周围有山林树木围合（图4-2）。可以说，中华建筑文化山水理念与中国的山水诗、山水画作品中所描绘的环境景观是相关的，是从文化意境上对理想环境选择的一种理论总结和概括。

的文学传统，也塑造出"文人"生活方式，而这种"文人"生活方式逐渐成为中国人所追崇的典型生活方式，恬淡抒情产生了另一种生活意境。在聚居形态上，表现为宅舍与庭院的融合；在屋宇选址时，多喜欢与山水树木相接近，所谓"居山水间者为上，村居次之，郊居又次之"。

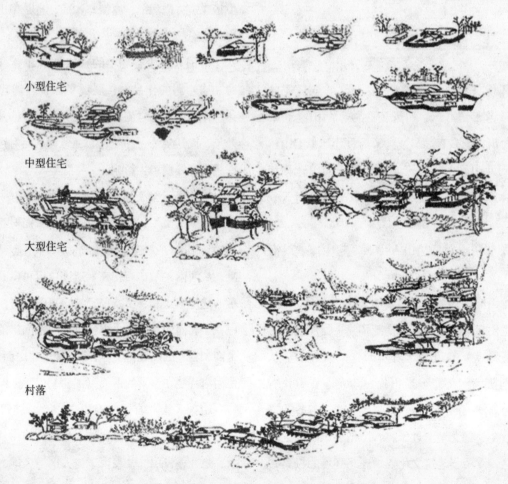

小型住宅

中型住宅

大型住宅

村落

图4-2 宋代王希孟《千里江山画卷》中表现的聚落环境

4.3.2 中华建筑文化理想环境的基本格局

（1）地理五诀

龙、穴、砂、水、向，其按自然环境景观要素即可归纳为龙、穴、砂、水四大类，其主要的活动内容即是"觅龙、察砂、观水、点穴"。

①龙。要求穴位后部的山势应层叠深远，有源有脉，不是孤峰独立，要群峰如屏如帐，中高侧低成月牙状向穴位拱抱。

②砂。指的是砂山，包括青龙、白虎和朝案山。要求来龙左右必须有起伏顿挫连绵的小型山冈，至少一重或两重，形成对穴位环抱辅弼之势，称为护砂、龙虎砂、蝉翼砂山。"龙无砂随即孤，穴无砂护则塞"，表明了砂在中华建筑文化格局中的重要作用。

砂山的作用实际上为顺导径流雨水，隔绝左右景象的干扰，实现内敛向心，使得穴位景观独立纯净。

③水。"风水之法，保水为上。"有片水面则地区小气候必然佳妙。佳穴附近的水流要曲折流动，又不能急流陡泻。并要求"来宜曲水向我，去宜盘旋顾意"。

④明堂。指穴区四至之地。

⑤近案、远朝。后龙和案山、朝山使得前后构图相呼应，从而气势连贯，使得自然山川形势，表现出有目的的情态。

（2）四神相应

①东方——青龙（木）、水流（青）；

②南方——朱雀（火）、充满阳光的旷野（红）；

③西方——白虎（金）、交通街（白）；

④北方——玄武（水）、山的守卫（黑）。

（3）三纲五常

《地理五诀》云："人有三纲五常，四美十恶，地理亦然。"这也是中华建筑文化大地有机生命观的一种体现。

①三纲

a. 人之三纲：古时，中国传统的三纲为——君为臣纲，父为子纲，夫为妻纲。

b. 地理之三纲：中华建筑文化的三纲为——龙脉为贫贱富贵之纲，明堂为砂水美恶之纲，水口为生旺死绝之纲。

②五常

a. 人之五常：在儒教影响下，中国传统文化遵循的人之五常——仁、义、礼、智、信。

b. 地理之五常：中华建筑文化所倡导的地理之五常即为——龙要真，穴要的，砂要秀，水要抱，向要吉。

（4）理想环境的格局要素

①负阴抱阳，背山面水。这是中华建筑文化理念中宅舍与聚落基址选择的基本原则和基本格局。

所谓负阴抱阳，即基址后面有主峰来龙山，左右有次峰或岗阜的左辅右弼山，山上要保持丰茂的植被；宅舍前面有月牙形的池塘或聚落前有弯曲的水流；水的对面还应有作为对景的案山；轴线方向最好是坐北朝南。只要符合这种格局，轴线的方向有时也是可以根据环境条件加以改变的，图4-3是宅舍、聚落的最佳格局。基址正好处于这个山水环抱的中央，地势平坦而具有一定的坡度。像这样，就形成了一个背山面水基址的基本格局。

②理想环境的中华建筑文化格局。理想的中华建筑文化格局应具备以下的地形山势，其各个山名及相应位置，图4-3（a）是最佳宅址选择图，图4-3（b）是最佳村址选择图，图4-3（c）是最佳城址选择。

a. 祖山：基址背后山脉的起始山；

b. 少祖山：祖山之前的山；

c. 主山：少祖山之前、基址之后的主峰，又称来龙山；

d. 青龙：基址之左的次峰或岗阜，亦称左辅、左肩或左臂；

e.白虎：基址之右的次峰或岗阜，亦称右弼、右肩或右臂；

f.护山：青龙及白虎外侧的山；

g.案山：基址之前隔水的近山；

h.朝山：基址之前隔水及案山的远山；

i.水口山：水流去处的左右两山，隔水呈对峙状，往往处于聚落的入口，一般成对的称为狮山、象山或龟山、蛇山；

j.龙脉：连接祖山、少祖山及主山的脉络山；

k.龙穴：即基址的最佳选点，在主山之前，山水环抱之中央，被人认为万物精华的"气"的凝结点，故为最适于居住的福地。

（5）理想环境格局的特点

具备上述条件的自然环境和较为封闭的空间，有利于形成良好的环境景观和良好的生态环境的局部小气候。背山可以屏挡冬天北来的寒风；面水可以迎接夏日南来的凉风；朝阳可以争取良好的日照，近水可以取得方便的水运交通及生活、灌溉用水，且

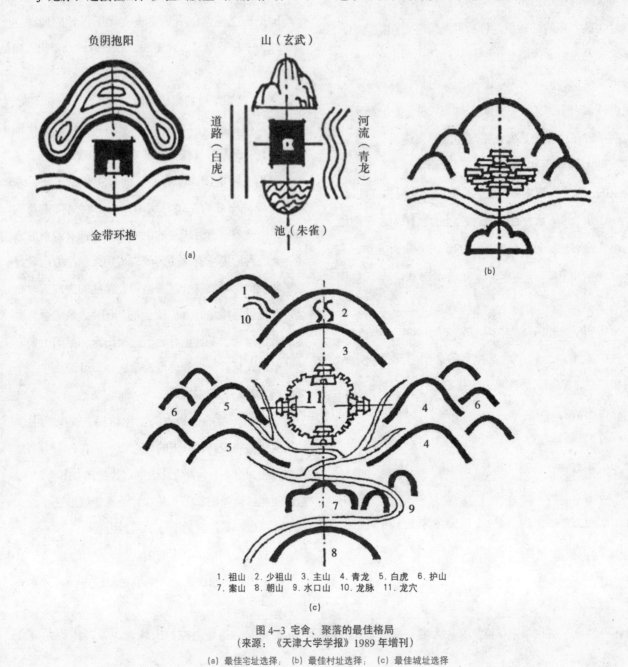

1.祖山 2.少祖山 3.主山 4.青龙 5.白虎 6.护山
7.案山 8.朝山 9.水口山 10.龙脉 11.龙穴

(c)

图 4-3 宅舍、聚落的最佳格局
（来源：《天津大学学报》1989 年增刊）

(a) 最佳宅址选择； (b) 最佳村址选择； (c) 最佳城址选择

可适于水中养殖；缓坡可以避免淹涝之灾；植被可以保持水土，调整小气候，果林或经济林还可取得经济效益和部分的燃料能源。总之，好的基址容易在农、林、牧、副、渔的多种经营中形成良性的环境景观和生态循环，自然能够成就一处吉祥福地（图4-4）。

（6）理想环境格局的空间构成

中国人自古以来在选择及组织聚居环境方面就有采用封闭空间的传统，为了加强封闭性，还往往采取多重封闭的办法。如四合院宅就是一个围合的封闭空间；多进庭院住宅又加强了封闭的层次。里坊又用

围墙把许多庭院住宅封闭起来。作为城市也是一样，从城市中央的衙署院（或都城的宫城）到内城再到廓城，也是环环相套的多重封闭空间（图4-5）。而在村镇或城市聚落的外围，按照中华建筑文化格局，基址后方是以主山为屏障，山势向左右延伸到青龙、白虎山，呈左右肩臂环抱之势，遂将后方及左右方围合；基址前方有案山遮挡，连同左右余脉，亦将前方封闭，剩下水流的缺口，又有水口山把守，这就形成了第一道封闭圈。如果在这道圈外还有主山后的少祖山及祖山，青龙、白虎山之侧的护山，案山之外的朝山，

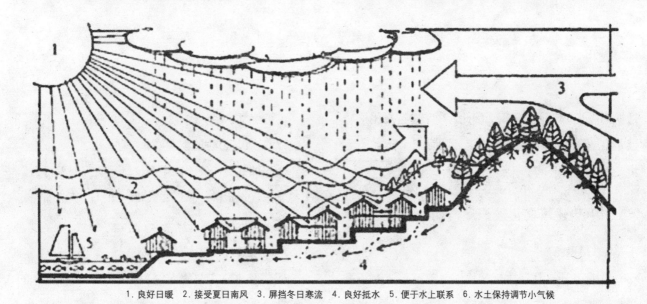

1.良好日暖　2.接受夏日南风　3.屏挡冬日寒流　4.良好抵水　5.便于水上联系　6.水土保持调节小气候

图4-5 中华建筑文化规划设计思想的多层次空间封闭结构

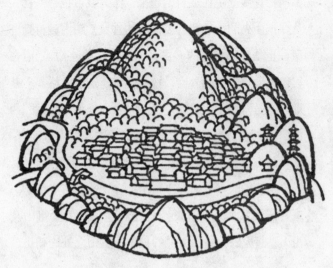

图 4-6 中华建筑文化聚落格局的封闭式空间构成
（来源：《天津大学学报》1989 年增刊）

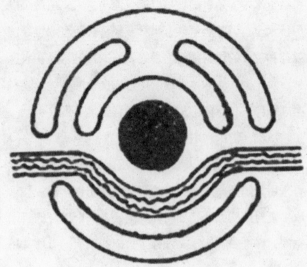

图 4-7 中华建筑文化聚落格局的基本模式
（来源：《天津大学学报》1989 年增刊）

这就形成了第二道封闭圈。因此，中华建筑文化格局就是在封闭的人为建筑环境之外的层层天然封闭环境（图 4-6、图 4-7）。

4.3.3 中华建筑文化理想环境的勘察原则

（1）觅龙

觅龙就是寻找"曲折起伏、气象万千"的环境景观，也就是找"靠山"。好的龙脉应是"地脉之行止起伏曰龙。""龙者何？山之脉也……土乃龙之肉，石乃龙之骨、草乃龙之毛。"

1）寻祖宗父母

祖宗山指山脉的出处，即群山之起源；父母山即山脉入首处。序列为父母——少宗——少祖——太宗——太祖，注重审气脉，辨生气，分阴阳。

a. 审气脉：山脊的起伏轮廓线为脉的外形。

初观其势：审脉时先粗观是否曲屈起伏。

细察其形：细察山的分脊、合脊处是否有轮有晕，起伏有晕者则脉有生气，吉；否则为死气，凶。

b. 分阴阳：山分阴阳，向阳为阳，背阳为阴。而对于山和住宅来说，山为阴，宅为阳。

c. 辨生气：

（a）气是万物的本源

太极即气，一气积而生两仪，一生三而五行具，土得之于气，水得之于气，人得之于气，气威而应，万物莫不得于气。

（b）怎样辨别生气

明代蒋平阶在《水龙经》中指出：识别生气的关键是望水。并称："气者，水之母，水者，气之止。气行则水随，而水止则气止，子母同情，水气相逐也。夫溢于地外而有迹者为水，行于地中而无形者为气。表里同用，此造化之妙用。故察地中之气势趋东趋西，即其水或去或来而知之矣。行龙必水辅，气止必有水界。"这说明了水与气的关系。

（c）怎样通过山川草木辨别生气

明代《葬书》中指出："凡山紫气如盖，苍烟若浮，云蒸霭霭，四时弥留，皮无崩蚀，色泽油油，草木繁茂，流泉甘冽，土香而腻，石润而明，如是者，气方钟而来休。云气不腾，色泽暗淡，崩摧破裂，石枯土燥，草木凋零，水泉干涸，如是者，非山冈之断绝于掘凿，则生气之行乎他方。"可见，生气就是生态环境的最佳状态，万物呈现勃勃生机。

(d) 乘生气。只有得到生气的滋润，植物才会欣欣向荣，人类才能健康长寿。

宋代黄妙应在《博山篇》云："气不和，山不植，不可扦；气未上，山走趋，不可扦；气不爽，脉断续，不可扦；气不行，山垒石，不可扦。"

2) 观势喝形

"千尺为势，百尺为形，势居乎粗，形在乎细。""左右前后兮谓之四势，山水应案兮谓之三部。"

a. 势：指的是群峰的起伏形状，一种远观的写意效果；

b. 形：则指单座山的具体形状，近景写实景象。

金头圆而足阔；木头圆而身直；水头平而生浪；平行则如生蛇过水；火头尖而足阔；土头平而体秀。

c. 势与形的关系

"有势然后有形。""欲认三形，先观四势。"这就是要求从总体着眼，局部着手。

d. 怎样观势

(a) "寻龙先分九势说"把"龙"分为九势。

回龙——形势蟠迎，朝宗顾祖，如舐尾之龙、回头之虎、第一龙；

出洋龙——形势特达，发迹蜿蜒，如出山之兽、过海之船；

降龙——形势耸秀，峭峻高危，如入朝大座、勒马开旗；

生龙——形势拱辅，支节楞层，如蜈蚣槎爪、玉带瓜藤；

飞龙——形势翔集奋迅悠扬，如雁腾鹰举，两翼开张，凤舞鸾翔，双翅拱抱；

卧龙——形势蹲踞，安稳停蓄，如虎屯象驻、牛眠犀伏；

隐龙——形势磅礴，脉理淹延，如浮排仙掌、展诰铺毡；

腾龙——形势高远，峻险特宽，如仰天壶井、盛露金盘；

领群龙——形势依随，稠众环合，如走鹿驱羊、游鱼飞鸽。

(b) 观势之"辨五势"

龙北发朝南来为正势；

龙西发北作穴南作朝为侧势；

龙逆水上朝顺水下此乃逆势；

龙顺水下朝逆水上此乃顺势；

龙身回顾祖山作朝此乃回势。

(c) 形与势之别

龙脉的形与势有别，千尺为势，百尺为形，势是远景，形是近观。势是形之崇，形是势之积。有势然后有形，有形然后知势，势住于外，形住于内。势如城郭墙垣，形似楼台门第。势是起伏的群峰，形是单座的山头。认势惟难，观形则易。势为来龙，若马之驰，若水之波，欲其大而强，异而专，行而顺。形要厚实、积聚、藏气。

(d) "喝形"

凭直觉观测将山川作某种生肖，隐喻人之吉凶衰旺。

(2) 察砂

察砂即是通过"观势"和"喝形"，寻找"端庄丰满，主从分明"的环境景观。

"砂"指的是主山周围的小山、高地或山冈。

"砂"根据其前后左右的位置分为侍砂、卫砂、迎砂、朝砂。

"砂"与"龙"存在着一种"主仆关系"。

"主山降势、众山（指砂）必辅，相卫相随，为羽为翼……山必欲众，众中有尊，罗列左右，扈从元勋。"

"砂"的层次越多越好，"层层护卫"。

"砂"的外观形态，以肥圆正、秀尖丽，看起来舒服为好。

有学者认为，左右砂如同两条大腿，应端庄丰满，主从分明。

（3）观水

观水即是为了寻找"围合有序、均衡稳定"的环境景观。

中华建筑文化"以泉水为血脉"，并认为"水则阴精所化，万物形质之本"。

"水者，气之子；气者，水之母。气生水，水又聚注以养气，则气必旺；气生水，水只荡去以泄气，则气必衰。"

"水如同人子，必须敬老、爱老、养老。风水中的水，也必须保气、养气、护气、关气。由于其功能在于保护、守卫和关防，有似城墙。"所以，穴前的界水在中华建筑文化中叫"水气""水城"。

水随山而行，山界水而止，水随山行，山防水去。故观水之要，以认龙察砂为准，水与山不可分离，故观水往往比觅龙更重要，山水本不分离，而水口和龙穴的关系比龙脉更为直接；所以"入山首观水口"。

"凡水来处谓之天门，水去处谓之地户。"

"天门开，地户闭。"

"门开则财来，户闭财不竭。"

"源宜朝抱有情，不宜直射关闭。"

（4）点穴

点穴乃在于寻找"自然环抱、意境深远"的环境景观。

类似中医针灸学中的人体穴位，应是"取得气出，收得气来"的地方，中华建筑文化中的穴位与龙脉的生气相通，要感受到龙脉的生气，就必须找到真穴。点穴是中华建筑文化中最关键的一环，"定穴之法如人之有窍，当细审阴阳，熟辨形势，若差毫厘，谬诸千里。"故有"三年寻龙，十年点穴"的说法。

穴场讲求"藏风聚气"。"穴"是最富有生气之处，"点穴"不仅是相地的结尾，更是它的关键和高潮之处。

"穴"形完全是"大地为母"的反映，穴形图也即是一幅"女阴象征"的女性外生殖器。

4.4 中华建筑文化的景观营造

4.4.1 中华建筑文化理想环境的选择及其影响因素

（1）重视气场的选择要求

在中国传统的哲学中，"气"是构成自然万物的基本要素。重浊的气属阴，轻清的气属阳，阴阳结合则生成宇宙万物。

根据中华建筑文化理念，在选择聚居位置时，认为蕴藏山水之"气"的地方是最理想的环境。选址时，首先注意环境中各要素的相互关系，为了达到"聚气"的目的，认为要素组合的理想状态为：①山峦要由远及近构成环绕的空间。这是因环绕的空间能使风停留，才能聚气。②在限定的范围内，要求有流动的水，这说明气的运动。③强调环绕区域范围与外部环境的临界处比较狭窄，利于藏气和防护（图4-8）。在古典小说《狄公案》中就有对建筑选址环境的评价：

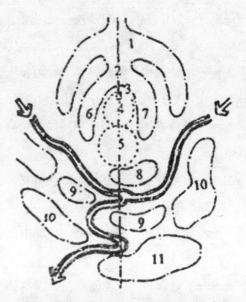

1. 龙脉　2. 坐山　3. 穴　4. 小明堂　5. 大明堂
6. 右虎　7. 左龙　8. 近案　9. 砂　10. 罗城　11. 朝山

图4-8 藏风聚气的环境空间构成

"宝观山势厚圆，位座高深，三峰壁立、四环云拱，内勾外锁，大合仙格。"

（2）理想环境的影响因素

聚落选址的这种理想模式，显示了多种因素复杂的相互作用和影响，其中不仅包含传统观念上的要求，而且也包括对于社会、经济、防御、生产及地域环境等多方面的考虑。

①在漫长的封建社会中，由于战乱和匪盗的影响，要求城市和村落更趋集中，以便利于防守，共同对敌。所以，在选择基址时往往争取环境具有良好的防御性，形成天然的屏障。在台湾恒春县城选址中，奏文里即有这样的论述："盖自枋寮南至琅峤，居民俱背山面海，外无屏障。至猴洞，忽山势回环。其主山由左拖趋海岸，而右中廊平埔，周可二十余里，似为全台收局。从海上望之，一山横隔，虽有巨炮，力无所施，建城逾于此。"在此文中，探讨了城址选择的原因：猴洞之地为山所环绕，中部周围有二十余里的平地，从海上看：因有山的阻隔，具有良好的防御性，大炮也难构成威胁（图4-9）。

据《青州府志》记载："古城在临淄县，汉属齐郡，晋曹嶷略齐地，以城大地原不可守，移置尧山南三里为广固城，后为南燕都。宋刘裕攻破之，平其城，以羊穆之治青州，及建城于阳水北，名东阳城。北齐废东阳，迁筑于阳水南、为南阳城，即令郡治。""所谓青州城四面皆山，中贯洋水，限为二城。"这展示了山东益都城址变迁，城址应利于防御（图4-10）。

②中国传统聚落封闭的、自给自足的农村经济为这种聚落选址提供了可能性。在封闭、半封闭的自然环境中，利用被围合的平原，流动的河水，丰富的山林资源，既可以保证居民采薪取水等生产生活需要，又为村民创造了一个符合理想的生态环境。

如皖南歙县的水布口村，从其布局及与周围环境的关系可以看到传统选址原则的应用：坐南朝北的村落依山脚沿等高线排列，村后庄重的山势、茂盛的树木衬托出村落的秀美，弯曲的小河环绕村前，村对面还有丘陵作为屏障和对景（图4-11）。

③在广东沿海地区，传统的选址原则被引申为："山包围村、村包围田、田包围水，有山有水。"其中不乏对农业生产的考虑。这里往往在山脚坡地建成前低后高的村落，其一方面可以使废水容易排入村前的池塘或河流，另一方面使前面的房屋不至于遮挡当地的主导风向——东南风，并使各宅都能得到良好的穿堂风。海南岛的福安村、崖县天崖的布山村及广州附近花县、东觉等地的村落选址都是遵循着这样的原则（图4-12）。

④聚落选址的象征意义。李约瑟在广泛考察我国建筑后发现："……城乡中无论集中的或者散布于田庄中的住宅也都经常出现一种对'宇宙的图案'的

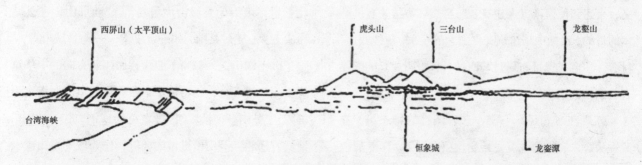

图4-9 从关山看恒春城及四山

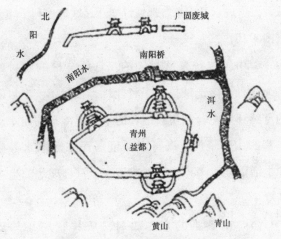

图 4-10 山东益都南阳桥位置图

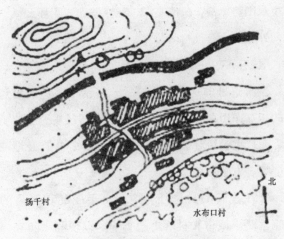

图 4-11 皖南歙县水布口村平面示意图

广东花县莲溪村

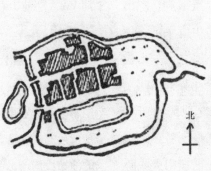

广东东莞新楼村

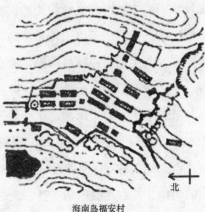

海南岛福安村

图 4-12 适应农业生产需要的聚落模式

感觉，以及作为方向，节令，风向和星宿的象征主义。"中国古代"天人感应"的自然观对城市规划思想有很大影响，如天、地、日、月及春、夏、秋、冬四季，天文星象，珍禽异兽等均在城市布局和周围环境上有所体现。人们通过赋予自然环境和聚落一定的人文意义，来达到使聚落（或建筑）与自然环境结为有机整体的目的。根据中华建筑文化理念的要求，传统城市、村落、住宅在选址布局时与四神（兽中四灵）的配置有着密切关系。

郭璞在《葬经》一文中形容四神的神态："玄武垂头，朱雀翔舞，青龙蜿蜒，白虎驯俯。"一般位置为："左为青龙，右为白虎，前为朱雀，后为玄武。"

四神的方向主要依据主体地形的形势来判断。以台湾恒春县城选址为例，首先考察城址与周围环境的关系并找出相应的四神代表。"三台山，在县城东北一里，为县城主山……即县城之玄武也""龙銮山，在县城南六里，堪舆为县城青龙居左""虎头山，在县城北七里，堪舆为县城白虎居右""西屏山，在县城西南五里，正居县前，如一字平案……为县城朱雀。"除了以上四山之外，为了照顾县城西北方向的中华建筑文化环境理念，还将位于车城海边的龟山，指定为屏障。"龟山……县城四方，乾兑为鳔，得此屏障之。"建城时还将猴洞山围进城的西部，作为城的主山或坐山（一般作为城内县署或文庙等主要建筑的坐山或靠

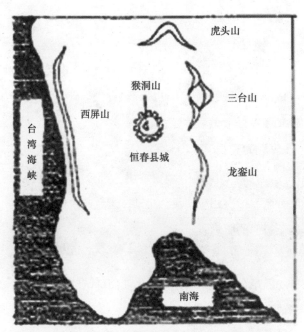

图 4-13 台湾恒春县城与四山（四神）位置示意

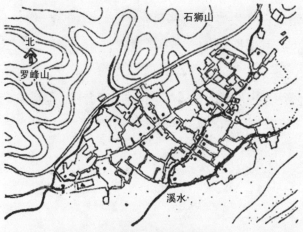

图 4-14 皖南黟县西递村总平面图

山，表现出地灵人杰的思想）。这种围进城内的小山又被看成是将周围龙脉引入城内的证明，实际起到一种内聚中心的标志作用（图 4-13）。

安徽省黟县西递村，从村落选址中也可以看到中华建筑文化环境理念的影响（图 4-14）。据明代嘉靖刻本的《新安民族志》记载：（西递村）"罗峰高其前，阳尖障其后，石狮盘其北，天马霭其南，中有二水，环绕不之东而之西……"

在传统村落中，人与环境的作用一般通过住宅这个中间环节加以联系，民间习俗约定：环境的好坏决定住宅的吉凶，而住宅的吉凶又关系到人的身心健康及命运。因此，住宅环境的选择具有重要意义。

对民间建宅影响很大的中华建筑文化著作《阳宅十书·宅外形第一》提出理想的住宅环境："凡宅，左有流水谓之青龙；右有长道谓之白虎；前有污池谓之朱雀；后有丘陵谓之玄武，为最贵地。"（图 4-15）传统聚落中有许多这方面的例子。如浙江余姚后街村的住宅，就基本满足了与四神相应的要求。对于聚落居民来说，养殖用的水池，丘陵上的竹木，洗涤用的流水，方便的交通都具有实际的生产生活价值。这种理想的住宅环境正是对生活需要的理论升华。

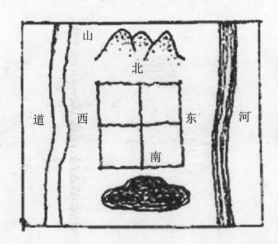

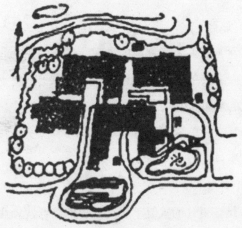

图 4-15 四神相应的住宅位置

⑤ "退隐田园""放啸山林"的传统思想对于寻求理想的聚落环境也起了一定的影响作用。

中国古代缺乏系统的城市规划理论，实际担负这方面责任的是完善的政治、建设制度和中华建筑文化、阴阳五行观念的结合。中华建筑文化将民间习俗作为一种潜在的文化背景，对聚落和住宅选址都产生了巨大影响，保证了聚落与自然环境结成有机整体。总结研究这些观念思想，可以帮助我们深入探讨城市、村落、建筑与环境的密切关系，全面了解产生中国聚落构成的源泉思想。将会促进对于传统城市、村落的合理保护和改造并为现代的城市规划和建设提供借鉴。

4.4.2 中华建筑文化在理想环境景观轴线组织中的作用

中华建筑文化的理想环境景观极为重视中轴对称，均衡稳定，因此，在理想环境景观中的空间系列组织实质上就是强调轴线的布置，根据中华建筑文化地形之所在，乘势随形而定，力求与山川相结合。

轴线的经营，应根据中华建筑文化地形之所在，乘势随形而力求与山川相结合。主要应该讲究序列、对景、框景、过白与夹景等的起伏曲折，才能创造出有机和谐、表情充沛、气势雄伟、沉静肃穆的景观艺术环境。

（1）序列

把多种形式和不同规模的景观，以准确相宜的尺度和空间组织在一条轴线上，形成顺序展开、富于视觉变化的空间群体，序列安排相宜。"千尺为势，百尺为形"，则长不觉繁，短不觉简，步移景异，印象逐步加深。

（2）对景

也是轴线设计的重要手法，可避免观者按轴线行进过程中的枯燥、呆板、乏味之感觉，并可形成阶段感。

（3）框景

就是利用券洞口、门窗洞、柱枋、构架或树木组成框边，把景色框限在内，形成优美画面。这一点在轴线设计上尤为重要。

（4）过白

即在框景画面中必须留出一部分天空，借以纳阴补阳、虚实相应、灵活生动，避免产生郁闭堵塞、密不透气的感觉。

（5）夹景

就是利用树木、建筑、山峦将广阔的视野夹住，形成有质量的画面。

4.4.3 中华建筑文化的理想环境景观要素

按照中华建筑文化理念对环境进行勘察和营造，包含着八大理想环境景观要素。

（1）以龙脉为背景，重峦叠嶂

主山后有少祖山及祖山，重峦叠嶂，形成多层次的主题轮廓，使得景观具有丰富的深度感和距离感（图4-16）。

图4-16 以主山为背景、以水抱为前景的景观效果示意图

（2）以护砂为配景，护砂拱卫

护砂拱卫，主次分明，使得主山更为突出，画面更为稳定端重。

（3）以水抱为前景，波光水影

聚落基址前面的河流、池塘，形成开阔平远的视野；而隔水相望，生动的波光水影构成了绚丽多姿的景象（图4-16）。

（4）以朝案为对景，层次丰富

朝山、案山作为聚落基址前面的对景、借景，构成聚落基址前方层次丰富的远景构图中心，使视线有所归宿，两重山峦，亦起着丰富景观层次感和深度感的作用（图4-17）。

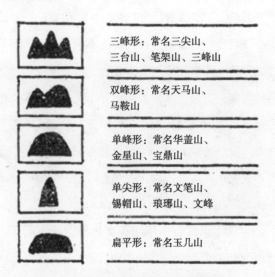

图4-17 对景山——朝山和案山的常见山形
（来源：《天津大学学报》1989年增刊）

（5）以水口为障景，作为屏挡

此法使得聚落基址内外有所隔离，形成空间对比，使得进入聚落基址后，会有豁然开朗、别有洞天的景观效果（图4-18）。

（6）以制高为主景，统一全局

以标志物制高点作为中华建筑文化地形之补充的人工建筑物和构筑物（如宝塔、楼阁、牌坊、桥梁等），常以环境的标志物、控制点（制高点）、视线焦点、构图中心、观赏对象或观赏点的形态出现，均具有独特的识别性和观赏性。如南昌的滕王阁，选址在"襟三江而带五湖"的临江要塞之地，武汉的黄鹤楼、杭州的六和塔等也都是选址在"指点江山"的造景和赏景的最佳位置。这些都说明中华建筑文化对建筑物和构筑物的设置与景观设计是统一考虑的。图4-19是根据中华建筑文化理论在山上建塔、水中建阁、河上建桥及修筑其他建筑。这些建筑形成景观构图中心或景点，成为聚落标志性建筑。

（7）以林木为美景，鸟语花香

多植林木，多栽花果树，作为保护山上及平坦地上的防风林和保护村口的古木大树，形成了郁郁葱葱的绿化地带和植被，不仅可以保护水土，调节温、湿度，创造良好的小气候，而且还可以构成鸟语花香、风景如画的理想景观。

图4-18 水口山及中华建筑文化塔的景观效果示意图
（来源：《天津大学学报》1989年增刊）

图4-19 中华建筑文化建筑形成聚落构成中心及景点示意图
（来源：《天津大学学报》1989年增刊）

（8）以调谐为造景，优美动人

调谐环境以入画。当山形水势有缺陷时，为了"化凶为吉"，通过修景、造景、添景等手法达到景观画面的完整协调。有时用调整建筑物出入口的朝向、街道平面的轴线方向等手法来避开不愉快的景观或前景，以期获得视觉及心理上的平衡。而变化溪水河流的局部走向、调谐地形、山上建塔、河上建桥、水中建墩等一类措施，虽为镇妖压邪之说，实际上却能修补景观缺陷和造景。大多成为一地八景、十景的重要组成部分，形成风景点，对营造环境景观起着极为积极的作用。

4.4.4 中华建筑文化理想环境景观的造型艺术特点

中华建筑文化盛行于世的一个重要原因，是中华建筑文化的卜吉是以"美"作为标准的。这一点，在中华建筑文化的经典著作中体现得十分明显。所以，中华建筑文化所追求的理想环境景观，通常都是符合美学原理的。正因为如此，在中华建筑文化的指导下，古人创造出了诸如北京紫禁城等许多具有中华民族文化特色的杰出古代建筑。

在造型艺术形态中蕴含着"雄""奇""险""幽""秀""奥""旷"七种形态层次美，其中的"雄""秀""幽""奥"最为突出。中华建筑文化理念典型的理想环境景观便以其中轴对称、主次分明；起伏律动、委婉多姿；山环水抱、围合界定和层次丰富、意境深远，形成了相对应"雄""秀""幽"和"奥"的四个造型艺术特点。

（1）中轴对称，主次分明

在中华建筑文化理念中，以主山（其后面的少祖山、祖山）——基址——案山——朝山为纵轴，以左肩右臂的青龙白虎为两翼，以河流溪水为横轴，形成上下、左右对称的理想环境景观格局，营造了端圆体正、雄伟端重、气象万千的理想环境景观。这展现了儒家中庸之道观念对中华建筑文化环境景观的影响，体现了"雄"的景观基本形态，形成了左右前后均衡平正，颇为稳定的美景。

在中华建筑文化理想环境景观体现以下几点：

1）均衡平正的稳重美

左右前后的均衡平正之美，这在美学中具有非常重要的意义。它给人的感受是安定、平稳。郭璞在《葬书》中所说的："龙虎抱卫，主客相迎""四势朝明""夫葬，以左为青龙，右为白虎，前为朱雀，后为玄武""支垄之止，平夷如掌"，以及管辂在《管氏地理指蒙》所说的"后卧前耸，左回右拱""小水夹左右，大水横其前"都给人以这种审美意向。

其中，"穴"的左边有龙砂（青龙），右边有虎砂（白虎），左右各有夹护的小水，是左右均衡；"穴"的前面有朱雀山、朱雀水，后有玄武山，是前后的均衡。当然，这种均衡，并不像景物与其倒影或宫廷建筑的布局那样取严格"对称"的形式，而是其左右、前后景观的大小、形象都不一定雷同。但是，由于景物距离远近不同，再加上穴场、明堂的平坦、开阔，则在视觉和感受上给人以均衡的美感。

古代北京城是中华建筑文化理念的杰出代表，明清两代的紫禁城布置在全城的中心位置，在南北中轴线上，皇城自南向北依次布置了天安门——端门——午门——太和门——太和殿——中和殿——保和殿——乾清门——乾清宫——神武门——景山万春亭——地安门。背靠景山，五峰丛立，中峰处在全城的中轴线上，又当南北两城墙之中，形成了全城制高点，使得全城堂堂正正，庄严而又匀称大方，极其壮观，令世人叹为观止。

由于中华建筑文化巧妙地将人文建筑与自然景观融为一体，其在建筑美学方面的意义得到了建筑学界的普遍认同。英国著名科技史专家李约瑟曾经非常惊叹明十三陵艺术成就的伟大。他说："皇陵在中国建筑形制上是一个重大的成就……它整个图案的内容也许就是整个建筑部分与风景艺术相结合的最伟大的例子。"他还称赞十三陵是"最伟大的杰作""在门楼上可以欣赏到整个山谷的景色,在有机的平面上深思其庄严的景象,其间所有的建筑都和风景融合在一起,一种人民的智慧由建筑师和建筑者的技巧很好地表达出来"。

中华建筑文化这种左右前后均衡的环境景观理念,影响并产生了造园艺术的"借景"效果。明代计成在《园冶》中说:"夫借景,林园之最要者也。如远借,邻借,仰借,俯借,应时而借。然物情所逗,目寄心期,似意在笔先,庶几描写之尽矣。"这里讲的是造园艺术,实质上就是中华建筑文化所讲究的龙虎、主次关系,远近不同,互为对景,所以,造园艺术的借景效果也就充分地发扬了中华建筑文化理想环境景观的美学理念。建筑历史园林专家陈从周教授在《建筑中的"借景"问题》一文中,曾对明孝陵和孙中山先生的中山陵的景观做过比较:"我们立方城(孝陵)之上,环顾山势如抱,隔江远山若屏,俯视宫城如在眼底。朔风虽烈,此处独无。故当年朱元璋迁灵谷寺而定孝陵于此,是有其道理的。反之,中山陵远望则显,露而不藏,祭殿高耸势若危楼。就其地四望,又觉空而不敛,借景从无,只有崇宏庄严之气势,而无幽深邈远之景象,盛夏严冬,徒苦登临者。二者相比,身临其境者都能感觉得到的。"又说:"再看北京昌平的明十三陵,乃以天寿山为背景,群山环抱,其地势之选择亦有独到的地方。"

的确,如果从前往后看,十三陵的每座陵园的背后都有重峦叠嶂作为背景,绿树浓荫中红墙黄瓦的殿宇楼台就像镶嵌在一幅山水画卷上一样,非常醒目、壮观。站在楼台之上远望,云雾之中四面青山,如黛如屏,碧水环绕,绿树丛丛,景致的确迷人。

2) 对比统一的和谐美

中华建筑文化的美学成就,还包含着环境景观对比统一的和谐美。不论何种艺术,都强调对比求统一,只有这样,才能形成艺术的和谐美。

所谓理想环境景观的对比,就是理想环境景观多样性和不统一性所形成的反差。这种反差,有形状的、大小的、色彩的以及意向上的种种不同。中华建筑文化中有关理想环境景观的山形水势有各种各样的要求,并由此形成了中华建筑文化格局在环境景观方面的差别。例如,玄武要"垂头",朱雀要"翔舞",青龙要"蜿蜒",白虎要"驯顺",这就是"穴"前后左右四个方向山脉形状和意向上的不同。又如,五星、九星等不同的星峰形势又反映出峦头形状的不同。水的流量有大小之别,走势有"之""玄"之异,从发源到流出水口,又有"未盛""大旺""相衰""囚谢"的不同水流态势。凡此种种都反映出了环境景观上的差别。

从理想环境景观美学的角度看,这种差别不仅是必要的,而且也是必需的。因为,没有差别而不统一,就会显得单调、乏味、平淡,缺少艺术的感染力。但是,有差别,而不统一,就会显得杂乱无章、零碎破乱,同样会缺少艺术感染力。

中华建筑文化理想环境景观的最佳模式,正是环境景观多样变化的高度统一。这种统一协调的效果,是通过明显的主次关系来实现的。以山为例,穴后的玄武山,与穴距离最近,在中华建筑文化堂局中又最为高大,因此处于主要的位置。其他砂山虽然有多种变化,但视觉上都要比玄武山低矮,因此,处于次要的位置。水也是这样,穴前的朱雀水是大水,因此是"主",左右两侧水流,都小于朱雀水,因此是"次"。有主有次,人们因此觉得它们是统一的。这种感觉,不仅体现在自然景观上,还尤其体现在自然景观和人文景观的关系上。

在建筑学中,最主要的、最简单的一类统一叫做简单几何形状的统一。"任何简单的、容易认识的几何形状,都具有必然的统一感,这是可以立即察觉到的。三棱体、正方体、球体、圆锥体和圆柱体都可以说是统一的整体，而属于这种形状的建筑物，自然就会具有在控制建筑外观的几何形状范围之内的统一。埃及金字塔陵墓之所以具有感人的威力，主要就是因为这个令人深信不疑的几何原理。同样，古罗马万神庙室内之所以处理得成功，基本上就是因为在它里面正好能嵌得下一个圆球这一事实。"

可是，建筑物很难都是这么简简单单地组织起来的，甚至在建筑中，简单的几何形状不大好派上用场。尽管如此，也还是需要统一。要做到这一点，有两个主要手法：第一，营建次要部位对主要部位的从属关系；第二，营建一座建筑物所有部位后细部和形状的协调。除此之外，还有一个能使外观取得控制地位的重要方法，那就是通过表现形式中的内在趣味，如高的外形比矮的更容易吸引视线；弯的外形比直的更令人注目；而那些暗示运动的要素，比那些处于静止状态的要素更富有兴味。

统一是古典建筑共同追求的一个美学目标，在中华建筑文化理念的影响下，中国人的建筑空间观念认为，建筑空间与自然空间不是对立的，而是互相融合的；建筑的节奏不是体现在个体的形式上，而是在空间的序列、层次和时间的延续之中，具有时空的广延性和无限性。要统一这样一种"无限"或"无尽"的空间，除了在轴线主次、庭院大小、屋宇高低等方面予以强调外，还有一种独特的方法是利用自然地貌（主要为山，有时也可以为水）来统一建筑群落。中华建筑文化上所说的"主山"即"镇山"，其功能正在于此。如北京的景山（明代时称万岁山），就是紫禁城的镇山。事实上，"主山"一词中的"主"，本身并不仅指该山在整个山系中居于首位，而且意味着它主导着山前的城市、村落或坟丘，并以其巨大的能量，为这些建筑群落提供统一的结构。

同样，古代的山水画也非常强调景物的多样化及其主次关系，借此达到对比中的和谐统一。例如，北宋郭熙在《林泉高致》中就说："山以水为血脉，以草木为毛发，以烟云为神采。故山得水而活，得草木而华，得烟云而秀媚。"又说："山水先理会大山，名为主峰。主峰已定，方作以次，近者、远者、小者、大者，以其一境主之于此，故曰主峰，如君臣上下也。"还说："大山堂堂，为众山之主，所以分布以次冈阜林壑，为远近大小之宗主也。其象若大君赫然当阳，而百辟奔走朝会，无偃蹇背却之势也。"而这正是中华建筑文化理论与绘画理论在山川自然的审美理念上一致之处。

3）高低错落的韵律美

所谓韵律之美，是指某种视觉元素成系统的重复出现。它们像音乐的音阶一样，形成有节奏、有规律的变化。理想的中华建筑文化格局中的山川、河流的布局就具有这种变化规律。

例如，四势山脉的高低错落变化就符合这一规律。穴后的玄武山由近而远，胎息山、父母山、少祖山，由低向高层层变化。穴前的案山、朝山，穴左右的蝉翼龙虎、正兴龙虎、大势龙虎也都是按照这一规律变化的。另外，龙虎砂山与左右的界穴之水，也是一层隔一层有规律的变化（图4-20）。

这些变化，使人感受到了美好的音韵旋律变化。这种变化，是通过视觉范围内的山峦层次变化而感觉出来的。中华建筑文化所描绘的理想环境景观，也是如同凝固的音乐，在山水林木的高低错落变化中，蕴含着音韵旋律的美感。

（2）起伏律动，委婉多姿

笔架式起伏律动的群山，玉带式委婉多姿的流水，极富柔媚生动的曲线美和屈曲蜿蜒的动态美，打破了对称构图的严肃性，使得景观画面更为流畅、生动、活泼。形成秀丽动人、山回路转的景观效果，展现出"秀"的环境景观艺术形态，构成了屈曲起伏、

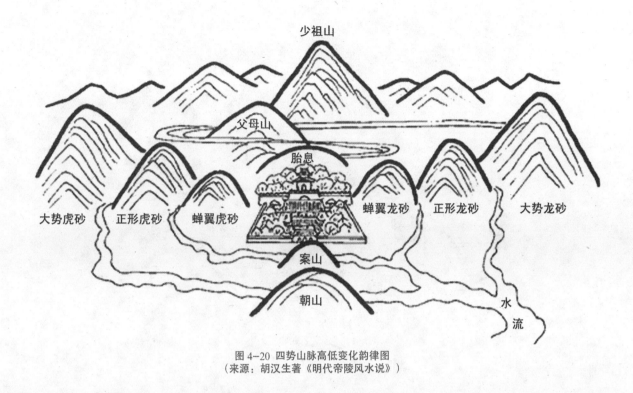

图 4-20 四势山脉高低变化韵律图
（来源：胡汉生著《明代帝陵风水说》）

生动活泼极富动态的美景。

起伏律动，委婉多姿是中华建筑文化中寻找龙脉的主要根据，也是中华建筑文化理想环境景观的组成要素。

孟浩在《形势辩》中称："观龙以势，察穴以情。势者，神之显也，形者，情之著也。非势无以见龙之神，非形无以察穴之情。故祖宗要有耸拔之势，落脉要有降下之势，出身要有屏障之势，过峡要有顿跌之势，行度要有起伏曲折之势，转身要有后撑前趋之势。或踊跃奔腾，若马之驰，或层级平铺，若水之波。有此势则为真龙，无此势则为假龙。"

起伏律动，委婉多姿是中华建筑文化中"觅龙"的主要原则之一。中华建筑文化之所以用"龙"来称呼山脉，乃在于取其仪态万方、曲折起伏、生动传神、富有生气，图 4-21 是龙脉流向图，图 4-22 是来自大巴山脉的蟠龙山系——阆中龙脉略图。中华建筑文化的这一原则不仅限于"觅龙"，在"察砂""观水"中也有同样的要求。缪希雍在《葬经翼·四兽砂水篇》中称："夫四兽者，言后有真龙来往，有情作穴，开面降势，方名玄武垂头，反是者为拒尸。穴内及内堂水与外水相辏，萦绕留恋于穴前方，名朱雀翔舞，反是者腾去。贴身左右二砂，名之曰龙虎者，以其护卫区穴不使风吹，环抱有情，不逼不压，不折不窜，故云青龙蜿蜒，白虎驯顺；反是者为衔尸，为嫉主。大要于穴有情，于主不欺，斯尽拱卫之道也！"

《水龙经·自然水法》中亦称："自然水法君切记，无非屈曲有情义。来不欲冲去不直，横不欲返斜不息。来则之玄去屈曲，澄清停蓄甚为佳……急泻急流财不聚，直来直去损人丁……屈曲流来秀水朝，定然金榜有名标……水法不拘去与来，但要屈曲去复回，三回五度转顾穴，悠悠眷恋不忍别。"（图 4-23）。

孟浩在《水法方位辩》中说："水法之妙，不外乎形势、性情而已。今以水之情势、宜忌其说于左：凡水，来之要玄，去要屈曲，横要弯抱，逆要遮拦……

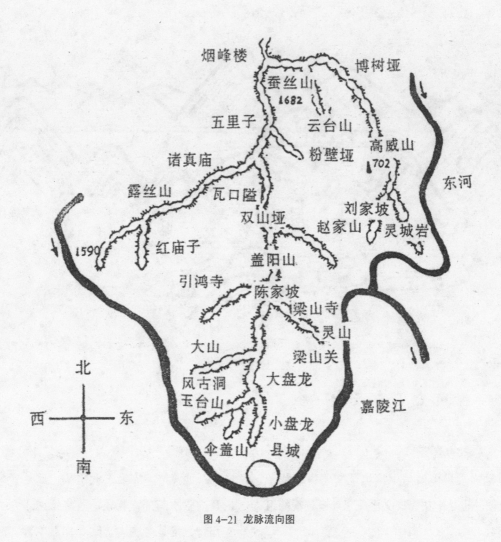

图 4-21 龙脉流向图

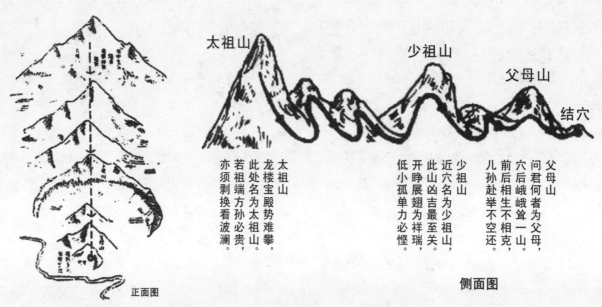

图 4-22 来自大巴山脉的蟠龙山系——阆中龙脉略图

图 4-23 四川盆地上的水龙

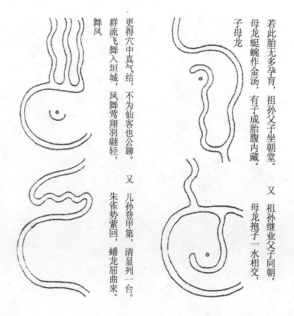

图 4-24 《水龙经》吉水格局

合此者吉，反此者凶。明乎此，则水之利害昭昭矣。"（图 4-24）

黄妙应在《博山篇·论砂》中认为："砂关水，水关砂。抱穴之砂关元辰水，龙虎之砂关怀中水，近案之砂关中堂水，外朝之砂关外龙水，圈圈环抱，脚牙交插，砂之贵者，水之善者。"砂水之形互相比附，故论砂即如论水。而水和气的关系犹如母子："水者，气之子；气者，水之母。气生水，水又聚注以养气，则气必旺；气生水，水只荡去以泄气，则气必衰。"如同为人子者必须敬老、爱老、养老。中华建筑文化中的"水"也必须保气、养气、护气、关气。由于其功能在于保护、守卫和关防，又似于城墙，所以穴前的界水在中华建筑文化上也称为"水星"，或者"水城"。

《玉髓经》曰："抱坟婉转是金城，木似牵牛鼻上绳。火类倒书人字样，水星屈曲之玄形。土星平正多沉汪，更分清浊论音声。""水城"有金、木、水、火、土五种基本类型：金城弯环，水城（指水形水城）屈曲，土城平正，火城尖斜，木城直撞。其形状分别见图 4-25 水城图所示。

在五种"水城"中，金形、水形和土形三种皆吉，这不仅在于它们弯环如弓，更在于它们和穴山之间拥抱有情。而木形、火形则凶，这主要因为："夫水屈曲来朝，斯为吉也。若木形、火

金形水城

木形水城

水形水城

火形水城

土形水城

图 4-25 水城示意图

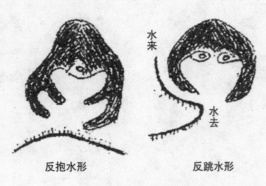

反抱水形　　　　　反跳水形

图4-26 水城凶格示意图

形水城，当胸直撞，则冲散堂气，必有破家荡业之凶。"

图4-26水城凶格所示的两种水形就徒具吉形却无真意。遇到这两种情况，如果龙脉、穴位和其他方面，都合乎要求，那么一般可用人工方法进行适当地调谐。

不论是山还是水，中华建筑文化都特别强调屈曲起伏的"动"感所构成的动态美。唐代曾文迪在《青囊序》中称："先看金龙动不动，次察血脉认来龙。"杨均松在《青囊奥语》曰："动不动，直待高人施妙用……第八裁，屈曲流神认去来。"《九天玄女青囊海角经》称："龙喜出身长远，砂喜左右回旋。"《青乌先生葬经》云："山顿水曲，子孙千亿；山走水直，从人寄食……九曲逶迤，准拟沙堤；气乘风散，脉遇水止；藏隐蜿蜒，富贵之地。"《管氏地理指蒙》云："山则贵于盘礴，水则贵于萦迂。"郭璞在《葬书》中强调："地势原脉，山势原骨，委蛇东西，或为南北……势顺形动，回复始终，法葬其中，永吉无凶……上地之山，若伏若连，其原自天。若水之波，若马之驰，其来若奔，其止若尸……势如万马自天而下，其葬王者；势如巨浪、崇岭叠嶂，千乘之葬；势如降龙，水绕云从，爵禄三公。"这些论述都充分阐述了山、水平面的走势要有曲折，立面的形状要有起伏，这样才能生旺之气。明清两代的北京城，其布局中的水、

陆两条龙就充分展现了水龙的平面曲折和陆龙的立体起伏。

中华建筑文化这种利用景物的平面、立面的曲线变化达到审美要求的方法，是非常符合美学原理的。例如，绘画艺术采用的就往往是"S"形构图方式。园林建筑中的"曲径通幽"，也是通过路径的曲线设计实现的。曲线设计之所以会给人以美感，是因为曲线给人以"动"的感觉。这种感觉与直线所呈现的"静"感是截然相反的。另外，立面曲线与平面曲线相结合，还会出现景观"掩映"的神奇效果。所谓"掩"，就是一些景物全部或局部被遮挡、掩盖住；所谓"映"，就是因为光线的照射显现出景物的形象。掩映的方式，有全掩全映，有半掩半映，不论哪种掩映方式，只要有掩有映，景物的层次感就会得到加强，更富韵味，变化就会更加丰富，并可由此产生出耐人寻味、引人入胜的艺术震撼力。这正如《九天玄女青囊海角经·结穴》所说的："丹青妙手须是几处浓，几处淡，彼此掩映，方成佳景。"

(3) 山环水抱，围合界定

群山围绕，流水环抱，自有洞天，使得这相对围合封闭、远离人世的"世外桃源"形成了柳暗花明、回归自然的景象，正与道家的"天人合一"、佛家的"转世哲学"、陶渊明的"乌托邦"社会理想和艺术观点以及士大夫的隐居思想有着密切的联系，展示了"幽"的环境景观艺术形态，形成了山环水抱、别有洞天、独特幽雅的美景。不管客观的时空多么的无限，多么的开放，但人类可感知或已感知的时空却必然是有限的和闭合的。这种有限性和闭合性渗透在人类的一切意识形态中。在中华建筑文化上之所以要求前有朝案，后有靠山，左有龙砂，右有虎砂，原因之一，就是为了在无法审视、不可把握的无限空间中闭合出一方可把握、可感知、可审视、可亲近的有限天地来。

闭合空间，标定界限，是龙砂、虎砂的主要美学功能，而其所以能够给人一种美的享受，就在于它们可以产生一种均衡界定的效果。

中华建筑文化的峦头就兼有这种均衡界定的效果。然而，最能造成均衡界定感的，主要还是龙砂、虎砂，图4-27为"驻远势以环形""聚巧形而展势"示意图。由于它们在视野的左右两端，强有力地标上了封闭的界限，这样，就会让人们得到滞留和停息，从而进入审美意境，获得一定程度的满足和愉悦。

在中华建筑文化上，理想环境景观的均衡界定图式是"龙虎正体"，其特征为：龙虎之砂均出于穴山两旁，左右对称，齐来相抱。然而这种图示在自然界并不多见，更多的倒是非对称的均衡围合界定图

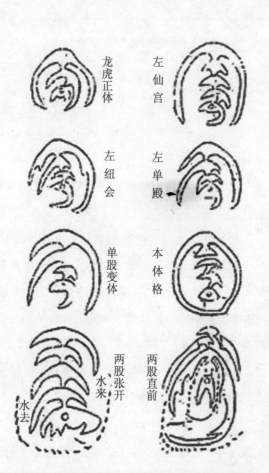

图4-27 "驻远势以环形""聚巧形而展势"示意图

示，如"左、右仙宫""左、右单股""左、右纽会""单股变体"以及虽对称却不弯抱穴位因而也难以闭合空间的"两股直前""两股张开"等。图4-28为龙砂、虎砂关系图，这些图示的含义分别如下：

"左、右单股"——龙砂和虎砂均由穴山两旁生出，一股向前，一股缩后。其中龙砂长者，成为左单股，虎砂长者，成为右单股。

"单股变体"——一般由穴山本身生出，一股又外山相配。

"左、右仙宫"——龙砂环抱，虎砂短缩，或虎砂环抱，龙砂短缩。

"左、右纽会"——龙腿抱过虎脚，或虎腿抱过龙脚。

"本体格式"——穴山本身无龙砂、虎砂生出，于是假借隔水两边的远山为用。

"两股直前"——两股虽长，却不弯抱，而借外山横拦于前。

"两股张开"——又名"张山食水"，指龙虎两股呈钝角张开。

上述的"左、右单股"及其变体、"左、右纽会"、"左、右仙宫"，虽然一先一后，一长一短，一亲一疏，不对称"而有偏枯之病"，但是它们毕竟通过与外山取得平衡而能成"收水之功"，所以也被堪舆家视同正体。

"本体格式"本身干脆无龙虎收水，然而峦头端下，浑元一气，犹如大贵之人袖手端坐，而前后左右无不拥从拱卫。并且借外山来做龙虎，则外来众水必聚归当面，这样，穴得外气也多，力量也更重，所以也被堪舆家视作大吉之形。

至于"两股直前""两股张开"等图示，就略逊一筹。它们前面若有外山拦阻，尚可将就；否则，就可能"凶多吉少"。其原因据说是如此这般会造成内气外泄。其实，更客观的原因可能在于这些图示没有将空间完全围合起来，从而不能充分地给人以安全

1. 缺乏背景，空间弥散，冷漠无情，建筑孤独，缺少感染力。

2. 后龙使背景空间产生敛聚性，收束视线，有较好的感受效果。

3. 两翼砂山使建筑环境空间敛聚性更强，环抱有情，也呈"聚巧形而展势"，空间感受效果更趋完善。

图 4-28 龙砂、虎砂关系图
（来源：高友谦著《中国风水文化》）

感、美感和肯定感。

标定界限、围合空间是龙砂、虎砂的主要功能，在一定条件下，只要完成这些功能，即使用界水来替代龙砂或虎砂中的某个也未为不可："水来之左，无龙亦可；水来之右，无虎亦裁。"这就是说，天龙砂者则要水绕左边；无虎砂者，则要水缠右畔。如此，同样可以收到山水环抱围合界定的效果。

（4）层次丰富，意境深远

主山后的少祖山、祖山，案山外的朝山，青龙白虎的内外护山，构成了重峦叠嶂的环境景观层次，颇富空间变换的深度感。这种理想的中华建筑文化格局，在环境景观上正符合中国传统绘画理论在山水画构图技法上所提倡的"平远、深远、高远"等意境和鸟瞰透视的画面效果，凸显出"奥"的理想环境景观艺术形态，生成了诗画情趣，意境深远、令人陶醉的美景。

层次丰富，情景交融所形成的中华建筑文化理想环境景观的又一诱人的特点。中华建筑文化对景物的审视往往是采用比拟的"喝形"方法，赋予景物以一定的含义或情感，使其达到一种带有特殊理念的艺术境界。

在中华建筑文化中，每一座宅舍或每一处聚落，都有一个核心点。这个核心点就是"穴"。穴有吉凶之分，吉穴的标志是有生气，而生气的来源则是穴后的龙脉。基于这样的一种认识，龙脉便在该中华建筑文化格局中占有主导的地位，成了地位最高的"君"。有"君"必有"臣"，周围的砂、水便成了"臣"。

这也就是《九天玄女青囊海角经头陀纳子论》所说的："龙为君道，砂为臣道。君必位乎上，臣必伏乎下。垂头俯伏，行行无乖戾之心；布秀呈奇，烈烈有呈祥之象。"于是，龙砂、虎砂、朝山、案山必须抱卫来龙，呈拱揖之象；水流也必须在穴前屈曲抱合。这种抱合朝揖的向心意象使本来没有思想情感的山山水水，通过人为的想象，情景交融，就好像一个小朝廷或一个大家庭一样，反映出了尊卑有序的纲常伦理观念。中华建筑文化通过喝形，更是把自然景观和各种优美的词汇相联系，以传神之笔勾画出不同的意境来。

至于皇帝的居所，其理想的环境景观模式更为集中在天星方位的讲究上，强调具备天上紫薇垣、天市垣、太微垣和少微垣四大星垣的特征。龙、穴、砂、水都必须非常完美，借以展现帝王君临天下的雄伟壮丽之气势。

北京作为古代的都城，在环境景观上蕴含着这样的意境美。

(a)

(b)

(c)

图4-29 清代绘画中的村落意境——"小桥、流水、人家"
(a) 樊圻《茂林村居图轴》（局部）；(b) 吴宏《拓溪草堂图轴》（局部）；(C) 清吴伟业《桃源图卷》（局部）

北京，古称冀都。南宋大儒朱熹《朱子语录》说："冀都天地间好个大中华建筑文化！山脉从云中发来，前面黄河环绕，泰山耸左为龙，华山耸右为虎，嵩山为前案，淮南诸山为第二重案，江南五岭诸山为第三重案，故古今建都之地，皆莫过于冀都。"通过这样的联想，北京古城便巧妙地让人感觉到是正处在苍茫宇宙的中心。

在中华建筑文化理念熏陶下的中国传统聚落更是营造了耐人寻味、意境深远的理想环境景观。

传统聚落环境景观的意境主要体现在其立足自然、因地制宜，营造耐人寻味、优雅独特、丰富多姿的山水自然环境，传统聚落所处的自然环境在很大程度上决定了整个聚落的整体景观，特别是地处山区的聚落或者依山傍水的聚落，自然环境对于聚落景观的影响尤甚。一些聚落虽然本身的景观变化并不丰富，但是作为背景的山势，或因起伏变化而具有优美的轮廓线，或因远近分明而具有丰富的层次感，从而在整体环境景观上获得良好的效果。作为背景的山，通常扮演着中景或者远景的角色。作为远景的山十分朦胧、淡薄，介于聚落与远山之间的中景层次则虚实参半，起着过渡和丰富层次变化的作用，不仅轮廓线的变化会影响到整体环境景观效果，而且山势起伏峥嵘以及光影变化，也都在某种程度上会对聚落的整体环境景观产生积极的影响，中景层次有建筑物出现，其层次的变化将更为丰富。这种富有层次的景观变化，实际上是人工建筑与自然环境的叠合。还有一些聚落，尽管在建造过程中带有很大的自发性，但是有时也会或多或少的掺入一些人为的意图，如借助某些体量高大的公共建筑诸如塔一类的高耸建筑物，以形成所谓的制高点，它们或处于聚落之中以强调近景的外轮廓线变化，或点缀于远山之巅以形成既优美又比较含蓄的天际线。这样的聚落如果背山面水，还可以在水下形成一个十分有趣的倒影，而于倒影之中也同样呈现出丰富的层次和富有特色的外轮廓线。坐落于山区的聚落，特别是处于四面环山的，其自然景色随时令、气象，以及晨光、暮色的变化，都可以获得各不相同的诗情画意的意境美（图4-29）。

5 弘扬乡村园林的乡村公园

5.1 传统乡村园林景观的丰富内涵

　　城镇是介于城市与村庄之间的一种中间状态，是城乡的过渡体，是城市的缓冲带。城镇既是城市体系的最基本单元，同城市有着很大的关联，同时又是周围乡村地域的中心，比城市保留更多的"乡村性"。

　　在工业社会随着城镇化进程的加剧，尤其是不合理地改造自然和开发利用自然资源，造成了全球性的环境污染和生态破坏，对人类生存和发展构成了现实威胁。人类生活开始领受大自然的惩罚，各种人居环境的不适与灾难逐步降临。回归自然，与自然和谐相处成为现代人们的理想追求，传统聚落乡村园林景观的弘扬和发展便成为人们关注的热点，村镇聚落的自然园林景观深受人们的青睐。

　　在中国传统优秀建筑文化的熏陶下，"天人合一"的宇宙观造就了立足自然、因地制宜、独具特色的乡村园林，为独树一帜的中国古典山水园林的形成奠定了理论基础。借鉴乡村园林的成功经验，运用现代生态学的理念，依托乡村的优美自然环境和人文景观，集山、水、田、人、文、宅于一体，开发创意性生态农业文化，把乡村的一草一木、山水树石都进行文化性的创作，使其实现乡村的产业景观化，景观产业化，创建乡村公园，开发各富特色的休闲度假观光产业，吸引广大的城市居民和游客，提高农民的自身价值，

是促进城乡统筹发展，推进城镇化，带动城镇蓬勃发展的一条有效途径。

5.1.1 传统聚落乡村园林景观的发展背景

　　中国"聚落"一词，起源颇早，《史记·五帝本纪》记载："一年而所居成聚，二年成邑，三年成都。"注释中称："聚，谓村落也。"《汉书沟恤志》记载："或久无害，稍筑室宅，遂成聚落。"

　　（1）传统聚落乡村园林景观发展的历史形态

　　村镇聚落不同于城市，它的形成往往要经历一段比较漫长的、自发演变的过程，这个过程既无明确的起点，也没有明确的终点，所以他一直是处于发展变化的过程之中。城市则不同，虽然它开始的阶段也带有某种自发性，但一经跨进"城市"这个范畴，便多少要受到某种形式的制约。如中国历代都城，他们都不可避免地要受到礼制和封建秩序的严重制约，从而在格局上必须遵循某种模式。而且城市通常以厚实的城墙作为限定手段，使城的内外分明，这就意味着城市的发展是有一个相对明确的终结。

　　村镇的发展过程则带有明显的自发性，除少数天灾人祸所导致的村镇重建或易地而建，一般村落都是世代相传并延绵至今的，而且还要继续的传承下去。也有特殊的状况出现，即由于村镇发展到一定规模，由于受到土地或其他自然因素的限制，不得不寻

觅另一块基地以扩建新的村落，这就使得原来的村落一分为二。这就表明，村镇的发展虽然没有明确的界限，但发展到一定阶段也会达到饱和的限度，超过了这个限度再发展下去就会导致很多不利的后果，最直接的就是将相同血缘关系的大家族被迫分割开来。在一个大家族中，也会不可避免地发生各种各样的矛盾与冲突，这种矛盾一旦激化同样会导致家族的解体，即使是在封建社会受封建制度禁锢的大家族中。所以伴随着分家与再分家的活动，势必要不断地扩建新房，并使原来村落的规模不断扩大。基于以上的分析得出，传统聚落的发展是带有很强的自发性的。如今的发展则不全然是盲目的，还要考虑到地形、占地、联系、生产等各种显示的利害关系，但对这些方面的考虑都是比较简单而直观的。加之住宅的形制已早有先例——内向的格局，所以人们主要考虑的还是住宅自身的完整性。至于住宅以外，包括住宅与住宅之间的空间关系都有很多灵活调节的余地。可是由于人们并不十分关注于户外空间，因而它的边界、形态多出于偶然而成不规则的形式。此外，人们为了争取最大限度地利用宅基地，常常会使建筑物十分逼近，这样便形成了许多曲折、狭长、不规则的街巷和户外空间。加之村落的周界也参差不齐，并与自然地形相互穿插、渗透、交融，人们可以从任何地方进入村内，而没有明确的进口和出口。凡此种种，虽然在很大程度上出于偶然，但却可以形成极其丰富多样的景观变化。这种变化由于自然而不拘一格，有时甚至会胜过于人工的刻意追求。另外，这种情况也启迪我们：对于村镇景观的研究，其着眼点不应当放在人们的主观意图上，而应重在对于客观现状的分析（图 5-1～图 5-7）。

（2）传统聚落乡村园林景观发展的现状

在当今社会，经济结构的深刻变化给传统村落的发展施加了很大压力。农村产业结构的变化带来了劳动力的解放，大量农业人口奔向城市，使许多用房闲置无用，任其败落，老建筑因年久失修，频频倒塌，原来对村落起重要作用的村落景观也无人问津。农村产业结构的变化带来了农村经济的发展，但是在产量迅速提高及生产合理化的同时，消耗了越来越多的自然资源。为城市服务的垃圾站、污水处理厂、电站等也破坏了乡村的生态环境和景观特色，降低了乡村的生活质量。

这种现象在农村已相当普遍。由于更新方式不当，许多地区从前那种令人神往的田园景观、朴实和谐的居住氛围一去不复返了。传统聚居场所逐渐被由水泥和砖坯粗制滥造的新民房所侵占。这不仅是当地居民生存质量的危机，也是乡土文化濒于消亡的危机。所以人们渴望回归自然，传统聚落的自然园林景观越来越成为人们的理想追求（图 5-8）。

图 5-1 浙江省庆元县交通闭塞的大济古村落

图 5-2 浙江省绍兴市越城区尚德当铺侧面

图 5-3 江西省萍乡市桥头村总体布局图

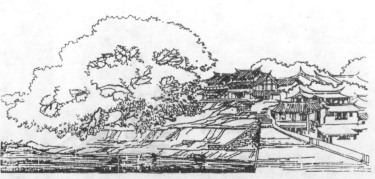

图 5-4 江西省萍乡市桥头村村口透视图

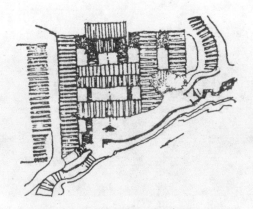

图 5-5 江西省萍乡市桥头村水边住宅平面示意

图 5-6 江西省萍乡市桥头村水岸效果图

图 5-7 江西省萍乡市桥头村水边住宅效果图

图 5-8 安徽省黄山市南屏村古民居

图 5-9 福建省龙岩市竹贯村朴素淡雅的民居

5.1.2 传统聚落乡村园林景观的布局特点

由于不同地区、不用地形、不同性质和不同规模的村镇都有其不同的形式特点，所以要加以区别的来论述它们的布局形式和景观特点。

（1）公共性

这种根植于村镇聚落的园林景观，没有封闭的小桥流水格局，也没有堆筑的假山。大多数是呈现为开放、外向、依借自然的园林形成，如水乡即呈现为水景园林形式。便于居民游憩、交往，又能与周围自然环境相呼应，为村镇聚落平添了诗情画意。与通常的传统古典园林相比，公共性是我国传统聚落园林景观最为突出的特点之一（图5-9、图5-10）。

（2）地域性

由于社会经济、历史文化、自然地理条件和民情风俗所形成审美观念的差异。使得我国传统聚落的园林景观表现出极为鲜明的地方特色。我国的园林创作自古以"师法自然"为基础，在模仿中进行创作，讲究"虽为人作，宛如天开"。广阔美丽、各式各样的自然环境，便为传统聚落的园林景观创作提供了良好的天然条件。同时，地域性还表现在其就地取材和建筑造型及色彩的运用上，力求协调和谐，以展现其优美的田园风光和浓郁的乡土气息（图5-11）。

图 5-10 村镇建筑前的公共广场

（3）文化性

耕读文化在中国传统文化中具有普遍的道德价值趋向，是古代知识分子陶冶情操、追求独立意识的精神寄托，营造育人的环境，以明确的中国哲学理想信念为目标，以"伦理""礼乐"文化为核心，建立人生理想、人生价值、道德规范和礼乐文化活动的精神文化环境体系。许多空间节点成为人们社交、教育及娱乐的活动中心。这种园林景观的建设，使其成为平民百姓子弟通往成功、地位、财富的大道。很多传统都将公共园林作为整个聚落的有机组成部分。充分体现了在以"耕读"为本的传统小农经济体制下，人们对"文运昌盛"的追求（图5-12、图5-13）。

清光绪三内都图

图 5-11 浙江省青田乡阜山乡历史地图

图 5-12 浙江省湖州市南浔镇张石铭旧居

图 5-13 浙江省绍兴市咸亨酒店

（4）实用性

传统的村镇聚落营造园林景观目的，不仅是为了满足审美的需要，同时还具有较强的功能性和实用性。轻巧、灵活、古朴、粗犷的园林景观没有任何的

矫揉造作，就地取材甚至不加修饰。在园林景观的营造上；与人们生活、生产等使用功能相关联。如水体直接与农耕生产结合，穿村而过的溪流更是人们日常洗刷的重要场所（图5-14、图5-15）。

图 5-14 棠樾古牌坊周边的稻田

图 5-15 云南省丽江古城的水系

（5）整体性

传统聚落的园林景观还有一个突出的特点，即整体性。村镇聚落的环境创造尊奉传统的"整体思想"和"和合观念"。表现出整个聚落与自然山水紧密联系"天人合一"的传统环境理念；在园林景观的营造中，表现在园林景观营造的人与自然和谐共生，想方设法在有限空间中再现自然，令人感到小中见大的空间艺术造型效果。同时也表现在园林景观的选址与整个聚落的相协调上。园林景观是村镇聚落的有机组成部分，两者相互融合、相得益彰。使得村镇聚落从选址到建设，均特别注重与周边自然环境的结合，展示了人们对未来良好生活的期待。园林景观的选址也都纳入聚落的统一规划之中，与整个聚少融为一体，各种类型的景观环环相扣，路随溪转，溪绕村流，柳暗花明，形成了很多令人叹为观止的村镇聚落建设与园林景观理水、造景于一体的典型范例（图 5-16、图 5-17）。

图 5-16 浙江省嘉兴市乌镇

（6）永恒性

崇尚自然，以自然精神为聚落环境创造的永恒

图 5-17 安徽省黄山市宏村

主题,以自然山水之美诱发人的意境审美和生活愉悦;以自然的象征性寓意表达人的理想、情趣;以自然的品质陶冶情操、培养德智,构建充满自然审美与自然精神的环境文明,在形式上讲究整体性和秩序性,讲究"因地制宜、师法自然、天人合一",追求真正

图 5-18 环境优美的浙江省丽水市古村落

与自然环境和谐统一,创造可持续发展的宜人环境(图5-18、图5-19)。

(7)参与性

在中国传统的自然观、哲学观念的影响下,广大群众发挥智慧创造和参与共建活动,建设充满情感的家园。在视觉形象上,借助传统的环境观、风水观和艺术观,造就了理想的模式,其形态、色彩及细部的装饰都衬出当地的建筑特色、民俗特色和文化传承特色,凝聚了广大劳动人民的智慧和创造力。

隐喻自然形态的乡村园林景观也不少见。最出名的例子应该是安徽黟县的宏村。图 5-6 是安徽省黄山市黟县宏村平面图。宏村是个"牛形"结构的古村落,全村以高昂挺拔的雷岗山为牛头,苍郁青翠的村口古树为牛角,以村内鳞次栉比、整齐有序的屋舍为牛身,以泉眼扩建形如半月的月塘为牛胃,以碧波荡

图 5-19 浙江省湖州市南浔镇小莲庄

漾的南湖为牛肚，以穿堂绕户、九曲十弯、终年清澈见底的人工水圳为牛肠，加上村边四座木桥组成的牛腿，远远望去，一头惟妙惟肖的卧牛在青山环绕、碧水涟漪的山谷之间跃然而生，整个村落在群山的映衬之下展示出勃勃生机，真不愧是牛形图腾的"世界第一村"，理所当然要列入《世界文化遗产名录》。宏村祖辈们"阅遍山川，详审网络"尊重自然环境的文化修养，以牛的精神、以牛行结构来规划村落布局，展现村落的精神追求（图 5-20 ～图 5-22）。

人称八卦村的浙江省兰溪市诸葛村是一个九宫八卦阵图式规划建设的村庄。从高处看，村落位于八座小山的环抱中，小山似连非连，形成了八卦方位的外八卦；村落房屋成放射状分布，向外延伸的八条巷道，将全村分为八块，从而形成了内八卦；圆形钟池位于村落中心，一半水体为阴，一半旱地为阳，恰似太极阴阳鱼图形。整个村落的乡村园林布局曲折变换，奥妙无穷（图 5-23 ～图 5-26）。

图 5-20 具有典型徽派建筑特色的宏村建筑群

图 5-21 宏村街巷中人们的生活气息

图 5-22 宏村街巷的建筑空间

图 5-23 诸葛村内部的八卦阵

图 5-24 诸葛村里的弄堂

图 5-25 诸葛村里的钟池

图 5-26 诸葛村的建筑之一

5.1.3 传统聚落乡村园林景观的空间节点

为了更清楚的说明传统聚落的景观空间形态，下面对其中的空间节点要素加以具体的分析。

（1）水口

水口是一种独特的文化形式。水口从字面意义上看是"水流的入口"，其实在传统聚落中，它是一个入村的门户，是一个地界划定的标志。水口在传统观念中是水来处为天门，将门—水口喻为"气口"，如人之口鼻通道，命运攸关。故古人对水口极为重视，既需险要，又需关气，以壮观瞻，一般水口间常有大桥、林木、牌坊等。

水口有着与众不同的成因，它的艺术特色、环境布局、空间组织、建造管理都与中国古代各种传统流派的园林有较大的差别。水口地处村头，依山傍水，其地形地势绝大多数为真山真水，少有雕琢，所谓"天成为上"，这正是人与聚落、自然与山林有机结合的最佳位置，空间开放。在传统的村镇聚落中，村口虽多为私人出资，但却无墙无篱笆，视线开阔，空间通透，内涵丰富。水口的选址布局遵循风水理念，更有儒家思想、传统形制。水口之一放，成为公众游憩休闲的场所，也是乡人迎亲送客的必经之地（图5-27、图5-28）。

（2）桥

依山面水是中国传统聚落选址的重要依据，即便是在平坦的水网地里，虽无山可依，但亲水、临水即是必然的选择。因此无论在山区或平原，桥是沟通聚落与外界联系不可缺少的重要途径，它的结构简单

图 5-27 福建省龙岩市万安镇竹贯村的水口

图 5-28 安徽省黄山市唐模村水口亭

图 5-29 竹贯村水口的拱桥

图 5-30 竹贯村溪流上的拱桥

图 5-31 山东省莱芜市某山村排洪沟的桥

图 5-32 洋畬村口水池上的景观桥

图 5-33 福建省南靖县书洋镇塔下村的桥

图 5-34 书洋镇塔下村自然石汀步桥

图 5-35 竹贯村风雨桥亭

实用，造型轻巧灵活。因此，除了主要起交通组织的作用外，还在村镇聚落的景观中起着重要的作用，桥连同它的周围环境，通常也是富含诗情画意，因而成为村镇聚落的重要空间节点（图 5-29 ~ 图 5-34）。

（3）桥亭

有桥的地方，往往在桥中间设桥亭。除了作为过往行人避雨、乘凉和休闲交往的场所外，造型都极为优美，与周围的自然环境往往构成了如诗如画的景观，也是村镇聚落的重要标志性建筑之一（图 5-35）。

（4）街

在村镇聚落中，街也是人们交往最为活跃的场所，在山乡，平行于等高线的主要街道多呈弯曲的带状空间极富变化，步移景换，十分动人。而垂直于等高线的主要街道，由于明显的高差变化，使得街道空间时起时伏，沿街两侧建筑则呈跌落形式，形成街景立面外轮廓线参差错落而颇富韵律感，俯仰交替，变化万千，其整体景观的魅力即在于建筑物重重叠叠所形成丰富的层次变化，给人留下逶迤，舒展的景观效果。

水街忌直求曲的布局，获得的幽深，给人以"曲径通幽"和"豁然开朗"的感受。水街临水，设置停靠舟船的码头和供人们洗衣、浣纱、汲水之用的石阶，这些设施都有助于获得虚实、凹凸的对比和变化，从而赋予水街空间以生活的情趣（图 5-36、图 5-37）。

（5）井台

在广大村镇，井台往往成为组成村镇的一个重要因素。井除了可以提饮用水外，还可以提供其他生活用水，如洗衣、淘米、洗菜等，是妇女们交流的公共活动场所，不仅成为联系各家各户的纽带，也是最富有生活情趣的场所之一（图 5-38）。

（6）广场

广场在村镇聚落中主要用来进行公共交往活动

图 5-36 屯溪老街

图 5-37 西递深巷

的场所，凡是临河的村镇聚落，一般都使广场尽可能地靠近河边。一些传统的村镇聚落出于对某种树木的崇拜，常常选址在所崇拜树木的地方，并在其周围形成公共活动的场地，从而以广场和树作为聚落的标志和中心。有的位于聚落的中心，有的位于旁边，布局灵活多样。依附于寺庙、宗祠的广场主要是用来满足宗教祭祀及其他庆典活动的需要，它多少带有一些纪念性广场的性质。这种广场并非完全出于自发而形成，而是在建造寺庙或宗祠时就有所考虑，并借助于各种手段来界定广场的空间范围。寺庙在平时作用并不明显，但是每逢庙会便热闹非凡（图 5-39、图 5-40）。

（7）池塘

在村镇聚落中，如果能够见到一方池塘，都会使人感到心旷神怡，因此，在许多传统聚落中，都力

图 5-38 山东省莱芜市某山村古井

求借助于地形的起伏，贯水于低洼处，而形成池塘，有的甚至把宗祠、寺庙、书院等少有的公共建筑列于其四周，从而形成聚落的中心。由于水面本身所具有特性，即使把建筑物环绕着水面的周围，虽然比较零乱，也往往可以借助池塘本身的内聚性，而能够形成

某种潜在的中心感（图5-41～图5-43）。

（8）溪流

溪流以静和动的对比，构成了其独特的诗情和画意，"流水之声可以养耳"，充满了动的活力和灵气。临溪而居，确实可以利用溪流的有利条件，获得极为优美的自然环境，他们不但可以充分利用溪水来方便生活，而且还可以使生活更加接近自然，从而获得浓郁的山石林泉等的自然情趣（图5-44、图5-45）。

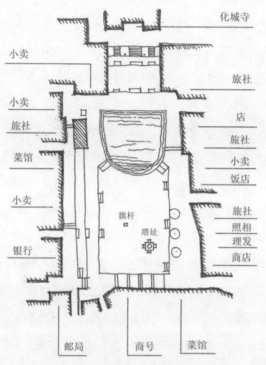

图5-39 皖南青阳县九华山寺院化城寺寺前广场

图5-41 宏村清澈的月塘

图5-42 渔梁坝村依水而建

图5-40 西递村广场及牌坊

图5-43 渔梁坝村的古坝

图 5-44 竹贯村的溪流

图 5-45 南靖县云水谣外景地如画的溪流

5.1.4 传统聚落乡村园林景观的意境营造

　　传统聚落园林景观的意境主要体现在其立足自然、因地制宜，营造耐人寻味、优雅独特、丰富多姿的山水自然环境，传统聚落所处的自然环境在很大程度上决定了整个村镇聚落的整体景观，特别是地处山区的村镇或者依山傍水的村镇，自然环境对于村镇景观的影响尤甚。一些村镇虽然本身的景观变化并不丰富，但是作为背景的山势，或因起伏变化而具有优美的轮廓线，或因远近分明而具有丰富的层次感，从而在整体景观上获得良好的效果。作为背景的山，通常扮演着中景或远景的角色。作为远景的山十分朦胧、淡薄，介于村镇与远山之间的中景层次则虚实参半，

起着过渡和丰富层次变化的作用，不仅轮廓线的变化会影响到整体景观效果，而且山势起伏峥嵘以及光影变化，也都在某种程度上会对村镇聚落的整体景观产生积极的影响，中景层次有建筑物出现，其层次的变化将更为丰富。这种富有层次的景观变化，实际上是人工建筑与自然环境的叠合。还有一些村镇聚落，尽管在建造过程中带有很大的自发性，但是有时也会或多或少地掺入一些人为的意图，如借助某些体量高大的公共建筑或塔一类的高耸建筑物，以形成所谓的制高点，它们或处于村镇聚落之中以强调近景的外轮廓线变化，或点缀于远山之巅以形成既优美又比较含蓄的天际线。这样的村镇聚落如果背山面水，还可以在水下形成一个十分有趣的倒影，而于倒影之中也同样呈现出丰富的层次和富有特色的外轮廓线。坐落于山区的村镇聚落，特别是处于四面环山的，其自然景色随时令、气象，以及晨光、暮色的变化，都可以获得各不相同的诗情画意的意境美（图 5-46、图 5-47）。

　　浙江秀丽的楠溪江风景区，江流清澈、山林优美、田园宁静。这里村寨处处，阡陌相连，特别是保存尚好的古老传统民居聚落，更具诱惑力。

　　"芙蓉""苍坡"两座古村位居雁荡山脉与括苍山脉之间永嘉县岩头镇南、北两侧。这里土地肥沃、气候宜人、风景秀丽，交通便捷，是历代经济、文化发达地区。两村历史悠久，始建于唐末，经宋、元、明、清历代经营得以发展。经世代创造、建设，使得古村落的整体环境、建筑模式、空间组合及风情民俗等，都体现了先民对顺应自然的追求和"伦理精神"的影响。两村富有哲理和寓意的乡村园林景观、精致多彩的礼制建筑、质朴多姿的民居、古朴的传统文明、融于自然山水之中的清新，优美的乡土环境，独具风采，令人叹为观止。

　　"芙蓉"村的乡村园林景观是以"七星八斗"立意构思 [图 5-48（a）]，结合自然地形规划布局而

图 5-46　典型的村镇聚落乡村园林景观

图 5-47 古村落中的植物景观

建。星——即是在道路交汇点处，构筑高出地面约10cm、面积约 2.2m² 的方形平台。斗——即是散布于村落中心及聚落中的大小水池。它象征吉祥，寓意村中可容纳天上星宿、魁星立斗、人才辈出、光宗耀祖。全村布局以七颗"星"控制和联系东、西、南、北道路，构成完整的道路系统。其中以寨门入口处的一颗大"星"（4m×4m 的平台）作为控制东西走向主干道的起点 [图 5-48（b）]，同时此"星"也作为出仕人回村时在此接见族人村民的宝地。村落中的宅院组团结合道路结构自然布置。全村又以"八斗"为中心分别布置公共活动中心和宅院，并将八个水池进行有机地组织，使其形成村内外紧密联系的流动水系，这不仅保证了生产、生活、防卫、防火、调节气候等的用水，而且还创造了优美奇妙的水景，丰富了古村落的景观。经过精心规划建造"芙蓉"村，不仅布局严谨、功能分区明确、空间层次分明有序，而且"七星八斗"的象征和寓意更激发乡人的心理追求，创造了一个亲切而富有美好联想的古村落自然环境的独特的乡村园林景观。

芙蓉村本无芙蓉，而是在村落西南山上有三座高崖，三峰突隆，霞光映照，其色白透红，状如三朵含苞待放的芙蓉，人称芙蓉峰，村子因此而得名，并且村民又将村中最大的水池成为芙蓉池 [图 5-48（c）]，一到夕阳倩影，芙蓉峰倒映水中，芙蓉三冠芙蓉池，芙蓉村的乡村园林景观便由此诗意的场景令人叹服。

"苍坡"村的乡村园林景观布局以"文房四宝"立意构思进行建设。在村落的前面开池蓄水以象征"砚"；池边摆设长石象征"墨"；设平行水池的主街象征"笔"（称笔街）；借形似笔架的远山（称笔架山）。象征"笔架"有意欠纸，意在万物不宜过于周全，这一构思寓意村内"文房四宝"皆有，人文荟萃，人才辈出。据此立意精心进行布置的"苍坡"村的乡村园林形成了以笔街商业交往空间，并与村落的民居组群相连；以砚池为公共活动中心，巧借自然远山景色融于人工造景之中，构成了极富自然的乡村园林景观。这种富含寓意的乡村园林，给乡人居住、生活的环境赋予了文化的内涵，创造了蕴含想象力和激发力的乡土气息，陶冶着人们的心灵（图 5-49）。

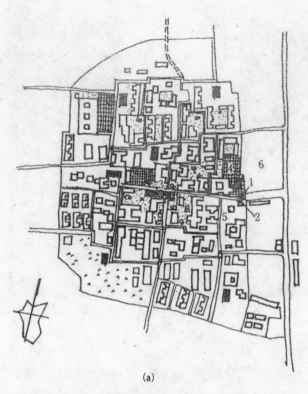

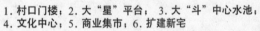

(a)

(b)

(c)

1. 村口门楼；2. 大"星"平台；3. 大"斗"中心水池；
4. 文化中心；5. 商业集市；6. 扩建新宅

图 5-48 芙蓉村
(a) 芙蓉村规划图；(b) 芙蓉村口门楼；(c) 芙蓉池

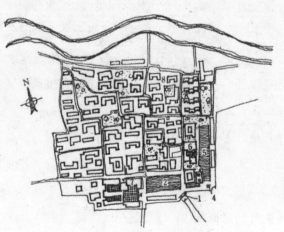

1. 村口门楼；2. 砚池；3. 笔街；4. 望兄亭；5. 水月塘；
6. 文化中心；7. 商业集市；8. 扩建新宅

(a)

(b)

图 5-49 苍坡村
(a) 苍坡村规划图；(b) 苍坡村实景

5.2 传统乡村园林景观的保护意义

传统聚落是人类聚居发展历史的反映，是一种文化遗产，是人类共同的财富，我们应该保护和利用好传统聚落乡村园林景观。传统聚落乡村园林景观保护的理论出发点、保护的理念和基本原则也应该立足于可持续发展、有机再生与传承发展、尊重历史、维护特色等方面。随着现代城市化的发展，大规模的村镇建设蓬勃发展，在经济发展的紧迫感面前，传统聚落的景观风貌受到了很多新的挑战，要解决好历史文化遗产保护与现代经济发展，与人们生活、生存之间的矛盾，其关键是要保护好人居环境，遵循整体性保护的原则和积极性保护的原则，从多个层次、层面上对传统聚落人居环境进行保护，使其继续生存和发展，促进更好的保护。

5.2.1 注重生态功能，保护自然景观

（1）实施可行性评估

随着现代化城市的建设发展，城域面积不断向乡村蔓延，现代建筑的林立，高速公路的开发，改变了自然地形地貌，破坏了乡土特征，使得很多优美的乡村园林景观遭到不同程度的破坏。城镇化建设是历史的必然，而这种开发建设对传统村镇景观的影响如何控制是我们要思考的问题，如何适当地解决这种矛盾需要我们在提高保护意识的基础上进行以自然地形地貌为基础的园林景观方面的研究，即可行性评估。例如，在以自然村落、农田组成景观的地区，城市道路能否不经过这里？作为背景"风水林"的乡村防风防护带能否不开发？以建筑群形成的天际线是否可以不被切断？特别是对于较成熟的乡村景观的处理，不仅要考虑视觉方面，还应该从当地的居民群众生活和精神等有关方面进行研究（图5-50）。

（2）土地的综合利用

针对不同土地的不同土质，对其进行分类利用。对于土质较好，渗透性强的土地，属适合于耕种庄稼的利用类型；对于石块较多，土层较薄的土地，则为适合于放牧的利用类型；对于河流周边地区的林地和野生动物栖息地的土地，可划归为适合于保护和游憩的利用类型。

根据土地的不同利用方式，规划其功能。哪些适合于耕作，哪些适合放牧，哪些适合种植树木和农作物，哪些适合用作园艺，哪些适合于自然保护区等。还可以根据游憩的价值进行安排，例如滑雪、狩猎、水上运动、野餐、徒步旅行、风景观赏等。再者，根据土地的历史文化价值，含水层可补充地下水的价值，蓄洪的价值等，作出价值分析图，进行累计叠加，得出最适宜的土地利用规划图，制定相应的园林景观规划。

同时考虑乡村区域与城市的位置关系。如果位于城市附近，即使土地拥有很高的生产能力，资金的投入也应该花在保护和建设乡村游憩空间上。因为具有较高农业价值的土地通常有较高的观赏价值、娱乐价值，不适合野生生物生存和作为建设用地。

要重视发挥土地利用的综合价值。古老的乡村和经过规划的现代村镇之间有着明显的差异。古老的

图5-50 竹贯村保护完好的防风风水林

乡村以各种各样的树篱、古老的树木、田埂岸路为特征。倾向于小村庄和城镇的发展模式。英国的乡村规划是在18和19世纪《圈地法案》制定之后，开始慢慢发展起来。它是把经过规划的乡村用作生产区，而把古老的乡村用作保护区和娱乐区。处于两者之间的土地可以用作一种战略性的土地储备。

5.2.2 延续乡土历史，传承田园风光

（1）传统产业和传统技术的传承

创造乡村园林景观的是当地人们自身，由于对景观的正确理解和积极的保护。因此，控制景观的破坏绝不是不可能的，换言之，乡村园林景观的变化不能任其发展，应该弄清形成乡村园林景观的种种机制，将它纳入到人们的现实生活中来。受到这种新价值观的启发，将乡村园林景观作为可进行创作的蓝本、可经营管理的产品而加以保护。

（2）优秀传统乡村文化的弘扬

传统的乡村文化、悠久的民俗民风，在现代文化的冲击下已凸现在慢慢失去的趋势，很难得到现代人们的喜爱和重视。如何保护弘扬我们优秀的传统文化，如何将现代园林艺术与传统乡村园林艺术完美地结合起来，创造备受人们喜爱而又独具本土特色的景观设计作品，是颇为值得深入研究的一个新课题。

挖掘乡村文化中的特色元素，进行提炼分析，找到精神的非物质性空间作为设计的切入点，再将它结合到现代园林规划设计中来，恢复其场所的人气，延续历史文脉，使之产生新的生命力，创造新的形象。这些元素可以是一种抽象符号的表达，也可以是一种情境的塑造。归根到底，它应该是对现代多元文化的一种全新的理解。在理解文化多元性的同时，去强化传统文化的自尊、自强和自立，充分地保护地域文化，在继承中求创新的方法来延续文脉，挖掘内涵并予以创造性地再现。

5.2.3 巧用自然空间，保持环境体系

自然环境空间体系的保护一般是对山脉、林地、水系、地形地貌等的保护，强化保持其原生态，尊奉"天人合一"观念，积极把握自然生态的内在机制，合理利用自然资源，努力营建绿色环境。

要保护自然格局与活力，就应因借岗、谷、脊、坎、坡、壁等地形条件，巧用地势、地貌特征，灵活布局组织自由开放闭合的环境空间。同时还应人工增强自然保护，封山育林、严禁污染等。

5.2.4 强化人工空间，完善基础设施

在重视专家、聘请专家参与保护的基础上，应对重点节点空间结构的整体保护、并采用不同的方式分级别保护所有古建筑以及对居住单体生活空间和公共生活空间的保护。重点节点空间是传统聚落的核心，对于传统聚落的整体保护有着重要的意义。从可持续发展的意义上考虑，重现和延续重点节点空间结构的内在场所精神与社会网络，比维护传统的物质环境更为重要。运用"修旧如旧""补旧如新""建新如旧" 三种方式分级别保护所有古建筑。采用改善居住生活环境、明晰住房产权关系、营建新村、增加基础设施建设等措施，对居住单体生活空间和公共生活空间进行改善和保护。同时也对交通体系和水利设施系统和农业生产环境进行保护。

5.2.5 维护精神文化，促进统筹发展

人文精神是体现人存在与价值的崇高理想和精神境界。在构建物质空间的同时应极为重视精神空间的塑造，以强烈的精神情感和文化品质修身育人。对精神、文化空间体系方面的保护应当从增强政府管理、制定法律法规、提高文化水平和人文素质着手，保护整个区域的传统文化氛围，传承传统文化、工艺和风俗，控制人口增长等，从而形成一个以自然

图 5-51 竹贯村水口的观音堂

图 5-52 遗址城堡建起的博物馆

山水景象、血缘情感、人文精神、乡土文化为主体，构建出质朴清新，充满自然生态和文化情感的精神空间。

5.2.6 慎重开发旅游，打造独特风貌

选择适当的旅游开发模式，控制开发规模与旅游容量，把保护传统村落的原真性与自然性放在首位，最重要的是要让当地村民从旅游开发中得到实惠。从打造精品旅游品牌、提高当地居民参与规划保护和旅游者共同保护意识、策划具体的旅游规划保护等方面把保护和开发落到实处，相辅相成地达到对传统聚落保护的目的（图 5-51、图 5-52）。

5.3 传统乡村园林景观的发展趋势

5.3.1 生态发展的总体目标

传统聚落乡村园林景观生态发展模式的总体目标是通过可控的人为处理使得生态要素之间能够相互协调，以达到一种动态平衡。"生态原理"是园林景观设计的基本理论原理，生态发展越来越受到人们的重视。所谓"生态发展模式"，便是以"调适"为手段，促使聚落景观发展重心向生态系统动态平衡点接近的发展模式。也就是说，传统聚落乡村园林景观的弘扬必须与社会、经济、文化、自然生态均衡发展

的整体目标相一致。通过对自然生态环境的调谐，传统聚落乡村园林景观才能获得永恒发展的物质基础，并保持地区性特征；通过对社会环境的调谐，才能够满足居民现实生活的要求，并适应时代发展的潮流；通过对建成环境的调谐，人类辛勤劳动所创造的历史文化遗产才能得以继承，聚落文脉也才能得以延续。

生态发展模式体现了一种可持续性，它可以充分发挥人类的能动作用，遵循生态建设原则，提高聚落景观系统的生态适应能力，使其进入良性运转状态。从而既顺应时代发展趋势，又解决文化传承问题。从某种意义上说，传承是对过去的适应，发展是对未来的适应。按照这样的方向和原则，通过各方面的努力，可以深信，生存质量和地方文化的危机将得以拯救。

5.3.2 突出地方的特色原则

结合地方条件，突出地方特色的村镇聚落建设思想仍然是传统聚落乡村园林景观必须始终坚持的思想原则。传统聚落，其聚落形态和建筑形式是由基地特定的自然力和自然规律所形成的必然结果，其呈现的人与自然的和谐图景应该是我们永远不能忘却的家园象征。它们结合地形、节约用地、考虑气候条件、节约能源、注重环境生态及景观塑造，运用当地材料，以最小的花费塑造极具居住质量的聚居场所。

这种经验特色应该在村镇聚落更新发展和新聚落的规划中得以继承和弘扬。

传统聚落中的建筑简洁朴素，它用有限的材料和技术条件创造了独具特色和丰富多样的建筑，不论是在建筑形式还是使用上都体现了深厚的价值。由功能要求及自然条件相互作用产生的村镇聚落，其空间结构和平面布局不仅极为简单朴素和易于识别，而且具有高度的建筑与空间品质。

传统聚落建筑的简单性表现在很多的方面，首先建筑材料单一，基本就是木材和砖；施工简单，工具没有类似现代化的机械；没有像现在有建筑师和工程师等专业人员，大多都是居民自己亲自参与或者在邻里亲朋及工匠的帮助下完成，这样形成的村镇聚落和民居建筑可以说是"没有建筑师的建筑"。现在，新技术、新材料和新知识为建筑提供了新的和更广泛的可能性，然而这并不意味着我们要放弃长期使用的传统的建筑材料和建造方式，人们经常认为它们已落伍而不能适应新时代的需求，结果是全国各地，从城市到乡村，对建筑的态度就像配餐一样，各种建筑产品的拼凑累积，这种病态的建筑给人带来的不是美感而是烦繁。我们呼唤能有一种脱颖而出、与之截然不同的简约建筑；一种与"迁徙"飘浮及随意性抗衡而又植根于"本土"的简约型地方建筑。

强调自助及邻里互助的村镇聚落传统的复苏，使人们希望至少能参加或部分参加塑造家园的全过程。这就要求建筑应有一种明确、简约的体量和紧凑的形式，有利于建造，有利于扩展，有利于适应使用要求的变化，有利于村民亲自参与。这一简单的原则既针对单体建筑，也指整个村镇聚落的营造。发扬简约建筑思想并不意味着放弃应用新技术新材料，只而是要在满足适用、经济、有助于体现地方特色的前提下才能具有深刻的意义。

古老的村镇聚落是以家庭和邻里组群而成为村落集体，多是在与恶劣的自然条件及困苦的长期斗争中诞生和发展的，人人知道他们的命运不仅受君主，也受自然的喜怒无常的影响，灾难与危机可能随时降临。聚居共同生活，在各项职责上相互照应，这种氛围和形式影响着聚落的结构。比如在村落中都有作为集体所有的公田以及其他形式包括祠堂等的公共空间、场地、街道，紧密联系的建筑群也是也体现了一种聚集心态，这种居住建筑群有助于邻里间的交往及团体凝聚力和归属感的形成，而不单是为了节约用地。在当代欧洲的聚落规划中这种聚居的空间结构被很好地得以发扬。这其中，公共空间被重新作为聚落结构的脊梁，起到集体中心的作用，在规划布局上也有意强调和提供邻里交往的可能性，并把广场、街巷、中心、边界等传统村落中构成聚落整体、强化聚居心态的空间结构加以活化，并通过具有时代精神的形体塑造，注入新的主题和动机。

村镇聚落是聚落的一种基本形式，体现邻里生活之间的交往和职能上的共同协作的一个重要前提就是聚居，聚落里的居民是交往生活的主体，因此由居民这一使用者参与规划是一个有利于邻里乃至整个村落发展的有效途径。而且在村落营造及聚落规划中，应该反映居民的愿望，获得他们的理解，接受他们的参与。

5.3.3 保护景观的自然特性

在城镇如火如荼的建设形势下，保护和发展城镇乡村园林景观，运用生态学观点和可持续发展的理论，借鉴城市设计和园林设计的成功手法，建构既有对历史的延续，又有时代精神的城镇园林景观已经成为重要的历史使命。这就要求城镇园林景观建设中，应努力继承、发展和弘扬传统乡村园林景观的自然性。其中把握城镇的典型景观特征，是最重要的原则与基础之一。

（1）内涵与表征

乡村园林景观反映了人类长时间定居所产生的

生活方式，同时受到不同的国家，不同的民族，以及历史进程对其产生的影响。

乡村园林景观的多样性是重要的景观属性。在自然景观当中，景观的多样性和生态的多样性是紧密联系在一起的。在海拔高度变化丰富的地方，从水域到陆地，植物群落也会随之改变，形成与生长环境相适应的格局，生态的多样性决定了多样的景观。除此之外，乡村园林景观也带来了生活与生存的趣味性。鸟、鱼、虫类共同地在这里繁衍生息，体现着大自然的生生不息。

乡村园林的景观的多样性与文化的多元性都决定了它的自然属性。无论是从本质的人文精神，还是从外在的自然景观，乡村园林景观体现的都是人类最

纯朴，最传统的景观类型（图 5-53～图 5-56）。

（2）地域性与自然性

乡村园林景观在长期的历史发展进程中，积淀下独具特色的历史文化资源与自然资源，这些风土人情、民俗文化、农业资源、自然资源、人文资源等等都体现了乡村园林景观的地域性，它们是本土景观强有力的表达。每一处地域都有自己典型的特征，而乡村园林景观的特征尤为明确。在中国，东部的渔猎村庄、西部的游牧村庄、南部的热带风光和北部的冰雪景观，这些不同的地区都有着明显的生活方式区别和自然条件的差别。乡村园林景观独特的地域元素和所表现出的自然性是任何的城市景观都无法比拟。

乡村园林景观得天独厚的自然风景元素，很多

图 5-53 法国乡村园林景观

图 5-54 法国乡村教堂

图 5-55 中国传统乡村园林景观

图 5-56 乡村中的田园风光

乡村常常还处于加速的城市化未沾染的土地，这里还保留着传统的劳作方式、古朴的农业器具和传统的地方工艺，也还有古老的民俗风情，这些都是自然性与原始性最真切的展现，也是在现代化社会发展浪潮中难得的财富与资源。

乡村园林景观自然性的另一个突出表现，即是季节变迁的显著化与多样性。乡村园林景观通常以山林、田野和水系形成大面积的自然景观，这些景观的典型特征是在气候与季节的变化下，产生强有力的生命表象与丰富的景观表达。正是这些富有活力的景观赋予了乡村园林景观独特的生命气息与无限魅力。

爨底下古村是稳置于北京门头沟区斋堂镇京西古驿道深山峡谷的一座小村，相传该村始祖于明朝永乐年间（1403～1424年）随山西向北京移民之举，

图 5-57 爨底下古村

由山西洪洞县迁移至此。为韩氏聚族而居的山村，因村址住居险隘谷下而取铭爨底下村（图 5-57）。

爨底下古村是在中国内陆环境和小农经济、宗法社会"伦礼""礼乐"文化等社会条件支撑下发展的。它展现出中国传统文化以土地为基础的人与自然和谐相生的环境，以家族血缘为主体的人与人的社会群体聚落特征和以"伦礼""礼乐"为信心的精神文化风尚。

爨底下古村运用"风水"地理五诀"寻龙""观砂""察水""点穴"和"面屏"勘察山、水、气和朝向等生态条件，科学地选址于京西古驿道上这一处山势起伏蜿蜒、群山环抱、环境优美独特的向阳坡坡上。山村地理环境格局封闭回合，气势壮观，"风水"选址要素俱全（图 5-57）。村后有圆润的龙头山"玄武"为依托，前有形如玉带的泉源和青翠挺拔的锦屏山"朱雀"相照，左有形如龟虎、蝙蝠的群山"青龙"相护，右有低垂的青山"白虎"环抱。形成"负阴抱阳、背山面水""藏风聚气、紫气东来"的背山挡风、向阳纳气的封闭回合格局，使爨底下古村不仅获得能避北部寒风，善纳南向阳光的良好气候，更有青山绿水、林木葱郁、四时光色、景象变幻的自然风光，构成了动人的山水田园画卷。实为营造人与自然高度和谐的山村环境之典范（图 5-58、图 5-59）。

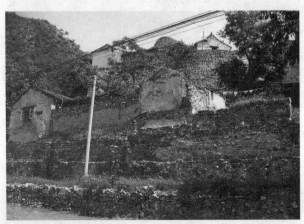

图 5-58 爨底下古村的台地

图 5-59 爨底下古村的广场

5.4 传承乡村园林的乡村生态景观

积极开展生态文明建设，保护山水田林自然风貌，延续田园风光、山村风貌、水乡风韵等自然特色；疏浚河塘沟渠，保护农村自然湿地，保持水体洁净，修复村庄水系水景，形成亲水环境，传承乡村园林的营造理念。

5.4.1 乡村生态景观建设的内涵及意义

（1）乡村生态景观的内涵

乡村是我国经济和社会发展、生产和生活的重要基础。根据第六次人口普查结果，居住在乡村的人口为6.7亿，占全国人口的50.3%。建设美丽乡村是实现城乡协调发展的关键所在，是改善我国人居环境的重要内容。以农业、畜牧业及林业生产为主体的我国传统乡村，在长期的人与自然相互作用中，构建了良好的生态系统，形成了风格各异、各具特色的乡村景观特征。乡村生态景观是以大地景观为背景，以乡村聚落和生态景观为核心，由自然景观、产业景观、文化景观构成的生态环境综合体。乡村生态景观是人类在自然生态系统基础上，通过长期的生产实践，形成的"自然生态系统""农业生产景观"和"农民生活景观"的复合景观。乡村生态系统、土地利用格局、乡村人居环境形成了地域生态景观特征，沉积着当地的历史和传统，具有丰富的生物生境和生物多样性。传统的乡村景观特征是历史发展的印记，体现了顺应、适应、适宜、调谐和提升人与自然和谐的生态内涵。乡村生态景观作为一种独特的资源，在传承中华农耕文明、协调城镇化和乡村风貌建设过程中发挥着重要的作用。同时它也为乡村休闲度假产业提供资源，能够极大地提升优势特色农副产品的附加值。

（2）乡村生态景观建设的意义

当前，推进社会主义新农村建设，实现城乡空间布局、基础设施、市场和经济、社会事业和生态景观一体化建设是国家的重点任务。2009年中国城镇化率达46.6%，预计到2015年达到52%左右。根据高密度人口国家城镇化率达到50%后乡村的发展趋势和战略，未来中国乡村发展应逐步提高乡村发展的多功能性，主要体现在：大力推进食品安全生产，提高农林牧副渔的生产力和竞争力；提高乡村的生活、生态、环境和景观功能，构建城乡一体化绿色基础设施，保护生物多样性，防治乡村污染，保护自然资源和人文资源，维护并提高乡村生态景观服务功能；大力开展城乡一体化基础设施建设，提高乡村经济的多样性，促进乡村功能的多样化，发展乡村休闲度假经济，实现乡村复兴和城乡统筹发展。作为城乡一体化建设的重要组成部分，乡村生态景观建设在新农村建设方面具有重要的战略和现实意义。

①增强土地综合生产能力，确保粮食和生态安全

生产发展、生态良好、生活富裕是我国社会主义新农村建设的最基本要求。通过水土生态安全规划、生态修复，强化生态系统弹性，提高乡村生产系统稳定性和综合生产能力，确保粮食和生态安全。通过乡村生态景观建设，降低景观破碎化，提高景观功能和空间的连通性，保护生物多样性，缓解和适应气候变化带来的影响。

②提高乡村生态景观质量，改善乡村的人居环境

通过生态环境问题治理、生物生境修复，推进乡村沟路林渠和各类绿色基础设施生态景

优化技术应用，保护生物多样性，提高生态系统服务功能。通过集生物多样性保护、自然和文化景观提升、水土安全、游憩发展于一体的绿色基础设施建设，维护乡村区域生态安全格局，提升生态景观的功能，改善乡村人居环境。

③促进人与自然和谐发展，实现城乡的统筹发展

中央提出建设生态文明，在我国形成节约能源资源和保护生态环境的产业结构，增长方式和消费模式，这标志着我国开始了生态文明社会的建设和实

践。乡村生态景观建设是生态文明建设、城乡统筹发展、实现人与自然和谐发展的需要。通过景观特征、历史文化遗产景砌保护和提升，挖掘乡村景观美学和文化价值，营造生态景观和乡土文化相融的氛围，打造富有魅力的乡村景观，促进乡村休闲旅游经济发展，实现乡村经济和文化复兴。

5.4.2 国内外乡村生态景观建设的发展和研究

乡村景观建设是推动城镇人口到乡村休闲度假、发展乡村生态旅游、增加农民收入的基础，更是协调和统筹城乡生态与社会经济协调发展、生态安全、实现和谐社会和可持续发展目标的战略需求。国际上，乡村生态景观建设已成为乡村可持续发展的重要内容。在欧洲，人们越来越多地认识到文化景观对提高居民生活质量的重要性，它不仅是日常生活、农业、自然和旅游业的主要环境和载体，也是展现国家、区域和地方特色的一个非常重要的组成要素。

乡村景观经常被用来研究人类调谐自然的相互作用过程，反映了一个地区的自然和人文特色。乡村景观也被称为"文化景观"，因为人类在乡村系统中的一系列活动形成了特殊的景观，如绿篱、农田边界、栅栏、梯田、树林、田间道路等。这些由人类和自然之间的相互作用而形成的特殊景观具有独特的、不可替代的生态功能和美学价值，也正是这些独一无二的景观吸引着人们到乡村游览休憩。然而，人类影响的改变导致世界各地的景观也发生着变化，乡村景观变化已成为当今世界的热点论题。景观变化的主要驱动力是人类活动对乡村景观影响的频率和强度。这是因为人类影响的变化对乡村景观的作用是显而易见的。第二次世界大战以后，发达国家为了提高农业生产力，开始实施集约化和规模化农业生产，农业在提供越来越丰富的农副产品的同时，也使湿地、林地面积减少。同时，过度使用化肥和农药导致地下水和土壤污染，乡村的生态环境质量降低，生物多样性锐减。农业集约化也改变着传统农业景观，导致乡村景观多样性下降、生态系统稳定性降低、乡村美学价值受到严重损害以及乡村景观均质化。这些集约化农业系统影响到乡村组成成分的生物多样性，使乡村的生物多样性在过去几十年里发生了局部性的锐减。最近30年，由于交通网络发达，住宅、工作岗位和服务设施不断地向农村地区扩散，致使农田减少、乡村景观开放空间减少，再加上农业生产力的发展也使农业用地减少，大量农业生产用地废弃，导致乡村景观、生物多样性和生态环境的变化。严重的教训，促使许多国际经济合作组织国家开始引入一系列的农业环境保护措施。

我国自先秦以来，在"天人合一"哲学观影响下的传统优秀建筑文化，就十分重视理想聚落和家居环境的选址，在探索理想乡村景观上作出了卓越的贡献，这在中国的山水国画、山水诗词、山水园林和很多历史文化村镇的营造中都可以引为佐证。唐代诗人杜甫诗曰："卷帘唯白水，隐几亦青山。"表现了诗人网罗天地，饮吸山川的空间意识和胸怀。与自然相结合的思想创造了优美的文学传统，也塑造出"文人"生活方式，而这种"文人"生活方式逐渐成为中国人所追求的典型生活方式，恬淡抒情产生了另一种生活意境。在聚居形态上，表现为宅舍与庭院的融合；在居宇选址时，多喜欢与山水树木相接近，正所谓"居山水间者为上，村居次之，效居又次之"。晋代陶渊明在《桃花源记》中描绘的聚居环境是由群山围合的要塞，一种出入口很小，利用防卫的形态。唐代孟浩然在《过故人庄》的诗中，也展示了一派优美的聚落环境景观："绿树村边合，青山郭外斜。"写出了自然环境对聚落的保护性和聚落的对景景观。这一节都说明我国的先民们对乡村生态景观已早有研究。

近代对乡村景观的研究起源于欧洲，这与欧洲悠久的农业文化和自然科学研究基础有关。欧洲的乡村景观研究主要从社会经济角度，探讨乡村聚落与乡村景观的发展过程。现已发展到对人文景观的管理、景观变化和管理、景观历史的未来发展、乡村景观生态学、景观中的多样性、景观的可视性、景观与地理信息系统、多学科的乡村景观研究。

近年来，各国开展了大量的关于乡村土地利用和景观变化的研究，内容涵盖了乡村景观变化对水源污染、水土流失、生物多样性和乡村可视化等的影响。

在亚洲，韩国和日本对乡村景观进行了大量的研究。乡村景观面临着一定危险，由于社会经济环境的变化而导致对乡村景观的遗弃，诸如逐渐减少的农村人口、日趋严重的土地利用单一化以及农村人口老龄化，都会对农村的植被、生物多样性和景观产生影响。在韩国，20世纪70年代开展了乡村景观美化运动（即新农村运动），该运动一定程度上协调了城乡土地利用之间的矛盾。2000年，韩国政府为改善农村地区的经济而制定了国家土地开发计划方案，包括向农村引入生态旅游。从90年代开始，韩国就有学者认真地研究乡村景观问题，主要致力于如何提高游客对乡村景观的愉悦性。日本学者对乡村景观开展了大量研究，重点针对乡村景观和生物多样性保护。1994年，日本制定的基本环境计划已经认识到乡村景观的重要性。这份计划认为人与自然之间的相互友好关系将是一个重要的长期目标，并提出了乡村景观建设内容和策略。2002年，新的生物多样性战略又使日本生物多样性保护提升到新的高度，特别是强调了乡村生物多样性保护的重要性和战略措施。

总之，乡村景观是城市最重要的支撑系统，是实现城乡融合的重要元素；乡村景观反映了人类调谐自然的历史，不同的区域具有不同景观特征，也属于文化景观；乡村景观是由不同的生态系统镶嵌而成的复合镶嵌体，主要包括聚落景观、产业性景观和自然生态景观，形成不同的空间格局和可视特征，具有经济、社会、生态和美学价值。在实践上，乡村景观规划和建设技术发展应立足于协调农业、林业和乡村聚落系统土地利用和生态经济过程，最充分地利用自然和文化的资源，保护和恢复乡村的自然和生态价值。

相当一段时间以来，我国对乡村的研究主要集中在生产功能上，而对乡村景观生态、美学和文化功能研究较少。直到20世纪90年代，学术界才开始探讨乡村的功能，并开展了有关乡村景观变化、概念、功能、评价和规划的研究。在实践上，我国的农业和农村景观建设与管理远远落后于发达国家。党的十六届五中全会提出"要按照生产发展、生活宽裕、乡风文明、村容整洁、管理民主的要求，坚持从各地实际出发，尊重农民意愿，扎实稳步推进新农村建设"，乡村人居环境和景观建设正式列为政府的行动计划，建设"美丽乡村"的行动也在蓬勃发展。

5.4.3 乡村生态景观的组成要素和特征

（1）乡村生态景观的定义

乡村生态景观是相对于城市景观而言的，两者的区别在于地域划分和景观主体的不同。相对于城市化地区而言，乡村生态景观是指城市（包括直辖市、建制市和建制镇）建成区以外的人类聚居地区（不包括没有人类活动或人类活动较少的荒野和无人区），是一个空间的地域范围。从地域范围来看，乡村生态景观泛指城市景观以外的具有人类聚居及其相关行为的景观空间；从构成要素看，乡村生态景观是乡村聚落景观、经济景观、文化景观和自然环境景观构成的景观环境综合体；从特征看，乡村生态景观是人文景观与自然景观的复合体，具有深远性和广泛性。乡村生态景观包括的农业为主的产业景观和粗放的土地利用景观以及特有的田园文化特征和田园生活方式。

（2）乡村生态景观特征

进士五十八等(2008年)根据日本乡土景观研究，提出了乡村生态景观应该具有的景观特征（表5-1）。

在《欧盟景观公约》的指导下，欧洲乡村镇发展委员会，提出了基于景观特征构成的10个层次，辨识和评价乡村景观特征（ECOVAST，2006）：

1）地形和岩石

地形包括山地（高山、中山、低山和丘陵）、平原、沟谷、盆地和高原，以及景观分异因素、坡向和坡度等。暴露在外的岩石常常可见，它们是景观中的可视元素，在有些地区，因岩石被土壤和植物覆盖而看不到，但你可能也会注意到底部的岩石对自然、土壤质量、植物、作物和林地产生的影响，如北京市板栗树主要生长在 500～700m 海拔高度的酸性片麻岩上、南方的喀什特石林地貌。另外，岩石在许多地区被用作主要建筑材料，因此也影响着一些可视景观。

表 5-1 乡土景观构成上的特征（进士五十八等，李树华等译，2008）

具有大地般的广阔感	广阔田地的景观给人悠闲的感觉，给人精神上带来宁静感
具有深远感	乡村的村落、田野、近郊山林等，按照相当于近景、中景、远景的构造进行协调地延伸，形成悠闲的、使人舒适的、具有深远感的景观
具有稳重的安定感	与在空间高度利用基础上的人工地盘化日益严重的城市相比，田地等乡村景观具有大地所特有的稳重的安定感
地理上具有典型的景观	在田园中，河流和农道具有明快的方向性，成为空间坐标轴，使地域变得容易理解，给人以安心感 同样，神社树林群落和田地中的一颗大树等成为当地的标志，有助于识别自己的生活场所，给人以距离感觉，成为易于理解的地区印象
具有可以成为地区象征的场所	田园之中，具有以类似于族神、族寺的血缘地缘而牢固结成的神社树林群落和寺庙树林等的象征，作为人们精神的寄托场所，发挥着巨大的作用
具有丰富的水系与植被	在田园中，水田、水渠、水库、菜地、树林地等的水系与植被成为主体，在具有循环性的基础上构成。这种水系与植被的景观可以给人带来本质上的宁静感
可以见到多种多样的生物	在田园中，不仅能够看到牛、马、鸡等家禽、家畜，而且能够看到多种多样的野鸟、昆虫、鱼等。与只受人类支配的单纯化的城市相比，田园可以提供与多种多样的生物接触的机会，可以给予与作为相同的生物生活着的真实感
具有丰富的四季变化	基于土地、自然之上的田园，成为四季变化丰富的场所。随四季变化和循环的多样的景观，给予生活的松弛感与韵律感
具有以植被与土地为主体的温和的景观	在田园中，以植被与地表为主体构成特有的柔和的线条，总体上形成具有温和、安稳的景观
具有使人联想起食物的场所	田园中，生产食物的田野和果树，可以给予人们的体验生命时的安心感
具有顺应自然界的顺位关系的土地利用状况	在田园中，从村落到田野，再到山林，成为顺应自然界的顺位关系的土地利用，与周边形成连续的、调和的景观
山脚或者树林的边缘坐落有村庄	农家村落，建于后面为山势环抱、顺沿地势安定的场所。如果后面无山的话，方为开阔空间。这与中国的风水说相通，则会栽植树林，在考虑地势、风向、太阳等方位的基础上进行选址。这就是作为同时具备给予平静感的"眺望"与"围合"机能的场所，是理想的居住空间
具有人性化尺度的营造物	田园是人力改造自然、利用人性化尺度形成的景观。台阶地与梯田等为代表例子，使人感到人手的柔和与温暖
具有以当地材料为主的统一与协调的村落景观	田园中，因为使用当地材料形成了村落，结果带来了地方特点丰富、安定的、具有统一感的景观，使人感到具有温暖感的、地区整体的协调性和联系性
具有年代美的景观	田园的环境设计以木材和石材等自然材料为主体。使用自然材料的，附着的青苔，或者经过天然的风化，酿成了安定的年代美
具有历史性的遗产（生活文化的资产）	在田园中，古老的道祖神、地藏神，或者从过去遗留下来的土造仓库和小棚等，从祖先传下来的东西非常多见，可以使人觉到从过去到现在时间的连续性（历史性）和积淀性（传统性）

2）气候

乡村生态景观中的气候因素包括太阳辐射与地面温度的地带性分异、水热时空变化和局地气候。气候对景观的外观和特色都具有深刻的影响。雨、霜、阳光和风可以决定植物的丰富程度以及景观的外观和变化。对当地气候的了解有助于解释在景观中所看到的事物。

3）地貌和土地结构

在许多景观中，最强烈的可视外观来自于地貌——山脉、山坡、起伏景观的缓和曲线，低缓平原的视平线，低洼凹陷的河谷以及湖岸的曲线。我们要辨识和判断地貌和土地结构是如何在你所看到的景观中表达出来的，以及它是如何与树木、建筑物等特征联系在一起的。例如，地形的变化导致形成不同的土壤，从山区、山前、河漫滩和河谷地带会形成不同的土地利用格局和景观，而一排树标志着河流旁边的小路。

4）土壤

在一些景观中，土壤是很难以观察到的，因为在漫长的岁月中，它早已被树木、荒地和牧场所覆盖了。在有些地方，土壤可能在季节性耕作中，或被风力、腐蚀作用暴露在外。但不管怎样土壤都是景观中的主要元素，其厚度、肥力和酸碱程度决定着植物、树木、庄稼和农场牲畜在此繁荣生长和变化特征。土壤颜色可以为景观"上色"，就像在黄土形成的景观，有时，土壤的颜色也会影响到建筑物色调。

5）土地覆盖

在很多乡村生态景观中，植被是最明显的可视特征。甚至在一些乡村和城镇里，树木和其他草木也可能为建筑物提供"外衣"。所以，我们应辨识土地覆盖的情况，包括主导植被群落，林地、农田和牧场的空间格局，树篱网络或其他地界，林荫道或单独的树木，水域。上地覆盖造就了可视类型，同时也提供了多种野生生物的栖息地，这使得景观内容更加丰富。野花是非常明显的可视元素，还有鸟类、野生动物、牧群和其他驯化动物，这些都对形成景观的独特特征起到作用。

6）农业和林业

农作物的耕作、播种、收获，收割干草或收集饲料，牧群或畜群在土地上的活动，种植或砍伐森林树木等，这些都会对景观带来颜色、类型、活动等方面的改变，对于一个特别的地方，常通过一些特别的方式（如牛群的颜色）来辨识和评价景观特征。农民们保持他们土地的方式对生态及景观视角都有着决定性作用。农业和林业以及它们为景观带来的其他特色都在影响着区域景观特征的形成。

7）聚落和住宅

几千年来，人类在定居过程中，以当地的材料——石头、树木、泥土、火石、茅草、石灰修建房屋。他们建立了村庄、城镇和城市。在这些过程中，每个地区都继承了当地的房屋和住宅地的特色，或多或少地反映在基础的岩石、气候和土地结构上，并可能形成标志性景观，如聚落的形态、建筑物的颜色、乡村的道路、村口的大树等。但是，现代运输工具的发展、建筑材料的大量生产导致了当地材料使用的降低，在很大区域范围的建筑形式都变得同一化。但是也并不会完全破坏当地建筑传统和居住地类型的多样性，这种多样性使很多景观中的元素都得以保留。我们需要研究这些传统和形态，记录它们存在了多久，以及在建筑和居住地的类型和设计中发生过什么样的变化。

8）工业和基础设施

景观是一个舞台，很多演员在其上演出。我们在这个舞台上见到农民、林业工作者、房屋拥有者等，然而矿工、采石工人、士兵、电业工程师、修路工人等所建造的公路、铁路、水泥工艺、工厂、采石工艺、发电厂，也都是景观重要的组成元素。这些以及它们所发生的变化都应被记录下来。乡村基础设施包括乡村交通道路、农田基本建设、水利设施、供暖设施、能源设施、环境卫生设施和通讯设施等。农田基本建设内容有农田土地形态、设施农业、农田灌溉和农业机械化。乡村工业景观主要包括生产厂房、场区、生料场、烟囱、水塔、污水处理、污水排放等。

9）历史特色和文化

人类在生产过程形成了大量历史遗迹和文化特征。狭义的文化景观主要指乡村生态景观的软质景观，人类在认识、调谐自然的过程中，形成的生产、生活、行为方式和乡村风土民情、宗教信仰等方面的社会价值观。

10）感知和联系

识别景观不是一个像科学家解剖动物一样执行"冷"过程，而是一个"暖"过程，与之相关的是生活的实体，生存和改变的场所，拥有过去和未来，使人们充满情感。我们可以注意这些景观给人们带来的情感和感受以及人们对于景观的看法。

（3）农业景观和价值

1）农业景观概念和构成要素

农业生产的需要是创造和改变景观最根本的动力，农业土地利用和耕作塑造了乡村景观特征。国际经济合作组织认为，农业景观是农业生产、自然资源和环境相互影响形成的可视结果，它们包含宜人的环境和事物、遗产和传统、文化、美学和其他社会价值（图5-60）。

农业景观是由各种环境特征（例如植物、动物、栖息地和生态系统）、土地利用方式（例如作物种类、农作系统）和人造物（例如树篱、农场建筑、基础设施）之间相互作用形成的景观。从农业景观和乡村景观的定义可以看出，农业景观和乡村景观是有一定差异的。从组成上，农业景观重点研究的是生产性农田和设施以及周围环境，包括受人类干扰强烈的农田林地和林网、沟渠路以及相关聚落，乡村景观重点除了农业景观外，还包括乡村范围内的林地、聚落、湿地和河流。但农业景观和乡村景观研究内容边界相互重叠，使得人们有时很难区别农业景观和乡村景观。

2）农业景观功能和价值

农业景观具有多种同时存在且不相互排斥的价值（图5-61）。主要功能和价值包括：

生产、生态服务、科学和教育、可视美学、休闲娱乐、标识价值。一个具有合理的生态价值的农业景观应该具有良好的无污染生态环境、合理的土地利用方式，并且可以维持较高的生物多样性。目前还没有唯一的方式来定义、分类和评估，图5-10中的各

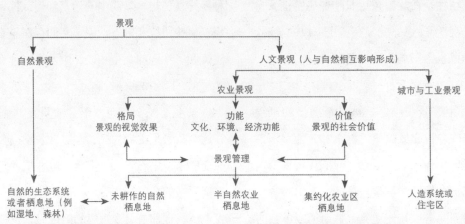

图5-60 关于农业景观的解译（OECD，2001）

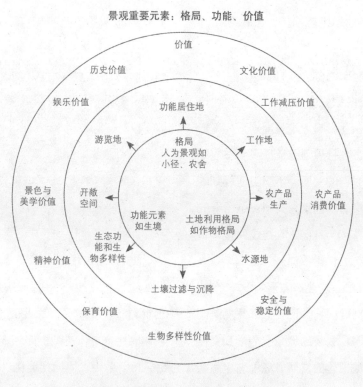

图 5-61　农业景观格局、功能和价值功能（OECD，2001）

种景观结构、功能和价值（OCED，2001）。城市居民倾向于从一般审美、娱乐和文化角度来评估景观价值。生态学家把景观看作最初的生物多样性和栖息地的提供者，而农民、村庄和最终的消费者喜欢或者至少从农业生产相联系的商品经济上获利，或者把景观作为一个生产和生活的环境。

5.4.4 乡村生态景观的分类

　　乡村生态景观的分类实际就是从功能着眼，从结构着手，对景观生态系统类型的划分。通过分类系统的建立，全面反映一定区域景观的空间分异和组织关联，揭示其空间结构与生态功能特征，以此作为景观评价和规划管理的基础。乡村生态景观分类方法有分解式分类和聚集式分类。按照起源——土地分类和植被生态分类，乡村生态景观分类又可分为发生法、景观法和景观生态法。在实际分类中，还可以进一步

分为以土地类型、土地利用类型、植被类型或生态类型为基础的分类体系。景观分类方法有图形叠加法、多变量法和直接法。目前应用最广泛的方法是基于乡村生态景观形成的等级要素和尺度特征，通过图形叠加法或多变量方法进行景观分类。乡村生态景观分类考虑的因素包括气候、地形、土地利用、土地覆盖、生境类型。随着高分辨率遥感和空间信息分析技术的发展和应用，乡村生态景观分类更重视微观尺度和定量化分类研究，以便为制定具体的生态景观建设措施提供依据。

5.4.5 乡村生态景观的规划设计原则

　　（1）强调生态用地和生态保护、文化利用和保护

　　在各类规划中，生态规划、土地利用规划、景观规划与乡村规划设计最相关。土地利用规划更强调生产性土地利用规划和设计，生态规划重点是

生态用地和生态保护的规划，而景观设计以及景观生态规划更强调生态用地和生态保护、文化利用和保护。

（2）以景观生态学作为生态分析的依据

生态学和规划有很多相似之处，从历史和理论上说，两者相互促进、相互影响，景观规划、环境影响评价、生态系统管理、乡村规划以及景观生态规划框架的制定更是促进了它们的发展。不同类型规划的内容和方法既相互联系又有所区别。共同点是所有的生态规划提出者都以可持续为目标，直接或间接地将景观生态学作为生态分析的科学依据。

（3）注重更大尺度的景观生态发展

传统的景观规划设计注重中小尺度的景观空间和建筑物的配置，主要考虑景观的风景、美学和文化功能。但随着工业化和城镇化的发展，环境与生态系统遭到破坏，景观设计开始吸收生态学及景观生态学的理论和方法，关注更大尺度的景观生态规划发展，并提出各种规划方法体系，以实现生态学理论与景观规划设计的整合。

（4）关注景观空间的安全格局

随着景观生态理论和方法的发展，不少学者提出景观生态规划方法体系，逐渐开始关注景观格局与生态学过程之间的关系和生物多样性保护，并基于景观生态学原理提出集中分散、生态网络化景观空间安全格局规划思想和方法。

（5）重视农民的参与

如何从农民那里获得可供乡村生态景观规划的依据，一直以来是学者们感兴趣的课题。过去在规划中往往只重视政府和专家的意见，农民只是作为服从者或者执行者，因而规划者在工作中往往不愿与农民群众展开交流。由政府和专家为农民提供规划方案，农民几乎总是处于被动状态，而对整个规划过程缺乏了解。参与是项目或事件的利益相关者对项目或事件的设计、分析、实施、监督、利益分享等方面的介入，它可以分为主动参与和被动参与。参与式规划有关的工具、方法和技巧有很多。在众多的工具中，景观现状调查、半结构访谈、现状和发展图的绘制、问题排序、参与式和可视化技术等已得到广泛应用，都是可以用来获取乡土知识和农民意愿的有效手段。

5.5 营造宜人生态环境的乡村公园

5.5.1 建设生态住宅

（1）生态住宅

建设村庄生态住宅可从六个方面进行：使用绿色材料（图5-62）、采用结合当地风俗习惯和气候条件的住宅单体造型（图5-63）、利用可再生能源（图5-64）、采用立体绿化美化（图5-65），利用与处理水的循环发展生态经济庭院（图5-66）和发展生态庭院经济（图5-67）。

（2）村落环境

村落环境可为居民提供休闲娱乐、公共活动与交流的场所。其空间布局、环境质量、文化氛围都影响到居民的生活质量和心理健康，在建设中强调合理布局、保持乡村风貌，提高绿化率、规范道路交通等方面（图5-68）。

图5-62 推广使用的绿色建筑材料，可多采用木结构建筑形式

图 5-63 选用住宅单体造型时，在结合当地风俗习惯和气候条件的前提下，注意节约用地和降低造价

图 5-64 利用可再生能源，如风能、太阳能、沼气、秸秆能

图 5-65 立体美化绿化包括屋顶绿化、垂直绿化、墙面绿化、栅栏绿化、瓜果棚架绿化、花架绿化等形式

图 5-66 在庭院内设雨水收集池用于灌溉，或将集水直接排入村内水塘，用于养鱼、种莲、美化庭院环境

图 5-67 发展生态庭院经济，可种植果树、蔬菜大棚、食用菌、花卉或养殖家禽等

图 5-68　国家模范村村落环境建设掠影
(a) 乡村休闲处；(b) 花坛；(c) 农家别墅；(d) 文化墙；(e) 曲径通幽小道

5.5.2　发展生态产业

发展生态产业主要从五方面进行：生态林业、生态农业、生态旅游、生态工业、生态服务（图5-69）。

（1）生态农业

对不同条件村庄发展生态农业可采用两种形式。

① 在农业资源丰富、现代化程度较高的地区，采用区域化、规模化、产业化的生态农业。即根据

图 5-69　发展生态产业的五方面
(a) 生态林业；(b) 生态农业；(c) 生态服务；(d) 生态工业；(e) 生态旅游

区位优势及资源优势，确定一个主导品种，进行标准化生产，采用多种形式与公司、科研单位等合作，进行产业化经营，变生态优势为产品优势，形成地方品牌参与竞争（图5-70、图5-71）。

② 在交通不便、农业生产难于形成特色的地区，发展低级的村级生态农业形式。如以沼气为纽带的"猪—沼—果"等"三结合"的生态农业模式；还有结合"池三改"的生态模式（图5-72、图5-73）。

图 5-70　赛岐葡萄已经成为了福建福安赛岐县一项形象产业、富民产业、生态产业和文化产业

图 5-71　标准种植枇杷，带富云霄半个县

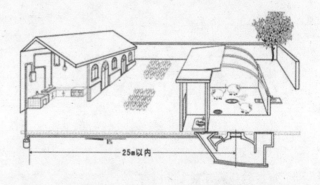

图 5-73　新建沼气池，改厨、改圈和改厕的生态农业模式

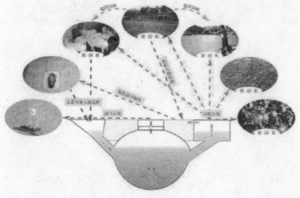

图 5-72　"猪—沼—果"等"三结合"生态农业模式

（2）生态旅游

打造生态旅游村既要强调旅游资源的保护与管理——保持自然风光、营造农业风光、传承民俗文化，更要将村庄整治和旅游发展相结合，强调生态旅游的外延，把生活中的衣、食、住、行等其他服务产业生态化（图5-74）。

图5-74　生态村可挖掘的生态旅游模式

5.5.3　建设山水田林生态景观环境

（1）营建山—林—田景观（图5-75）

1）恢复

对裸露地表及被人为破坏的土地进行人工修复，以形成农林生态系统。恢复过程中需结台周边环境，加大绿化力度，逐步改善。

对于田间地头的废弃地、沼泽地、荒坡地带，种植合适的乡土地被植物。可以考虑与生态、经济、景观效益的结合（图5-76）。

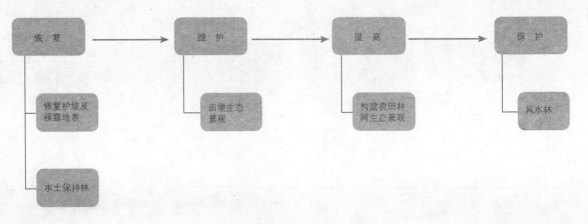

图5-75　营建山—林—田景观"四步走"

对裸露的农田进行绿色覆盖，提高裸露农田绿化率；也可通过覆盖其他设施，结合项目区规划，如完善培育初期围栏及排水系统等辅助基础设施建设，确保修复过程的持续管理，并营造农田别样景观（图5-77）。

恢复山坡地上除天然林和次生林外的生态涵养林（图5-78）。

山地林地的恢复需要依起伏不平的地形和自然特征形成疏松的林地边缘。在平原地区，将乔木、灌木、树篱配置在林地边缘，可以营造一个更为自然的外观（图5-79）。

在一些山区丘陵地区，林地栽植可以利用现有的山坡边缘或河渠堤岸，作林地边界。林地栽植要与农田毗邻，利于作物保护（图5-80）。

山地河道林地的恢复需要沿着线形水体种植，应从水道的边缘起向外至少延伸25m（图5-81）。

在河岸种植树冠不茂密的乔木，加固河岸的同

整治前

整治后

图 5-76 荒地整治

农用薄膜覆盖远景照

图 5-77 农用薄膜覆盖远景照

图 5-78 清流县龙津镇大路口村生态涵养林

图 5-79　平原地区林地恢复

图 5-80　山地恢复

图 5-81　在河岸种植乔木

图 5-82　在河道两侧种植防护林

图 5-83　平原田埂注重连通性

图 5-84　丘陵山区田埂营建

时确保地表植被的茁壮成长．使林地结构多变，创建多样化的河道生境（图 5-82）。

2）维护

维护原有田块间用以分界并蓄水的线性景观．包含田埂、绿篱、毛渠、作物边界带等景观要素（图 5-83、图 5-84）。

田埂应保持一定宽高度、比例、形状和连通性。丘陵山区地带，可采用等高布设和砌石及绿篱措施防止水土流失。修建梯田除因地坎特陡、特长或特短不适宜营建防护林而建设防护草外，应营造梯田田坎防护植物篱，以乡土耐旱深根植物为好（图5-85）。

结合田埂形状和种植作物，合理营造田埂植被景观。适当种植蚕豆、直立黄芪、波斯菊、油葵等植株相对低矮、直立生长的一二年生草本作物，也可以栽植一些根菜类植物和中草药等经济植物；较宽地段，可结合坡地起伏和路边、村边等地带，配置乡土植物和野生景观物种，营造起伏多变的田园景观（图5-86、图5-87）。

3）提升

在突出农田防护主导功能的前提下，与发展农村经济和形成多样化的田园风光相结合，对山一林一田景观进行生态提升（图5-88）。

在农田的迎风面种植树篱，形成呈长方形或方形的网格，主要依托主要道路、主要水系，沟渠、片林种植，营造许多纵横交织林网，起到全面的防护作用。建议使用林种为：马尾松、相思树、黑松、木麻黄、湿地松、杉木、桉树、红树等（图5-89～图5-92）。

图5-85 田埂应减少使用水泥硬化

图5-86 营造田硬植被景观

图5-87 草本作物

提升前

相思树　　　　　湿地松

杉木　　　　　马尾松

木麻黄　　　　　红树

黑松　　　　　按树

提升后

图 5-88　生态景观的提升

图 5-89　种植结构多样化，对于果园和草地围栏、设施农业周围、菜田、道路两侧，可以种植观赏性植物篱，以增加景观多样性和视觉空间

图 5-90　村庄或乡镇周边区域，树种应选择与当地景观联系在一起，根系发达，抗风能力强的多土景观特点的树种，使景观趋于多样化

图 5-91 濒临道路防护林，要求乔木树种干形通直，树形宜观赏

图 5-92 在河道沟渠两侧，注意选择耐水性强的树种，不选择易入侵树种

4）着重保护生态林

生态林是指在村庄一定范围内，由当地村民为了保持良好生态而特意保留或自发种植的树林（有些为生态树，统一将其称为生态林），有村落宅基生态林、寺院生态林和坟园墓地生态林3种基本类型，体现南方村庄文化、民风习俗意识，是乡村人居林的一个重要组成部分（图5-93～图5-97）。

图 5-93 客家土楼围龙屋旁的生态林

图 5-94　对于村落周边生态林，可将其纳入美丽乡村建设行动中，作为村的风景林、迎宾林，以形成具有一定地方特色的森林村庄

图 5-95　绘制生态林分布图，并根据生态林的人文价值、景观价值、保育状况、古树名木数景等对其进行分级保护，统一编号，统一挂牌保护

图 5-96　重视生态林木的保护，消除人为破坏因素；对长势濒危的生态林木进行抢救，并监督实施；对生长衰弱的生态林，要加强水、肥管理；并对生态林中的古树名木进行重点保护

图 5-97 通过标语、报纸杂志等形式对生态林进行宣传，摈弃其迷信的成分，将其作为地方风俗文化景观来进行宣传；倡导"保护生态林木，人人有责"，增强全民保护自觉性，并将生态林木管理保护工作列入城镇和林业文化发展规划

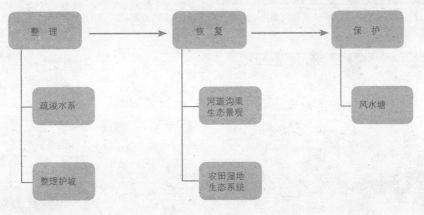

图 5-98 构筑水体生态景观"三步走"

（2）构筑水体生态景观（图 5-98）

1）整理

疏浚河道：在保障河道淘塘使用功能前提下，尽量减少对自然河道沟塘的开挖和围填，避免过多的人工化，以保持水系的自然特征和风貌。

整理护坡：提倡使用生态护坡，在满足河塘功能的稳定要求下，降低工程造价；根据水文资料和水位变化范围，选择不同区域和部位种植湿生植物；可设置多孔性构造，为生物提供安全的生长空间；尽量采用天然材料，避免二次环境污染；布置构筑物时应考虑村民的亲水要求。

2）恢复

a. 河道沟渠生态景观

河道绿化的横向应满足河道规划断面要求，兼顾防汛和亲水设施需要；不稳定的河床基础，以大石块和混凝土进行护底固槽，把砂石和石砾作为底

下回填，铺敷在石块后面并碾压结实（图 5-99 ～图 5-101）。

应尽可能保留和利用基地内原有的天然河流地貌，以水源涵养林和防护林为主；护岸的坡度一般设为 1：1.5 以下。植物选择适应水陆坡度变化，可根据水体生态修复的需求开展。适当布置浮水、沉水、浮叶植物的种植床、槽或生物浮岛等，避免植物体自由扩散（图 5-102、图 5-103）。

边坡绿化选择不同耐淹能力的植物各类；水位变动区部分应选用挺水植物和湿生植物，以减缓水流对岸带的冲刷；水位变动区以上部分，应以养护成本低、固坡能力强的乡土植物为主（图 5-104、图 5-105）。

考虑植物的生态习性，特别是不同水生植物种植对水深和光照的要求，水生植物的坡面应在 30 度以下。

不建议营建方式

合理营建方式

图 5-99　有效服务农业生产，营建沟渠纵向和横向的网络，注意在特殊地段保留小池塘，保护生物栖息地和景观多样性

图 5-100　因势利导，紧随水道

图 5-101　浮水、沉水、浮叶植物的种植床、槽或生物浮岛的使用

图 5-102　减少大面积使用养护成本高的草坪

图 5-103　水位变动区域种植挺水植物形成水岸景观

b. 农田湿地生态系统

　　水田是面积较大的人工湿地，它与水渠、水源地的山林等，共同构成了多样动植物的栖息场地。因此以农村水田为中心的湿地保护及生态修复也是十分重要的（图 5-106 ～图 5-108）。

图 5-104 沿坡栽种柳树等根系发达的乡土植物

图 5-105 芦苇既能改善水质，同时能够增加乡土氛围

图 5-106 减少农药和化肥的使用、大规模农田的平整和机械化；使用没有衬砌的或石砌的水渠，注重翻地、割草、挖泥等的管理

图 5-107 以水田为中心，打通水田和田畦；水田和田间小路；池塘和水渠及水田等的互相关联，形成接水田、河流、池塘等水域和湿地的移动通道

图 5-108 湿地与背后的山影、水田、草地、住宅林、石墙等构成各种各样的农村景观

（3）重点保护生态塘

生态塘一般处于村中的中心地位，形状为多为半月形的池塘，两侧有沟渠以形成活水，应采取有效的保护措施（图 5-109～图 5-111）。

5.5.4 保护和延续自然生态风貌

（1）保护自然景观特色

自然景观特色的保护措施，在于自然形态和生态功能的保护。村庄自然环境要素有地形地貌、气候、土壤、水文、大气、水系、湿地、湖泊、古树等（图5-112～图5-114）。

（2）延续自然景观特色

自然景观特色的延续措施，在于生态过程和景观格局的延续。村庄自然景观特色类型有：平原景观

图 5-109 将生态塘纳入美丽乡村建设行动中，作为具有一定地方特色的村塘水景，同时，将水塘作为地方风俗文化景观来进行宣传，增强全民保护自觉性，禁止乱排乱丢行为

图 5-110 恢复水塘功能，比如生活用水、洗涤、游泳，最重要的是安全防火的需要

图 5-111 扩展水塘外延功能，如养花、养鱼等

图 5-112 地形地貌

图 5-113 水系

图 5-114 古树

图 5-115 平原农田景观

图 5-116 平原花卉景观

图 5-117 平原果园景观

类型、山地景观类型、滨水景观类型（图 5-115 ~ 图 5-117）。

平原景观类型包括平原阔叶林景观、平原果园景观、平原农田景观、平原河流景观、平原湖泊坑塘景观、平原沙洲滩涂景观、平原花卉景观等。

山地景观类型包括山地针叶林景观、山地竹林景观、山地阔叶林景观、山地灌草丛景观、山地茶园景观、山地农田景观、山地水库景观、山地花卉景观

等（图 5-118 ~ 图 5-120）。

滨水景观类型：包括湖泊景观、沟渠景观、水乡景观、河流景观、农田湿地景观、滨海景观等（图 5-121 ~ 图 5-123）。

城镇乡村公园完全不同于人工建造的城市公园；也有别于建立在自然环境基础上的郊野公园、森林公园、地质公园、矿山公园、湿地公园等；更不是简单的农村绿地和农民公园；也不是单纯的农

图 5-118　山地茶园景观

图 5-119　山地农田景观

图 5-120　山地水库景观

图 5-121　海滨景观

图 5-122　沟渠景观

图 5-123　农田湿地景观

业公园。城镇乡村公园是在弘扬传统聚落乡村园林营造理念的基础上，为繁荣新农村、促进城乡统筹发展、推动新型城镇化生态文明建设发展起来的一种公园新形态，以适应美丽中国建设和广大群众的需要。

6 立足美丽乡村的乡村公园

1978 年改革开放以来，是新中国成立以来我国城乡发展和建设最快的时期，特别是近十多年。我国政府按照"积极引导、稳步发展"的原则，制定了"统一规划、合理布局、因地制宜、各具特色、保护耕地、优化环境、综合开发、配套建设"的城镇建设步伐所涉及的重大政策问题进行探索，形成配套完整的政策措施和切实可行的建设经验。通过试点全过程，总结出各种类型城镇建设的经验，建成具有形象的示范点，分类指导，重点发展地理位置和交通条件较好、资源丰富、乡镇企业有一定基础或农村批发和专业市场初具规模的小城镇，以推动全国的城镇建设工作。

目前，在我国，特别是沿海较发达地区，星罗棋布的城镇生气勃勃，如雨后春笋，迅速成长。他们构筑起农业工业的基石，铺就着乡村城镇化的道路，实现了千千万万向往城市生活农民的梦想，向世人充分展示着其推动城镇经济社会发展的巨大力量。绿色村庄、农业公园和美丽乡村的生态建设，都为繁荣乡村、促进城乡统筹发展、推进新型城镇化做出贡献，也为创建城镇乡村公园立下了发展的根基。

6.1 绿色村庄

6.1.1 绿色村庄的涵义

绿色、环保、生态，是当今中国乃至世界乡村发展中的关键词。中国村社发展促进会特色村工作委员会与亚太环境保护协会于 2008 年在本会员村中启动了"中国绿色村庄"创建活动，这是一件具有战略意义的公众性、公益性绿色创优争先活动。

在已被确认的 19 个"中国绿色村庄"中，大多数是各地创建绿色村、生态文明村、环保村的尖子村，有的已经创建成为国家级生态文明村，更有 7 个曾先后被联合国环境规划署授予"全球生态 500 佳"称号。仅此来看，已获得绿色殊荣的村庄，具有很高的先进性和代表性。

把创建绿色村庄作为统筹城乡发展，建设社会主义新农村的一个重要载体和抓手，具有重大的现实意义和深远的历史意义。一是适应经济社会发展进入崇尚绿色发展和可持续发展时代的客观要求；二是贯彻落实科学发展观，构建社会主义和谐社会的重要载体；三是体现了建设社会主义新农村的方向和美好前景，是农民群众共建共享绿色家园、幸福生活的必由之路。

绿色是人本原色，也是"三农"本色。社会主义新农村是一个以绿色为基调的新农村，绿色村庄必然是个充满活力、生机盎然的村庄；是农业发达、经济繁荣的村庄；是景色秀美、环境宜居的村庄；是文化深厚、富有魅力的村庄；是生态良好、生活幸福的村庄；是共创共富、和谐发展的村庄。绿色村庄创建集中体现了以科学发展观为指导，以构建社会主义和谐社会为目标的社会主义新农村建设的高要求，是又好又快地推进社会主义新农村建设的重要载体和抓手。

6.1.2 绿色村庄的目标

一是要树立绿色发展的理念。中国村社发展促进会鼓励和要求全体会员村积极参与地方性、区域性、国家级、国际性乡村环境保护、绿色建设、生态文明创优争先活动，在此基础上，积极参与"中国绿色村庄"创建活动，对特别优秀的，可通过推荐、自荐、选荐方式，参与竞选"亚太（国际）绿色乡村"美誉称号。要坚持以科学发展观为指导，增强以人为本、科学发展、和谐发展、可持续发展的理念，进行绿色环保教育，坚持走生产发展、生活富裕、生态良好的文明发展道路。

二是要培育有特色有优势的绿色产业，发展绿色特色的村域经济。按照一村一品、一村一业、一村一景的思路，因地制宜地发展高效生态农业、生态型工业和生态旅游业等，积极发展设施农业、循环农业、精准农业、休闲农业、有机农业等新型农业业态。推广农业标准化清洁生产，有选择地发展无污染低污染的生态型加工业，把农家乐乡村旅游业作为富民强村的新兴产业来抓。

三是要大力推进村庄环境整治和绿化美化，要以改善农村生产生活条件，绿化美化洁化村庄为重点，搞好村庄建设规划，扎实推进村庄环境整治和生态建设。努力使整治后的村庄体现绿树成荫、鲜花盛开、鸟语花香、碧波荡漾、泉水叮当的秀美村庄的景观，又能够把基本公共服务覆盖到农村，城市基础设施延伸到农村，城市现代文明辐射到农村，使整治后的村庄变成文明和谐的农村新社区。

四是要注重培育有文化、懂技术、会经营的高素质农民，造就一支新型的绿色产业发展大军，特别是重视培养选拔好农村基层"领头雁"队伍，强化他们的绿色发展理念，并自觉投身到创建绿色村庄的建设中去。

6.1.3 绿色村庄的类型

绿色村庄的类型有历史文化示范村、山区特色示范村、环保生态示范村、乡村旅游示范村、党建特色示范村、产业发展示范村、低碳环保示范村、生态文明示范村、产业互动示范村、生态农业示范村等类型。

6.1.4 绿色村庄的实例

（1）历史文化示范村——安徽环砂村

离开祁门县城，沿着新建的新大公路，驱车半个小时便来到了国家非物质文化遗产目连戏的故乡——历口镇环砂村。环砂村地处牯牛降山脚下，是古时沥水上游四大文明古村之一，因河水环绕村堂，久而久之形成一条长长砂带，故而得名。该村是黄山市新农村建设的市级示范村、生态文明村、旅游专业村。

1）人与自然的和谐

进入村子，首先映入眼帘的便是"水绕古村庄，聚砂如银环"的环砂河，河旁边是一条由鹅卵石铺成的小路，平滑而整齐。河堤旁，绿荫如盖；碧波中，鱼儿畅游；溪畔浣衣女，笑语荡清波……

小径深处，即是"环砂庇荫"的古树林，在约4亩的小山坡上植有红豆杉、黄连木、银杏树、朴树、豹皮樟等国家级珍稀保护植物。其中一对被村民称为"夫妻白果树"的连理银杏树，已历经千年沧桑，无论春夏秋冬，都风雨同舟矢志不渝，堪为植物活化石之典范。最珍贵的树种要数红豆杉，红豆杉又名紫杉叶，结樱桃大的红豆果，树干含有抗癌特效成分紫杉醇，是第四纪冰川后遗留下来的世界珍稀濒危物种。现全世界自然分布极少，已列为国家一级重点野

图 6-1 田园风光

图 6-2 建筑与自然和谐

生保护树种，被专家们誉为"植物黄金"。树龄最长的一株红豆杉约 850 年，直径达 35cm，整株高约 26m。2005 年 8 月古木林已被市林业局挂牌列为"重点保护古树群"。

为了与村落四周的自然和谐发展，村中先人早在雍正九年（1731 年）就成立了专管河道放生的慈善组织"鱼孤会"，树立了"放生碑"，建立了"放生池"，规定了放生的具体范围和放生时间。嵌在宗祠院墙上的古森林法规碑记——永禁碑，刻成于清嘉庆二年（1797 年）冬，经历二百余年风雨侵蚀，尚保全完好，阴刻楷书碑文仍清晰易辨，碑文分上下两部分，上部为祁门县知县赵敬修之批文，下部为立约正文。永禁碑是环砂村民用于养山造林，防止乱砍滥伐，注重山林资源和生态环境保护的历史见证，是一部活生生的古代森林法。放生和合理砍伐的习俗在村中世代相袭，现今环砂村的森林覆盖率高达 90% 以上。

"林深幽意浓，桥横野趣多。"小坐古樟树下放生池边，鸟鸣鱼戏，人来攘往，和谐之风悠然而至（图 6-1、图 6-2）。

2) 人与人的和谐

来到环砂村不得不看的是全国独一无二的"两姓祠"——叙伦堂。这座宗祠位于村中心，坐东朝西，分前、中、后三进，由门楼、大天井、正厅、小天井和寝堂及楼阁组成，祠堂内所有立柱和横梁，挂有形象各异的楹联和匾额，书法秀丽、金碧辉煌。高悬于中堂上方的苍劲有力、庄重大字"叙伦堂"和矗立两侧的程氏祖训"孝悌忠信、礼义谦耻"八个斗大金字，更是令人身临其境、肃然起敬。祠堂原系创建于唐宋年间，后由程姓于明隆庆四年（1570 年）扩建当今规模，寝堂左墙上的碑文铭记了这段历史。自古宗祠无二姓，傅、程两姓共用一座祠堂，不正体现了环砂人纯朴善良、村风和谐的良好民风。

叙伦堂内现亦设有"目连戏展示馆"。《目连戏》全称《新编目连救母劝善戏文》，乃祁门清溪剧作家郑之珍于明万历年间以环砂为原型创作。当地有谚云：目连戏"出在环砂，写在清溪，打在栗木"。故事描写了傅相一家人的命运：傅相行善而升天，其妻刘氏不敬神明，被打入地狱，其子傅罗卜孝母情真，地狱寻母，历尽艰险，终于感动神明，救母脱离地狱。作者将儒家文化精神灌注到目连救母这一佛教故事中，在大力弘扬原有的"孝"理念的同时，还写目连辞谢朝廷征召，阐释了《孝经》等儒家典籍中"移孝作忠"的忠、孝两者的关系，表现了徽州"程朱理学"的文化理念。剧本还以大量篇幅宣扬了佛教的"因果轮回"和道教的"阴阳二气""天命"等观念，三教教义融会贯通，内容庞杂，当时传统社会所倡导的意识形态在这部戏里都得到了和谐统一。表现出当时古

图6-3 古村落建筑

图6-4 春季游人

徽州人的兼收并蓄，海纳百川的思想。2006年，《目连戏》被列入第一批国家非物质文化遗产保护名录，有"戏曲活化石"的美称。

3）历史与现代的和谐

都说现代社会发展是对古老文明历史的毁灭性冲击，然而在这里，古老与现代却得到了和谐的并存。社会主义新农村建设开展以来，环砂村两委坚持以科学发展观为指导，按照"生产发展、生活宽裕、乡风文明、村容整洁、管理民主"的要求，确定了"以人为本、以德育民、实干兴村、民主治村"的发展思路，使村党支部为核心的村级组织在新农村建设中的作用明显加强。

有了一个团结务实的两委班子，更要有一套有效的经营管理方式。环砂村建立健全了比较完善的村务公开制度和监督制约机制，促进了村内热点难点问题的解决；一是建立村务、政务、财务公开制度，成立村务监督组、民主理财组对各项村务活动进行检查监督，增强透明度；二是计划生育指标分配、宅基地审批、救济款发放等公布于众后，群众议、大家定，使农村工作中的热点不热、难点不难、疑点不疑，同时也促进了农村基层廉政建设；三是开展农村社区党建工作，村党支部将全体党员按不同特点重新设置了乡村旅游、食用菌种植、社会事务监督三个党小组，

推选出作风正、能力强的党员为党小组长，并设立党员中心户进行挂牌，经常性开展活动；四是成立老年协会等组织，让村内老人"老有所为，老有所乐"，既丰富了老年人的生活，也使出门务工的年轻人更加放心。

环砂村的乡村旅游开发与新农村建设是同步的，两者相辅相成，相得益彰。环砂人充分利用自己与国家级自然保护区、国家地质公园牯牛降相依互补的区位优势，着力打造"游目连故里，品农家生活"生态休闲旅游品牌。游客至此，可"游古树林、观古祠堂、赏目连戏、品农家宴"，让游客们吃农家饭、品农家茶、住农家屋、干农家活、呼吸乡村的新鲜空气。村两委还组织了"农家乐菜肴比赛"，并组织从业人员进行业务培训。环砂村现有农家饭庄10余处，有近百名富余人员直接或间接从事着经营活动，这无疑是增加农民就业和收入的又一大亮点。乡村旅游又将给新农村建设添上浓墨重彩的一笔，成为一道分外耀眼的风景线（图6-3、图6-4）。

古老，因其不灭的历史痕迹；现代，缘于历史车轮的必然向前。如果说两姓祠、永禁碑、放生池等古遗存诠释的是古人对和谐生活的理解和设计的话，那么以"唱响千年古戏，建设和谐新村"为主题的新农村建设正体现了当今环砂人对创造美好家

园的诉求与实践。悠长的护村河畔，眼前这座因"目连戏"闻名的环砂村，一边"回忆"着千年前的沧桑往事，同时，又"记录"着千年后乡村变迁的日新月异。

农闲小村静，世远人气和。环砂河清澈如镜，是因为它日夜川流不息。随着新农村建设的进一步深入，我们有充分的理由相信，环砂村的明天会更加和谐！

（2）山区特色示范村——福建洋畲村

洋畲村地处福建龙岩市新罗区西部山区，海拔在550～750m之间，距龙岩中心城市15km，离319国道4km。村财政收入主要靠柑橘和竹产业。（图6-5、图6-6）。

从一个贫困村到今天的闽西明星村，洋畲村靠的正是充分挖掘本村资源的优势，因地制宜，以柑桔和竹的特色产业开发，走出了一条"一村一品"，特色求发展的道路。洋畲村"一村一品"的成功经验主要有以下几点：

1）重视区划，发展柑桔生产

根据新罗区果树区划成果显示，洋畲村是柑桔种植最适宜区域之一。1985年，洋畲村没有任何人种植柑桔，时任支部书记的李明星和支委李文标勇

敢地"吃了螃蟹"，应用区划成果带头种植了芦柑1000株。通过精心的管理，1990年总产1万多kg，1991年总产达2万多kg，取得了很高的经济效益。示范是最好的榜样，群众看在眼里，纷纷上山整地挖穴，从此拉开了全村发展柑桔的步伐。

1991～1992年，龙岩市掀起山地开发种果热潮，村两委抓住这一有利时机，以统一规划、分户开发、承包经营等形式大力宣传、发动和鼓励村民发展柑桔生产。通过数年的精心耕耘，洋畲村已有千亩果园，柑桔成为洋畲村的支柱产业。通过种植柑桔，洋畲村脱贫致富，成了远近闻名的"柑桔专业村"（图6-7、图6-8）。

2）创立品牌，增强竞争力

品牌是打开市场的通行证，是抢占市场的制高点，谁拥有品牌，谁就有市场。闽西很多农产品品质不错，就是没有自己的品牌，靠打着别人的品牌进入市场。洋畲人深感品牌的重要性，通过多年的努力，创立了"千年池"芦柑品牌。

品牌营销战略产生了巨大的效果，洋畲村每年柑桔都由外地经销商订购一空。在创品牌方面，洋畲村采取了以下策略：首先是积极引进和推广优良品种。洋畲村示范基地的品种有芦柑、日本的特早熟

图6-5 花果之乡

图6-6 洋畲新村入口标志

图6-7 采桔节

图6-8 农民新村

温州蜜柑、新一代杂交柑桔（天草、明尼奥拉桔柚）等。其次是推广无公害栽培技术。洋畬村目前采用的主要技术有：生物有肌肥与生物农药应用技术，严格按照农药安全间隔期使用农药，"猪—沼—果"生态果园建设技术，保持果园的生态平衡；柑桔综合改进技术，通过对过密树间伐、回缩和大枝修剪、草生栽培、疏花疏果、增施有机肥、病虫综合防治来实现节本增收；柑桔套袋技术，大大减轻农药污染，提高果实外观和品质来增加果业经济效益；"树上一盏灯，树中一袋虫，树下一片草，园内一头猪"的"四个一"无公害果树栽培技术，使得果品质量显著提高，增强了市场竞争力。

3）重视培训，提高科技含量

为了提高果农种果的技术水平，洋畬村规定每月第一周的星期日为科技活动日，请闽西大学教授、市农科所和市、区经济站等专家到村里授课，介绍柑桔栽培管理技术。除了外地专家，洋畬村还发动本村有经验、懂技术的农户为果农授课，大力宣传无公害柑桔生产栽培技术，向每户果农发放全国农技推广中心推荐的用于无公害农产品的农药品种以及不得在果树等作物上使用的高毒高残留农药等品种。培训、学习既大大地提高了洋畬村果农科学种果的技术，也提高了果品的经济价值，如：柑桔果实套袋在特早熟蜜柑上应用，一级果比例增加35%，每kg售价增加0.2元，每亩产值增加300元；有机肥与生物农药的应用大大降低农药残留比例，经检测，全村果品均符合无公害农产品标准，且每kg果售价增加0.2元；秋季反光膜覆盖，增加了中下部果实的光照，提早转色成熟7天，在市场竞争中赢得了先机。

4）组建协会，促进增产增收

2007年，应大部分果农迫切要求，洋畬村于5月18日正式成立了洋畬柑桔专业合作社，第一批入社成员有22户。合作社申请注册了"千年池"商标，创建了洋畬村第一个属于自己的农产品品牌。

洋畬柑桔专业合作社实行"统一技术、统一收购、统一品牌、统一包装、统一销售"的五统一标准，实行品牌化经营，并举办柑桔"采摘节"等活动，扩大品牌的影响。

（3）环保生态示范村——贵州爱燕村

中华绿色版图工程惠水燕子洞生态教育基地、亚太环境保护协会国际爱燕村秉承"教育一个学生，带动一个家庭，影响整个社会"的理念，将羡塘乡环境保护事业以羡塘中学的教育为平台，一年复一年地将环境保护的教育以恒持之。多年来，环境保护的教育结出累累硕果，羡塘的山比以前更绿，羡塘的河水比以前更清。羡塘乡的各族人民爱燕护的意识在不断加强，经多年的观察，由于环保事业得到加强，爱燕护燕的行动得到落实，燕子洞的白腰雨燕数量由过去有减少的趋势到逐渐稳定到现在逐年增加（图6-9、图6-10）。

1）加强领导，开展丰富多彩的爱燕护燕活动

切实加强领导，充分认识保护燕类的重要性和紧迫性，积极动员师生投入到的爱燕护燕的公益性活动中来。把爱燕护燕与全民环保宣传教育相结合，开展"爱燕护燕使者"评选、爱鸟月知识竞赛、"爱燕主题"演讲比赛、爱燕护燕倡议书以及签名等活动，实现人与自然环境的和谐。

2）加大爱燕护燕宣传力度，提高公众意识

要广泛深入持久开展形式多样的爱燕护燕宣传活动，真正把爱燕护燕作为精神文明建设的一项重要内容来夯实。尤其要紧紧围绕"爱鸟月"（每年4月）认真部署，周密安排，使爱燕护燕意识深入到千家万户，成为家喻户晓的口号。只有每一个人都有了较强的意识，才能积极地参与到爱燕护燕中来。

3）营造爱燕护燕的社会舆论，坚决制止在燕子洞景区的破坏行为

保护鸟类，人人有责。虽然环境保护作为社会共同关注焦点，但燕子洞景区周边少数的村民爱燕护燕意识还非常淡薄。个别人为了获取燕窝，不惜以摔下洞壁悬崖粉身碎骨为代价；甚至毁林开荒剥夺雨燕栖息地的生态环境等。因此本村以学校为平台，加大爱燕护燕的教育宣传力度，营造爱燕护燕的社会舆论，提高人们的爱燕护燕意识。当好政府的环保参谋，积极配合相关部门的环保执法。让更多人知道，保护燕子洞景区的白腰雨燕就是保护自己，让更多人参与到爱燕护燕的队伍中来（图6-11）。

4）响应政府号召，鼓励学生植树，建设羡塘乡两河竹廊

每年冬季，爱燕村积极发动学生每人种一棵树，栽一棵竹，投入到乡党委政府的建设羡塘两河竹廊，绿化羡塘的活动中。

5）积极向外宣传，争取多方支持

为了使爱燕村的环保事业得到多方支持，使此项事业得到可持续的发展，在当地党委政府的领导下，在上级环保部门的指导下，爱燕村积极向外宣传，得到多方的支援。特别是得到由亚太环境保护协会中华绿色版图工程生态示范基地的大力援助，并与之达成共同的目标，并被命名为中华绿色版图工程惠水燕子洞生态教育基地、亚太环境保护协会国际爱燕村。

图6-9 羡塘风光

图6-10 幽幽涧水

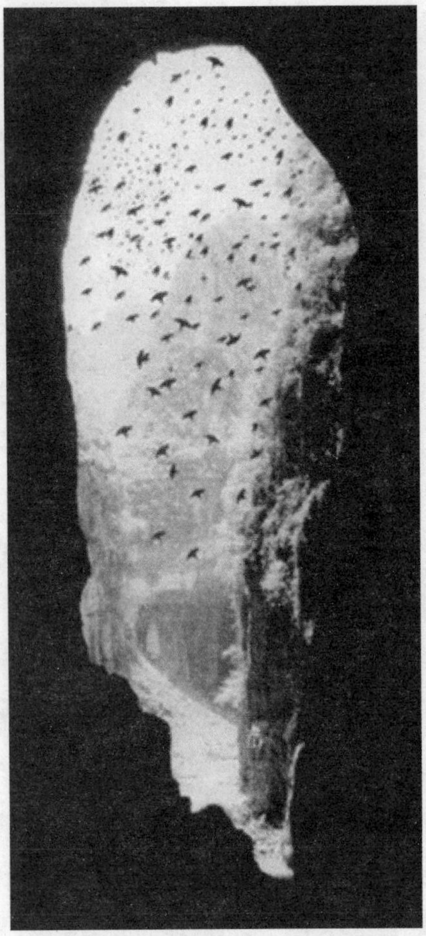

鸟群栖洞穴，根据《亚太人文与生态财富评价体系》有关指标，授予惠水羡塘燕子洞为亚太环境保护协会命名的第一个"亚太国际地理标志公园"，2007年羡塘燕子洞以"福娃妮妮，世代故里"八字锦言入选世界奇迹金皮书 TOP108 的珠江流域三大燕子洞之一；2008年5月2～3日，由亚太环境保护协会、中国城市竞争力研究会、香港世界遗产研究院、香港中国城市研究院、世界城市合作组织中国委员会、世界航空小姐协会、亚太人文与生态价值评估中心、中华绿色版图工程生态示范基地、国际绿色消费者协会、中国城市杂志社等十家机构，在香港联合举办"首届国际雨燕保护会议"，一致通过雨燕享有"中国人最喜爱的鸟类"美誉，一致通过将全球最大的、也是当前保护比较得力的雨燕繁衍栖息洞穴——惠水燕子洞，命名为"国际爱燕总部基地"，并一致通过《中国珠江流域以惠水燕子洞为代表五大雨燕洞栖生态系统捆绑申报世界农业遗产的调研与建议报告》。这些殊荣与美誉，正是见证了爱燕村年复一年的工作。

（4）乡村旅游示范村——江西江湾村

千年古村江湾村，国家4A级旅游景区，位于婺源县城东28km处，嵌于锦峰环抱、清溪碧水之间。全村1500户，4800余人，耕地面积4300亩，林地面积35700余亩。2007年，江湾景区接待游客60余万人次，门票收入1000余万元，村集体收入70万元，农民人均收入4800元（图6-12、图6-13）。

图6-11 爱燕护燕，燕子洞燕翅如云

如今，羡塘燕子洞入选"中华100大生态美景奇观""世界喀斯特（中国）美景"，获"中华100大生态美景口碑金榜"第十名；2006年，在香港召开的《中华绿色版图工程——贵州惠水燕子洞生态保护红皮书》论证会上，与会国际国内有关专家一致认为惠水羡塘燕子洞是国内乃至国际上最大的候

图6-12 江湾远望

图6-13 江湾近景

图6-14　江湾永思街

图6-15　江湾游客服务中心

近年来，江湾村在上级党政的正确领导下，坚持以科学发展观为统领，抓住机遇，唱响"传人故里"品牌，以发展生态旅游为契机，建设生态文明村。一是建立生态公益林，发展生态林业。全村共划定国家级重点公益林5874亩，省级公益林7391亩，退耕还林377亩。配备了8名护林员，对生态林进行管护。二是提炼改良江湾雪梨，发展生态农业。公路沿线、村庄周围、房前屋后栽种了梨树、水蜜桃、布朗李等优质果树，面积近1000亩。阳春三月，梨花、桃花、油菜花争奇斗艳，一片花的海洋。三是改水改厕，加强卫生管理。2007年10月，总投资500万元，日供水量5000吨的自来水厂建成通水，村民家家户户用上了洁净的自来水，90%的农户用上了水冲式厕所。组织了10余人的环卫队伍，全天候负责公共场所、街道的保洁工作，使村庄环境始终保持干净整洁，改善了人居环境。四是加强基础设施建设，美化村容村貌。按照规划，村庄构建了"三横三纵"道路框架。先后建成云湾路、永思街、厚德路、东和路；新建了停车场、游客接待服务中心、乡贤园、七星园、北桃园商贸区，重建了萧江宗祠、扩建了中心小学；完成了房屋改造、三线入地，排污系统、水系改造、青石板路铺设等工程；同时植树种草，各街道实行了绿化、美化和亮化。千年古村落旧貌换新颜，尽显新农村风采（图6-14、图6-15）。

走进今日的江湾村，仿佛置身于一幅美丽的画卷：村南梨园河碧波荡漾，村北后龙山青翠葱茏，一幢幢徽派建筑古朴典雅，一排排风景树春意盎然，一条条宽阔的水泥路通向远方。景区内树木掩映房舍，青石板游客道平坦洁净；处处草木葱茏，鸟语花香；村民笑脸迎宾，游客流连忘返，人与自然和谐，一缕缕和谐文明新风扑面而来。

（5）党建特色示范村——辽宁金胡新村

朝霞堤树小路，楼群村舍别墅，风景美丽如画，山村秀美静穆。太阳能路灯沿街而立，现代化厂房比肩而矗，道路平坦宽阔通畅，运输车辆日夜忙碌……昔日"穷在深山无人识"的穷乡僻壤，如今经济发达、村民富裕、村容整洁、管理民主，先后荣获辽宁省"文化先进村""环境优美村""爱国卫生先进村""老龄工作先进村""中国社会主义新农村建设示范村""全国文明村""全国民主法治建设示范村"等荣誉称号。全村刑事、治安、信访案件均为零，有力地保证了在良好秩序下农村经济的快速发展，为广大村民创业致富营造了平安和谐的社会环境。金胡新村发生的翻天覆地变化，得益于村里有个堡垒般坚强的党支部，得益于党总支富有特色的党建工作（图6-16）。

图6-16 金胡新村春色

全国社会主义新农村建设示范村金胡新村是原胡家庙村、金家岭村、肖家堡村和白家堡村合并后的新村称谓。金胡新村位于距市区 12km 的千山骆驼峰下。东临古城辽阳，南接重镇七岭，北望齐大山矿区。全村总面积 26km²，山林 20070 亩，耕地 5000 亩。全村居民 1200 户左右，农业人口 3600 人左右。金胡新村设一个党总支，4 个党支部，8 个党小组，134 名党员，村民代表 47 名。

在党的富民政策的指引下，经过几年的艰苦奋斗，金胡新村发生轩然巨变。2009 年，社会总产值 25 亿元，上缴利税 3 亿元，村级财政收入 3400 万元，人均收入由当年的 703 元跃为 1.3 万元。

1) 火车跑得快全靠车头带

火车跑得快全靠车头带，这是朴素的道理。这个车头就是党组织，就是广大党员。金胡新村十年的创业历程使党总支书对党建颇有心得。金胡新村靠党建起"家"，靠党建治"家"，靠党建发"家"。他形象地说："党建，是经济发展的加速器；党建，是精神文明建设的起落架；党建，是民生工程的打夯机；党建，是社会和谐稳定的聚合剂。"

党的十七届三中全会强调，推进农村改革发展关键在党，要把党的执政能力建设和先进性建设作为主线，以改革精神全面推进党的建设，培养党组织的创造力、凝聚力和战斗力，不断提高党服务农村的水平。金胡新村秉持这一宗旨，积极实践科学发展观，为党性党风"保鲜"；加强基层组织建设，争创"五好"党总支；发挥战斗堡垒作用，当好村民致富带头人；满腔热情践行党的宗旨，真情实意当好村民贴心人。

2002 年开始，村党总支带领广大党员参加党建"三级联创"活动，通过开展"三级联创"活动，有力地提高了村党建工作的质量。2005 年以来，金胡新村先后荣获镇、区和市"五个好党总支"称号。

金胡新村推出四级塔式管理模式。级与级之间，层与层之间签订责任状，明确规定责、权、利及奖罚条例。党员、干部不能坐等村民上门，包片干部必须下去，了解民情、民需、民愿，同时宣传党的政策，为村民致富启智、献策、支招。科学的管理体制，有效的激励机制使民情民意迅速进入领导视线，为决策提供依据。

为提高党员的政治素质，金胡新村党总支出台"党员行为手册""干部工作日记""领导承诺备忘"等约束机制，增强党员干部的自省、自律意识，更加自觉地以身作则，为群众树立好的榜样。

党总支书记樊洪义意识到，在社会主义新农村建设中，如何让党员先富，同时带动村民致富是党支部工作的重点、要点、亮点。党总支明确提出要在党建中把党员培养成致富能手；把致富能手培养成党员；把致富能手培养成干部。樊洪义的想法，得到了党总支成员一致认同。

有思路，必有出路。金胡新村党总支确立了在全村开展"三个培养"、增强"三个意识"、达到"三个变化"的"三三"活动。在"三三"活动中，金胡新村党员和群众结对子，致富能手和村民困难户一帮一，齐心合力建设社会主义新农村的热潮涌动不息。许多感人的共同致富的故事在村里流传：党员黄静波致富不忘乡邻，致富能手白连宏甘当公仆为乡亲，致富能手王明义一颗红心向党……

几年来，金胡新村党总支坚持成熟一个，培养一个，发展一个的组织建设思路，把更多的致富能手培养成党员。为改变金胡新村党员队伍年龄偏大状况，金胡新村党总支按照"坚持标准、保证质量、改善结构、慎重发展"的方针，着重发展有学历、有能力的青年入党，不仅充实了金胡新村党组织，还优化了党员队伍结构。

2009 年底，金胡新村在承接过去党建工作经验的同时，开始围绕党建这个主题，探索方法，开拓途径，建设阵地，健全制度，进一步提升党建的力度、高度和广度；提高党总支的凝聚力、创新力和战斗力。金胡新村党总支于 2010 年 3 月 7 日，在文化活动中心举行学习落实《中共中央关于推进学习型党组织建设的意见》开班仪式，134 名党员悉数参加，樊洪义书记作动员报告。他强调，由于历史的原因，农村党员干部普遍文化较低，知识较少，素质较差，与肩负的时代使命要求相去甚远，与党提出的服务农村的要求差距很大。因此加强党员干部学习，建设学习型党组织，全面提升党员干部的综合素质势在必行。这是伟大时代的需要，是建设社会主义新农村的需要。

为充分调动广大党员干部的学习热情，提高学习型党组织创建活动的积极性，金胡新村运用信息化建设成果，加强党建阵地建设，为广大党员干部提供学习平台。信息化离不开信息基础设施建设，2005年以来，金胡新村先后投入 400 多万元用于农村信息化建设。2005 年，金胡新村机关楼内铺设局域网，联通了村委会 10 台办公电脑。2006 年 5 月，矗立在金胡新村的鞍山市网通公司"联通塔"竣工。2008年 4 月，金胡新村又与鞍山移动公司达成协议建成"移动塔"。两塔的建成为金胡新村普及手机及提高手机的覆盖率创造了条件。

2007 年 5 月，金胡新村通过自己的平面媒体——辽宁农民报金胡农经版开辟《党员干部受教育 科学发展上水平 人民群众得实惠》专版，在金胡网页开办"学习科学发展观专栏"。村调研室五台高端电脑、三台打印机、两台复印机、一台彩色打印机、扫描仪、刻录机、录音机、照相机和摄像机等专用设备，为党员干部群众学习实践科学发展观提供网上查询、信息咨询、信息发布等服务。

2009 年 9 月，鞍山图书馆在金胡新村成立金胡新村分馆。金胡图书馆发挥上万册图书、24 种报刊、26 类期刊的馆藏优势，不定期举办党建研讨会和演讲会。文化活动中心利用挂牌的辽宁省行政学院教研基地、辽宁日报特色采访基地、市委党校教研基地、鞍山师范学院实习基地等资源，先后请专家、学者、教授和领导作学习实践科学发展观专场报告 5 场，600 多人次收听辅导。

党总支为进一步完善党的基层组织，增强党组织的战斗力，在原新兴联村党支部的基础上又增设了金家岭、胡家庙和本村企业三个党支部并增选三名年轻的大学生支部书记。为锤炼年轻的党支部书记，使之尽快成为"信息型、技能型、创新型、服务型"党员干部，党总支提出四个支部书记要把党支部建设同农村经济建设紧密结合起来，同步进行。各支部根据金胡新村矿山资源、土地资源和人力资源实际情况，组织选矿、运输生产，力争当年实现利润一百万元，并把创收所得用于支持和帮助弱势群体创业，走向富裕（图 6-17）。

2）党建——经济发展的加速器

1999 年，我们根据金胡新村的地理区位、自然条件、资源优势，明确提出"发挥资源优势，打造龙头企业，孵化 10 个铁矿，联动三产发展"的创业思路，大大促进了经济的发展。2004 年，国家批准的振兴东北老工业基地的重大项目——投资 20 亿元的鞍千矿业公司落户金胡新村，金胡新村抓住历史契机

图 6-17 金胡新村党建文化墙

加速发展。这时金胡新村制定了构建"二园二区一带"的新村发展规划，提速推进工业园区的招商引资和农业园区的开发建设，倾力打造现代特色农业和工业强村。运输公司、破碎场、爆破队、建材石场、焊接结构厂、修理厂等应运而生，第三产业生机盎然，其他各项事业同步跟进，经济发展呈现历史奇观。由于矿山建设持续征地动迁，土地资源锐减，矿产资源殆尽，唯有人力资源丰富。面对这样形势，金胡新村发展如何定位？通过学习科学发展观，金胡新村第三次调整经济发展思路，提出进一步解放思想，深化改革开放，转变发展方式，优化空间布局，提高自主创新能力，着力改善民生，发展农业"基地群"，成立工业企业集团，培养信息型技能型农民，建设劳动密集型的人力资源强村。

2009 年，金胡新村在 2008 年投资 2000 万元兴建宏顺达养猪场的基础上，又投资 2000 万元引进种猪、仔猪，进行人工繁殖和基础设施建设，进一步提高了养殖化组织程度，加速了生态养殖标准化进程，实现了万头养殖计划。

2008 年 10 月，金胡茶园再次投入 2000 万元扩大茶树种植面积，新辟 160 亩山地，开始室外种植茶树。

要想富先修路。金胡新村在 2006 年，投资 2500 万元修建了高标准、高质量的"七王路""胡崔路"及胡家庙至辽阳的外环路和一条内环路，同时完成"七王路"、大岭道降坡 28m 的工程和重新铺筑拓宽金胡村大桥。2007 年再投资金 5000 万元修建优质"金胡路"，并于当年 7 月通车。现在 30 多 km 长的柏油马路纵横交错，四通八达，最宽路面达 16m。

2009 年 10 月，金胡新村引进东北电业局投资 5000 万元的 10 万千瓦变电站配电工程项目开始施工，计划 2010 年 6 月竣工。

2009 年 6 月，金胡新村投入 500 万元建设观赏鱼繁育基地。基地占地 1 万 m²，建筑面积 5500m²，年产 5000 万尾锦鲤鱼，产值 500 万元，提供 30 多个就业岗位，销售渠道主要依托鞍山市观赏鱼批发市场辐射北京、天津、东北等地。

2009 年 12 月，金胡新村在原投资 1000 万元建造的金新砂石厂基础上，办理资源购买权后，决定再造两个年产 100 万 m³ 的砂石厂。

为提高百万棵南果梨树栽植蓍果科技含量，金胡新村不断普及提高果农的栽培管理技术。积极推广树下套种五味子、党参等中草药，林间养殖林蛙、河蟹等高经济附加值作物。

总之，金胡新村在 2009 年已经实现一村一品（南国梨园），一村一企（宏顺达养殖场），一村一业（金壶茶园）的特色农业的战略构想。

在发展农村经济的同时，金胡新村开始在旅游经济上做文章，举全村之力开发金家岭 3A 旅游景区。金家岭位于金胡新村的东北部，海拔 200m。东与古城辽阳接壤，面积 15 平方 km，居住人口 720 人。山林面积 12500 亩，四围青山壁立，湖水微波荡漾，空气清新宜人，植被覆盖率达 90%，各种类果树共计 50 万余棵，可谓天造地设的大氧吧。

金胡新村计划在五年内围绕生态旅游区建设一个中型苗木基地、"五味子"种植园、绿色食品种植园和以南果梨为主导产品的水果采摘园、中草药栽植园。开发绿色无公害蔬菜基地，不断增加绿色农业项

图6-18 金胡新村崔家沟景区——金水塘、休闲别墅

图6-19 绿色养殖基地——宏顺达养殖场

目，提高绿色农业效益，并在此基础上，完成旅游产品体系的构建，实施旅游园区细化工程，朝着"AAA"生态旅游景区迈进（阁6-18、图6-19）。

3）党建——精神文明建设的起落架

抓党组织建设促精神文明建设是金胡新村党总支基本工作思路。精神文明是社会进步和发展的根本性标志，是中国特色社会主义的重要特征。近几年，金胡新村积极开展"八荣八耻"教育，遵纪守法教育，爱国爱村教育，逐步在村民中形成诚实守信、平等友爱、相互尊重、融洽相处、共同发展的良好人际关系、生活环境和社会氛围。

转变社会风气，移风易俗，革除陋习，大力倡导健康文明新风尚，是农村精神文明建设的重要内容。金胡新村加强农民社会主义荣辱观教育，并与勤俭持家、孝敬父母、助人为乐、文明户评比活动结合起来，把"八荣八耻"具体要求落实到村民的生活实践中去。我们开展集中整治迷信活动，提倡节约反对浪费，严厉打击黄赌毒等犯罪活动。我们大力倡导社会主义新风，积极建设清新淳朴的村风和互相帮助和谐友爱的民风。在2010年春节表彰会上，金胡新村表彰了2009年涌现出的致富能手、五好家庭、好媳妇、好婆婆、先进个人、先进集体等32名优秀典型。这些富有时代特点的先进人物印证了金胡新村精神文明建设硕果丰盈。

金胡新村党总支书记樊洪义意识到当今竞争的最高表现形式即文化的竞争。没有先进的文化引领，没有群众精神世界的极大丰富，民族的振兴无从谈起。党总支决定加大文化建设投入，营造精神文明氛围，提升农民文化素质。

2006年3月16日，樊洪义和班子成员达成共识，成立了"社会主义新农村调研室"。2007年5月，金胡新村和辽宁农民报合作，创办《金胡农经》，拥有了自己的平面媒体。同年8月24日，金胡新村新的一项文化建设项目——金胡新村网站建设开始运营。2007年金胡新村和鞍山师范学院合作，成为鞍山师范学院新闻专业的实习采访基地。

2009年底，金胡新村投资2600万元修建的4500m²的文化中心投入使用。金胡新村文化活动中心是集会议、培训、餐饮、健身、娱乐于一体的多功能文化活场所。图书馆、健身房，活动室、棋牌室、多功能会议厅、小会议室、KTV音乐厅、餐厅等配套设施一应俱全。

走进已经竣工入住的金岭小区，你会感到一种浓浓的文化氛围扑面而来。宽阔街道两侧的文化墙，诉说着金胡新村的巨大变化，畅叙着金胡人的快乐与幸福。文化墙是农村经济快速发展后，农民渴望文化滋养、追求精神生活的佐证，它彰显出全国社会主义新农村示范村的崭新风貌。文化墙总长1300

多 m，不失一道亮丽的风景。文化墙集多元素于一身，党的建设、农民创业、法制宣传、优生优育、文化鉴赏、科普知识等内容以不同风格和形式展现，或浓墨重彩、或立体雕塑、或剪纸漫画……充满着知识性和趣味性。

物质文明和精神文明是不可分割的孪生兄弟，不可偏废。金胡新村两手抓，两手都过硬。既加速经济发展，又加强思想建设、道德建设和文化建设，全力打造的生存环境，实现人与社会的和谐，人与自然的和谐。

金胡新村投资 500 万元，铺筑道板砖路面，直通每户村民家门口。上 km 隔离墙，分割出各种别致的生活。同时，还修建了河堤路，疏浚河床，拓宽水面，砌筑 2m 高石垒堤墙。砌筑盖封暗渠 1000 多 m，修建完善 8 个公厕，15 座进户桥和 25 个垃圾投放站，安排 4 辆专用车排运垃圾，培训 15 名保洁员上岗服务。

按照"环境优美、卫生整洁，加强人居"的目标要求，金胡新村坚持"绿色、生态、环保"的主题，坚持"高起点、新创意、特色化"的原则，打造绿色环保金胡。

为建设环境优美的社会主义新农村，金胡新村投资 1000 万元用于绿化工程。修建大型玻璃暖房，精心培育 40 种精品花卉，建成苗圃园，引进落叶松、榆树等 36 个树种。全村 30 多 km 马路两旁栽植垂榆、国槐、报春树，护坡栽满火炬树，条条大道两侧密植路篱。15km 环矿山绿化带郁郁葱葱，颇为壮观。2008 年，金胡新村获得"省环境优美村"称号。

4）党建——民生工程的打夯机

金胡新村党总支书记樊洪义说："我们党员干部所做的一切都是为了村民。惠民是我们最高的宗旨。惠民，就是让村民百姓得实惠。"党总支始终把"实现村民愿望、满足村民要求、维护村民利益"作为工作的出发点和落脚点，把"村民拥护不拥护、赞成不赞成、满意不满意、高兴不高兴"作为衡量工作成效的标准。

农村取暖，是长期困扰农民的大难题。金胡新村党总支投资 100 万元在金河小区建设两台 4 吨锅炉，采取集中供暖，受益群众达 200 多户，结束了农民祖祖辈辈砍树、割草、烧煤取暖的历史。

金胡新村村民免费实现 100% 参保，村里规定凡在患病住院，不能先期预付费用，等待医疗保险报销的人员，或医疗保险解决一部分就医费用后，仍有困难的村民，一概由村里代为支付，不允许有一例因病致死的现象存在。2010 年，金胡新村党总支决定所有"五保户"和"困难户"全部由四个党支部包干解困。

合村并校后，金胡新村孩子上学成了问题，引起家长忧虑。金胡新村召开村"两委"班子会，决定由村财务拨款 200 万元，购买 3 台豪华大客车，专程接送学生上下学。家长们敲锣打鼓来到村里，送来"为家长排忧、为学生解难"的锦旗，表示感谢。家住崔家沟的一年级学生崔楠，父亡母嫁，与七十多岁的爷爷奶奶相依为命，家庭生活备尝艰辛。家离学校二十多里，山路曲折不平。金胡新村党总支免去崔楠学费，并指派共产党员张文杰天天骑摩托车接他上学，风雨无阻，一接就是两年。为减轻农民负担，从 2005 年开始，由村委会承担全村中、小学生全部书本费、学杂费、补课费、餐费等。据统计，这笔开销每年约 20 万元。由于村党总支重视和支持教育发展，全村中、小学入学率、巩固率和升学率均达 100%。为增强学生的读书积极性，村里还制定了励学机制和办法：升入重点高中的学生奖励 1000 元，大学专科 3000 元，本科 5000 元，研究生 10000 元。现已和多名大学生签订协议，毕业后回家乡参加新农村建设，村里将报销全部学习费用。

金胡新村党总支关心村民生活，关注弱势群体。樊洪义说，人生自古谁无老，留得孝名传子孙，解决好老年人的问题，事关社会稳定，事关经济发展，事关村风民风建设，不能小视，必须重视。

2006年，金胡新村投资150万元作为老年人的养老补助，还要通过经济发展，让村民得到更多的实惠。老人每年补助1800元钱，每月去千山洗一次温泉。逢年过节发放米、面、油、鱼，还安排专车接送村民到市内采买年货和家庭用品……

包片干部在走访中发现，金家岭村62岁的金长振一家住了几十年的破房子摇摇欲坠，房顶多处漏雨。村里立即组织人力、准备材料，很快将三间房翻盖一新。金长振老两口高兴地逢人便说："这才是咱们的父母官儿，把老百姓的是事当自家的事挂在心里。"几年来，金胡新村为困难户免费翻盖12套新房。

2004年，金胡新村为解决肖家堡农民回迁问题，在齐大山镇择地修建三栋七层楼房，肖家堡农民成为第一批集中迁入乡镇生活的农民。2006年，为解决失地村民居住问题，金胡新村投资1200万元选址金河小区，修建六幢居民回迁楼，总面积1万 m²。入住居民全部享受地热、太阳能热水。为解决因修建"金胡路"而动迁的居民回迁问题，金胡新村投资500多万元，选址金康小区，平整30亩土地，修建36栋高标准住宅，每户500m²的院落。金家岭村民在宽敞、明亮、舒适的环境里享受着现代都市生活（图6-20）。

图6-20 金和回迁小区

5) 党建——社会和谐稳定的聚合剂

构建和谐社会，就要首先解决那些不和谐因素。金胡新村通过发展经济，广开门路，多种渠道，积极解决影响安定团结和社会稳定的消极因素，消除产生矛盾的"木桶短板"。尤其失地农民的就业、动迁补偿、养老保险、弱势群体、农民住房、子女就学等问题，都提到党总支议事日程。金胡新村从2004年开始实施阳光工程，203名农民参加了多种形式的技术培训。我们通过一张培训卡，一张明白纸，一本技术手册，一张光盘为农民积累就业资本。经过培训后的农民，因为有了一技之长，纷纷上岗就业。他们有了工作，有了收入，心情愉快、家庭和睦，为精神文明建设注入了活力。

公开、公平、公正，是社会和谐稳定的基础。金胡新村大力推进村务公开，充分发挥村民小组、村民理财小组、村民议事会、监事会等组织的监督作用。村委会在办公楼前广场55m长廊上显著位置设立公开栏，定期公布村里的重大事务。村务公开重点突出财务公开，对村经济社会发展、村级日常收支状况、村干部工资收入、工程投标、承包合同以及土地、房屋租赁等内容及时向村民公布。

青少年是社会的重要组成部分，也是影响社会和谐的重要因素。加强青少年法制宣传教育是金胡新村普法宣传的重心。金胡新村根据不同年龄阶段青少年的特点，有针对性地开展法制教育，将法制教育与德育教育相结合，着力树立社会主义荣辱观，培养和增强法治观念。进一步发挥学校主渠道作用，不断巩固和完善青少年法制宣传教育工作的各项措施。进一步完善学校、家庭、社会三位一体的青少年法制教育网络。

金胡新村坚持普法经常性宣传和活动月宣传结合起来；坚持文字宣传和影像宣传结合起来；坚持定点宣传和流动宣传结合起来，利用各种形式宣传"五五"普法精神。金胡新村还组织法治宣传讲座、法治教育培训班，聘请法律工作者、法律专家定期上法治课，讲解法律知识。金胡新村利用55m长的文化长廊创办了《法治天地》专栏，开设了"法律知识问答""法律之窗""人人学法"等栏目。金胡新村还在自己的媒体辽宁农民报"金胡农经"版上开辟《以案说法》《律师答疑》专栏，群众反映非常好。金胡新村还利用宣传车、板报、快板书、三句半、小品等艺术形式多层次、多渠道、多手段地开展普法宣传活动，发动群众人人参与，合力共建，最大限度地调动广大干部群众参与热情和积极性。

金胡新村成立矛盾纠纷调解中心，由村党总支书记担任中心主任，同时整合社会资源，充分发挥两委班子成员和五老作用，让老党员、老干部、老教师、老先进、老典型及志愿者成为骨干调解员。每位调解员都印制"矛盾纠纷调处联系卡"，村民有矛盾可向村矛盾纠纷调节中心反映。金胡新村选择责任心强、工作能力强、威信高的村民担任中心户，形成排查网络纵横交织，覆盖网罩全村各户，达到"小事不出村、矛盾不上交"的预期。

为促进新农村建设，打造平安金胡，我们结合千山区公安局警务"前移下沉"思路，与其联手开展警民共建平安村活动，稳步控制金胡新村治安刑事案件为零，保障了金胡新村社会平安稳定，创造了良好的生产秩序和生活环境。

（6）产业发展示范村——山西皇城村

沐浴着改革开放和社会主义新农村建设的春风，三晋大地崛起了一颗璀璨明珠——皇城村。它以"中国十佳小康村""中国历史文化名村""全国绿化工作先进单位""全国文明村镇先进集体""全国新农村建设明星村""全国农业旅游示范点""中国十大最美村镇""中国十大魅力乡村""中国十大特色乡村"和"国家4A级景区"响誉三晋，名扬全国（图6-21、图6-22）。

皇城村位于太行西南沁河岸畔，是山西省晋城市阳城县北留镇的一个行政村，也是一座曾有300多年辉煌历史的古城堡村落。全村256户，756人，辖区面积2.5平方km。

十多年来，皇城村紧紧抓住结构调整这一主线，大力实施"工业立村、旅游兴村、科技强村"战略，初步走上了一条经济持续发展、农民持续增收的科学

图6-21 中国十大最美乡村——皇城村

图6-22　村在花园中，花园在村中

发展之路。10年迈了三大步，实现了"单极"变"多极"。第一步是发展煤炭产业，先后建起4座煤矿，形成135万吨的年生产能力。第二步是开发旅游产业，皇城相府已成为年接待中外游客60万人次、实现综合收入近亿元的国家4A级景区和继故宫之后全国旅游界第二个中国"驰名商标"；目前皇城正在积极申报创建国家5A级景区。第三步是发展高新技术产业，不仅兴建了相府药业，而且引进了节能电池、煤炭转化等高科技项目。至此，一个以煤炭产业作后盾、以旅游开发创品牌、以高新技术产业求发展的跨地区、跨行业、宽领域、多元化的产业结构在皇城已基本形成；一个现有总资产8亿元、员工3700余人的村办大型企业集团已崛起于这个小山村；这个小山村也由此变成了一座4500多口人的小城镇。

1）村民百姓安居乐业

城乡差别的一个重要标志是农村居民的收入比城市居民的收入低，而皇城人的收入已超过了城市。2007年，全村农民人均纯收入达到13800元。全村共有百余辆小汽车，80%的家庭用上了互联网，100%的村民住上了功能齐全的花园式别墅，100%的村民加入了合作医疗和养老保险，100%的农户实现了煤层气供暖供热，100%的村民和外来游客全都使用的是三、四星级水冲式自动化感应洗手间，100%的劳力实现了稳定就业。

2）社会保障应有尽有

村民除工资性收入外，日常用品和生活必需品均享受的是供给制，每年人均福利费用高达6000余元。在皇城，18岁以下未成年人每人每年在享受600元营养补贴同时，从幼儿到大学甚至到研究生的学费全由村集体承担；60岁以上老人每年人均可享受1200～1680元的养老补贴；村民病了住院，医药费、治疗费、住院费大部由村集体支付；对有残疾的村民，他们也分别情况给予了特别关照。此外，皇城还实行了带有共产主义性质的按需分配政策，粮、油、肉、蛋、菜，水、暖、电、气（液化气）以及各类水果和日常用品，全由村集体定量供应。村民们几乎没有什么可开支的地方，人们在集团企业上班挣下的钱和入股分到的红，少量存银行，少量购置家具和摆设，大多又都以股份的形式投到集团企业中去挣更多的钱了。村民们不仅享受着和城里人基本一样的社会保障和福利，而且享受着和城里人基本一样的公共设施和建筑，过着和城里人基本一样的精彩生活和文明。

3）人居环境自然和谐

从2001年至今，全村基本做到了四季常青、三季有花，绿化面积占全村总面积的7.5%。皇城这个至今仍以煤炭产业为经济支柱的小山村，矿山是翠绿的，河水是清澈的，村子里很难找到裸露在外的黄土。都说煤炭产业和旅游产业是一对难以"相处"的矛盾，可皇城却把村办4个煤业公司全都建成了花园式矿山，不仅彻底改变了"煤炭企业'黑山场'，煤矿工人'黑娃娃'"的形象，而且和旅游景点和谐统一，使煤炭企业自身也变成了一个独具特色的美丽景观，其中山城煤业已被国家旅游局命名为"工业旅游示范点"。村中道路全部硬化，污水管道全部送通。到夜晚，华灯初放，火树银花，楼台勾出彩线，喷泉涌动霓虹，犹如城市美景。村民们的幸福不光是因为生活富足，有别墅居住，更重要的是体现在自然和谐的人居环境上。用村民们的话说：他们是生活在一个大花园里，他们有一个"花园"般的皇城村（图6-23、图6-24）。

4）社会风尚文明进步

皇城先后组建了威风锣鼓队、青年军乐队、女子八音会、相府歌舞团。每逢节假日，各种各样的知识竞赛、文体活动、书画展览为每个村民提供了施展自己才华、实现自我价值的舞台和获得成就感的机会。在大力加强精神文明建设的同时，皇城人也着力塑造和培育皇城精神。他们结合自身实际，推出了经营、安全、发展、经济、规范、协作、用人、学习的文化理念；团结向上、文明健康的小康新村精神；坚定不移走社会主义道路的集体主义精神；求实创新、拼搏奉献的敬业精神；珍惜荣誉、永不满足的进取精神。这一切，就像一条条纽带，把每个皇城人紧紧联系在一起，激发了每个村民员工强烈的归属感和荣誉感。

5）反哺社会境界崇高

仓廪实而知礼节。皇城人过上小康生活后，并没有忘记反哺乡邻、回报社会。皇城相府集团除了把本村的劳动力全部安置外，还吸纳了3400名周边村和外地农村剩余劳动力。在全国出现大量"民工潮"和城市下岗工人争饭吃的情况下，一个仅700余口人的小山村，能为国家做这么大的贡献，真是了不起。

皇城村所在的北留镇大多数村无煤炭资源，他们每年都要按户无偿供应这些村的农户一定数量的生活用煤。为了贯彻落实中央关于"共同富裕、共同发展"的精神和"先富带后富、一村带多村"的方针，皇城又与本县横河镇的劝头村，董封乡的次滩村、东哄哄村合作，实施"多村帮带、共同发展"战略，尽自己最大努力帮助他们尽快走上富裕之路。近几年皇城还为重点学校、优秀学生和贫困学校、贫困学生捐资助教650万元，为周边农村修桥筑路投资500万元，为东南亚海啸受灾国家捐款50万元。

（7）低碳环保示范村——天津市玉石庄村

近年来，玉石庄村深入学习实践科学发展观，把建设低碳乡村，是放在提高农村生活水平的基础上，通过科学规划和有效实施，最大限度降低碳排放，促进乡村经济健康可持续增长。从乡村发展的各个方面，包括经济模式、能源使用、农业种植，生产消费以及村民生活方式等出发，综合考虑经济与人口、资源及环境因素，构建低碳化发展轨迹的循环体。认真抓好落实，在坚持农村低碳文化新理念和生态文明建设方面取得了积极进展。按照"科学规划，统筹发展；因地制宜，突出特色；以点带面，村委会主导，社会参与"的工作思路，以农村环境综合整治为切入点，以建设社会主义新农村为总体目标，整体推进"低碳乡村工程"，狠抓环境整治，取得明显成效。

图6-23 皇城村有多大，皇城的花园就有多大

图6-24 花园式别墅居住小区

今天的玉石庄村貌整洁、民风淳朴、社会和谐。目前，玉石庄村依托得天独厚的自然和人文特色建成了石趣园风景区，内有"大师、大佛、大画"和全国村庄独有的"玉石庄村村歌、石趣园园歌、环境歌"三首歌闻名国内外。全村居民主要以旅游业为主，人均收入达到 16000 元，经济实力逐步增长。玉石庄是全国首批文明村镇之一；天津市红旗党支部；生态文明示范村。去年又被纳入天津市"宅基地换房"示范小城镇建设项目试点之一。玉石庄示范小城镇建设项目是天津市新农村建设的一项重点工程。新村建设坚持低碳、生态、文化型新理念建设成中国北方独具魅力的山村，成为天津市一流的低碳型新农村、一流的高尚住宅社区、一流的服务功能、一流的娱乐健身场所，将以其完善的配套设施、优雅的园林绿化景观，满足村民的物质和精神生活需求，把文化氛围充满新村各个角落，为天津市打造一道靓丽的风景线。

1）玉石庄村基本概况

①拆迁前情况

玉石庄村位于天津市蓟县城西北部，坐落在著名的国家级风景名胜区的中心位置。玉石庄首先做到没有闲山、没有闲人、没有闲地，这是我们的第一步。还有，玉石庄村不再靠着采石的优势，吃历史留下的资源饭，而是用低碳经济的理念规划靠山吃山的做法。这里的山高水丰，有泉水、湖水、溪水，还有圣水，也有井水，这些水好，它的主要指标化验结果显示低钠高硅，PH 值 7.3，这和人身体中的酸碱度是一致的，优良的水质有益人的身体就健康，国际著名的雀巢矿泉水就产自盘山地区。良好的水质滋润出甘甜的果食，这体现在盘山大柿子，个儿大、皮薄、没核儿。红薯也特别棒，它和别的干红薯比，它的皮上没有丝，特别好吃，和栗子一样的味道。这是玉石庄村很有特点的产品。包括核桃、油栗，别的地方都没有。村里原来有可供 800 人同时用餐住宿的农家小院 16 家，

90% 以上村民现在从事旅游业。玉石庄村的旅游最具特色的就是文化。玉石庄村的名字是顺治皇帝所赐，"玉石庄"三个字在《日下旧文考》第 1885 页记载着。在天津 4000 左右个村当中，这是唯一的皇帝赐名的村。盘山是非常美的地方，号称有"五峰、八石、七十二座寺庙"三盘胜境，而玉石庄村都占有一席之地。三盘是上盘松胜，劲松苍翠，蟠曲翳天；中盘石胜，巨石嵯峨，千姿百态；晾甲石为下盘，下盘水胜，巨泉响涧，溅玉喷珠，石胜、水胜都在玉石庄。盘山主峰挂月峰，海拔 864.4m，如春笋破天而立，雄浑巍峨，峭拔壮丽。因秋夜山高月低，玉盘高悬峰颠，故名挂月峰。游人登峰远眺，晨可观东海日出，夜可望京城灯火。峰下有云罩寺，唐代道宗大师建，因地临绝顶，云掩雾罩，敕赐今名。主峰前有紫盖峰，形如伞盖；后有自来峰，与挂月峰相连，峰顶建有八角重檐钟亭，内悬巨钟；东有九华峰，状如莲花；西有舞剑峰，峰顶一平如砥。盘山五峰攒簇，佛界誉为"东五台山"，群峦竞秀，景色如画。

多年来，玉石庄村致力于生态保护和环境建设，实施风沙源治理、荒山荒滩绿化、小流域治理、水源保护综合整治，退耕还林等一大批重点工程，营造了树种齐备和功能完备的森林生态体系，不断增加森林碳汇的蓄积量。近年来，在 1 平方 km 的山区，建成生态休闲走廊、石趣园森林走廊、水库库滨带、盘山生态旅游观光带等总面积近 1027.5 亩的壮丽森林景观，为盘山成为天津市最大的郊野公园做出了贡献。目前，玉石庄村林木绿化率达到 78%，林地面积达 66.963hm^2，每年吸收固定的二氧化碳 452.67t，绝对是个天然大氧吧，环境宜人，群山环抱、流水潺潺，环境非常好。

盘山著名的"五峰、八石、七十座寺庙"紫盖峰、晾甲石、万佛寺，乾隆御题"千尺雪就坐落在玉石庄"。这里的柿子、核桃、油栗昔日都是朝廷的供品，今日享誉海内外。历代帝王文人墨客都在这

里留下墨宝，清乾隆皇帝有史料记载的就来32次。全村80岁以上的老人能背柴、推车、做针线活。景区及周围卫生整洁，没有半点杂物，这里恬然宁静，没有超过20分贝声音，村民风格高尚，遗失物品会马上送还失主。玉石庄村人的诚实热情、文明礼貌会给游客一种回到家的感觉，他们的外语交谈方式，更让每一位游客叹服。每年有幸享受玉石庄美景与神奇的游客有15万人左右。许多国家领导人、各界名人、联合国官员、各国大使及外交官员都曾经慕名来过这里。

盘山旅游风景点石趣园知名度的提高给玉石庄人的精神风貌提出了更高的要求，为此，全村人作出了巨大努力，精神文明上了一个新台阶，几年来先后被天津市委、市政府命名为"文明村标兵""红旗党支部""先进党组织标兵""全国创建文明村镇先进单位"。

②新村建设情况

低碳不只存在于城市，更广泛体现在乡村发展之中，它不仅仅是经济发展的理念，也应该是生活方式的标准；新农村建设和国家支农力度逐年加大，伴随乡村建设的日新月异和农村工业的兴起，创建新型乡村发展模式，将是营造富饶优美乡村的必由之路，而低碳化发展正体现了两者的结合。玉石庄村关停了自行车零件厂、食品厂、瓶盖厂等企业，目前玉石庄村具有良好的低碳经济基础，没有重化工业，化石能源除汽车外消耗较少，生态农业、旅游休闲产业发达，几年来，通过产业结构调整、能源结构调整、科技创新和制度创新等方式，稳步向国际一流的低碳经济示范小城镇目标迈进。

玉石庄示范小城镇建设工作中，因地制宜，改进乡村居住方式，建立适合居住且与环境和谐相处的新村落。建设项目总投资2.8亿元。建设用地面积14.15hm²，总建筑面积8.1万m²，其中村民还迁住宅建筑面积4.144万m²，每户均是

360m²的别墅式楼房。还有可开发商品房用地建筑面积3.956万m²。在气候变化成为全球关注焦点的条件下，玉石庄新村示范小城镇建设决心积极打造低碳型新农村的目标，全部采用清洁能源，100%为绿色建筑，可再生能源利用率达到20%，让这座天津首个低碳型农村区别于传统意义的"生态村"。

为进一步加快社会主义新农村和新型小城镇建设示范工程，玉石庄村将进一步把节能环保理念引入农村住房建设，努力推动低碳乡村和绿色文化住宅建设。作为天津市小城镇建设示范工程，在工程建筑结构上大力推广应用建筑外保温、节能门窗、太阳能建筑一体化、沼气和生物质能源互补共用，供暖分户计量、雨水污水分流收集系统、LED照明和光伏照明等节能环保新技术、新材料和新工艺，力争年内见到实效，打造样板，典型引路，引领农村住房建设的革命和农村居民住房观念的根本转变。达到新建住宅内部实用性、外部艺术性、建筑节能性和群体协调性的有机结合，建设布局合理、功能齐全、安全实用、经济美观的"百年住宅"，做到一户一品，推动特色村庄建设。

2）具体规划发展方向

水是玉石庄村的灵气，山是玉石庄村的龙脉，森林是玉石庄村的氧舱，历史文化是玉石庄村的底蕴，生态农业是玉石庄村的特色、生态旅游是玉石庄村的亮点。这些独特的优势都为玉石庄村创建低碳型农村建设奠定了良好的基础。牢牢抓住滨海新区开发开放这一历史机遇，发挥优势，深入贯彻落实科学发展观，围绕全面建设社会主义和谐社会，以新农村建设为载体，以提高人民生活质量为根本，以生态文明为核心，以人与自然和谐为主线，坚持以人为本，按照全面建设社会主义和谐社会和天津生态市建设要求，实现生态环境资源的永续利用与经济、社会、人口、资源和环境的协调发展。

①合理规划村镇布局

合理规划村镇布局，有步骤实施零散村庄撤并，积极探索"宅基地换房"模式，推动玉石庄新农村以宅基地换房形式的示范小城镇建试点发展。全村能够容纳接待游客人口 20 万人，城镇化率达到 35%。初步形成人口集中、土地集约、产业集聚的城镇发展体系。

发展"一村一品"，建设专业村、专业户，打好农村"专业牌"，为新农村建设提供产业支撑。

②保护农村水环境资源

实施农村饮水安全工程，对全村新建住宅实施自来水管网入户工程，铺设地下管道 2600m，打深井 3 眼，确保村镇饮用水卫生合格率达到 100%。

农业灌溉将滴灌作为一种新型的节水浇灌方式，作为在乡村农业种植技术低碳化发展趋势下的保障措施。

③改善农村能源结构

改善农村能源结构，实施"生态家园富民计划"，积极发展生物质能、太阳能、风能等新型清洁能源和可再生能源，开展农村生态能源开发项目，逐步提高农村清洁可再生能源使用率；因地制宜，推进还迁户沼气建设工程，综合利用人畜粪便和秸秆为纽带，配套建设日光温室蔬菜大棚，形成"四位一体（沼气、太阳能、种植、养殖）"模式示范户；新能源在农村生活用能中所占比例达到 80% 以上。

④深入开展系列创建工程

开展文明生态村创建，以村容整洁和提高农民生活质量为目标，综合创建与单项工程建设相结合，全面推进文明生态村建设，开展农村低碳中和研究示范项目，建设生态宜居的村容秀美、生态文明、幸福安康的新农村。

⑤发展生态文化体系

加强全民生态教育，增强生态意识，培育生态道德，弘扬历史文化和传统文化，构建体现先进思想、生态理念、创新意识、传统文化与现代文化相结合的生态文化体系，真正把玉石庄打造成一个文化底蕴深厚、文化事业发达、文化魅力独特的中国北方独具特色的魅力山村。

挖掘利用传统历史文化：玉石庄地处盘山核心位置，历史文化底蕴深厚，是旅游资源发展的雄厚资本，要凸显地域优势的历史文脉，保护并利用好各种文化资源，酿造浓厚的文化气息，大力挖掘历史文化资源，推进传统文化设施建设，弘扬不同历史时期的文化精髓，切实把握新农村建设的文化发展脉络，创造山水、园林、休闲、舒适的生态意境，锤炼全民的精神素质，提高文化品味，融会升华文化的生态活力，形成先进的生态文化氛围。以历史文化名山为根基，依托盘山皇家园林和佛教文化优势，提高历史文化品位；以万佛寺为标志，传播传统佛教文化；以于庆成博物馆、庆成雕塑为窗口，展示玉石庄自然

图6-25 万佛寺

图6-26 石趣园

图6-27　八十七神仙卷轴

精华和文化遗存，和蓟县古老灿烂的文化（图6-25、图6-26）。

挖掘和传承乡村乡土文化：结合社会主义新农村建设，围绕特色旅游业的发展，充分挖掘和传承蓟县乡土文化，促进乡土文化的繁荣和发展，用乡土文化凝聚广大农民，重振乡村精神，彰显农民的文化价值，增强农民的凝聚力和自豪感。

定期举办"村歌"联唱演唱会，鼓励大众创造、全民参与、人人享受，推动乡村生态文化提高质量和档次；创新生态文化下乡村、进家庭的活动形式和机制；充分挖掘农村各类文化资源，广泛吸纳乡村文艺专业人员或各类业余爱好者，培育组建文艺、书画、体育等各类民间文化组织，并利用多种形式在乡村开展形式多样的文化艺术活动，最大限度地吸引群众的参与；大力弘扬泥塑、剪纸、书画、戏曲等民间文化，提升民间文化艺术、开发民间文化产业，积极打造本地农村文化特色品牌，提升乡土文化魅力（图6-27）。

大力倡导绿色消费：绿色消费是生态文化建设的重要内容之一。它与传统消费的根本不同在于，既要满足人的生存需要，又要满足环境保护的要求。为此，各级要加强绿色消费宣传引导，使公众逐渐转变消费观念，提高绿色消费的自觉性；建立旅游绿色开发、经营、宣传和管理体系，提倡旅客绿色消费，

坚持旅游科学开发管理，减少粗放式开发，防止低水平开发，杜绝破坏性开发，实现开发与保护的统一，达到旅游与经济、文化、环境协调和谐、可持续发展。

教育公众转变消费观念，尽量选择无污染、无公害的绿色新产品，使得绿色消费成为一种时尚；优化饮食结构，提升饮食质量，使饮食从量的追求向质的追求转变，坚决反对过剩消费和攀比消费；要加强食品生产、加工、流通、消费全过程的安全检测和监督，大力治理"餐桌污染"，禁止买卖、食用、穿着国家保护野生动植物及其制品；要倡导低碳生活方式，适度消费，鼓励使用环保装修材料，积极推广建设生态住宅区；提倡使用环保型动力的交通工具。鼓励使用太阳能和沼气等清洁能源，使用节水、节电产品和用具，推动垃圾分类和废弃物回收使用，禁止含磷洗涤剂。

文化产业建设：玉石庄具有丰富的文化资源。按照文化和经济社会协调发展和可持续发展的总体要求，围绕构建中国北方魅力山村的宏伟目标，坚持以人为本，保护、挖掘、传承和弘扬蓟县悠久灿烂的传统文化，延续历史文脉，融传统生态文化与现代生态文明于一体，大力发展文化产业，培育具有较大社会影响力和市场竞争力的文化产业品牌，全力打造庆成泥塑品牌，做大做强泥塑产业，使之成为蓟县乡土文化的示范。

3）重点工程项目

打造天津市小城镇示范工程建设亮点，形成以点带面的推进效应，使"一镇三村"示范建设工作看得见，摸得着，有亮点，可展示，老百姓切身感受得到实惠。根据低碳乡村、生态县建设的目标和任务，并参照天津市、蓟县国民经济和社会发展的第十一个五年计划及相关部门、行业专项规划，经过筛选、汇总，在新农村小城镇示范建设阶段，初步规划了6项重点工程建设项目：

①污水收集工程

依据玉石庄的地域特色和地形地貌，污水处理工程采用源分离技术，从源头上控制污染，为后续的污水处理降低难度。

黑、灰水分离的源分离技术（建筑给排水中的水按照水质可以形象地划分为白水、灰水和黑水，自来水称为白水，灰水是指淋浴过和洗涤过的水，而含有粪便等的废水称为黑水）可以实现黑水与灰水分离，让粪便回田，而灰水与初期雨水可以通过物理或生态工程（如湿地）共同处理，这样不仅可以较好实现物质循环，而且由于雨污混合减少庞大的管网投资和降低污染处理的费用。黑、灰水分离源分离技术的应用不仅可以缓解或解决"水冲厕"的卫生问题，还可以为后续水污染控制带来一系列的便利，使水污染控制的难度降低。分离后灰水处理系统可以利用人工或自然湿地处理系统，大大降低处理成本。

②污水处理工程

根据玉石庄北方季节性旅游城镇污水水量波动大，出水水质要求高和气温温差大的特点，工程采用前端强化的人工湿地处理技术。

这一技术前端采用生物接触氧化预处理工艺，末端采用混合流人工湿地处理工艺。生物接触氧化工艺 BOD 容积负荷高，污泥生物量大，处理效率较高，而且对进水冲击负荷适应力强，因而占地面积小，可以间歇运转。人工湿地处理工艺投资低、出水水质好、可以增加绿地面积、改善和美化生态环境、维护和运行费用低廉。

两种工艺组合后，可以依据污水水量和末端湿地处理负荷（与湿地生物的生命活动和温度有关），调整前端预处理的强度。这一工艺设计，克服了人工湿地占地面积大、处理负荷不稳定、运行管理复杂等弱点，在保证出水水质的前提下，最大限度地节约污水处理设施的运行费用，把低碳理念融入环境污染治理技术之中。

③固体废弃物的收集和处理工程

依据玉石庄旅游城镇的特点，将玉石庄的固体废弃物分为两种类型，依据这两种废弃物的特性可以分别收集处理。

一类为湿型固体废物，主要包括黑灰水分离过程中的粪便、厨余垃圾和污水处理工程中的污泥，这类型废弃物量大、易收集、有机质含量丰富，混合后厌氧发酵处理，生产沼气，沼渣和沼液可以回用于农田有机肥。另一类为干性固体废物，依据玉石庄旅游城镇的特点，在庄内设置密闭的垃圾分类收集设施，垃圾可以分为"有害垃圾"（电池、灯管等）、"包装垃圾"（塑料、纸、玻璃等）、"其他垃圾"，干性固体废物利用密闭专用车辆运至蓟县垃圾处理场地统一进行分类处理。

④水系统构建工程

盘山的松、石、水三胜，石胜、水胜都在玉石庄。构建与玉石庄历史文化为一体的水系统，不仅可以改善当地水环境，而且还可以为玉石庄旅游增加新的亮点。

玉石庄水系统以构建自然与历史文化传承的活水公园为主要形式，以人工湿地出水的再生水资源为主要补充，依次流经反应玉石庄历史的流水雕塑、瀑布滴水，鱼池和反映当地生态特征的植物塘、植物床，将水净化系统和历史文化有机结合，向人们演示了水与自然界由"浊"变"清"、由"死"变"活"的生命过程。

除了补充水系统外，再生水可以直接用作绿化、洒水、洗车等市政杂用水，在汛期还可以直接下泄用作下游的农灌和景观用水。

⑤生态恢复工程

我们的新农村的特点主要体现在产业、文化和旅游几个方面。我们的新农村改造通过项目也要节省每一寸土地，节能、节材、把闲置的土地盘活，把荒山秃岭绿化，把废弃的沙坑填平，保持其自然生态功能。在这个基础上，我们搞了新农村建设。这个项目也体现了文化，除了它的风格之外，还有整个建造规划就像一棵大树，非常美的村庄，也体现了过去的历史文化，也体现了当今艺术大师的作品文化。

⑥开发碳汇潜力，推进生物固碳

大力开展植树造林运动，强化森林吸收并储存二氧化碳的能力。提高森林生态系统管理技术，加强农业和林业的管理，从而保持生态系统的长期固碳能力，保护现有碳库；实施湿地恢复和建立人工湿地，保护湿地生物、湿地水质和水量，湿地面积及调蓄洪水功能的恢复。

总之，低碳，不只是一个技术问题，也不只是一个能源问题，它包括了水源、植被、物种、山体、废弃物等各方面的综合环境管理。低碳，也不仅仅是以生态人居为主题的低碳环境管理，它还包括了生态文明或者低碳文明的其他几个功能系统，即以生态产业为主体的低碳经济发展、以"治未病"为主导的低碳保健养生、以敬天惜物为内涵的低碳伦理教育、以互惠共生为特点的低碳生态社会机制。正因为有我们中国传统的哲学、几千年东方古老智慧的指引，始终把环境保护、生态建设、绿色文明、和谐发展放在乡村建设的首位，我们成功走出了"以生态促旅游，以旅游养生态"的特色经济发展之路。

(8) 生态文明示范村——浙江山一村

杭州市滨江区长河街道山一村位于钱塘江南岸，是杭州市主城区南大门，村内青山相依，绿水环绕，自然环境优美，交通十分便利。全村总面积 2.5km²，辖 8 个自然村、22 个村民小组，现有村民 1013 户，常住人口 3500 人，原有耕地 1580 亩，现有 685 亩，山林 1200 亩，水面 400 亩。山林盛产茶叶、杨梅、竹笋，村属民营企业 34 家，加工厂 53 户，以机械五金行业为主。全村工农业总产值 1.5 亿元，利税 617 万元，出口创汇 3022 万元。村级集体经济可用资金 321 万元，村民人均收入 12118 元。

改革开放前，山一村是个农业大村，是当时萧山的农业先进样板，粮食亩产一直较高，平均亩产每年高于杭州地区和萧山市的平均亩产，而村民收入一直低于杭州、萧山的平均收入水平。一个有山、有水、有平原的农业先进大村，为什么村民收入会低于别村，山一村总结了两条：一是光靠农业富不了，二是没有村级经济变不了。在这种情况和条件下，山一村开始调整优化产业结构，要把山一的山山水水变为财富，变为产品，开始了生态村的建设。经过几年的努力，山一村村级经济不断扩大，村民生活年年提高，生态建设有了新的变化，特别是近几年来，山一村以生态环境保护为前提，以提升村民生活品质为目标，坚持以经济建设为中心，坚持发展村级经济与生态建设相和谐，努力实践"三个代表"重要思想，落实科学发展观，提高村民新的生态意识，动员村民参与生态建设，通过加大投入，扎实工作，生态文明建设取得了显著成绩，成为名副其实的全球"500 佳"。

1) 加大卫生整治力度，村庄洁净了

进入 21 世纪，山一村全面开展了对村庄环境卫生死角的整治，通过深入排查，落实措施，扎实推进了村庄整治工作。

一是投入资金 10 万余元，投入人工 800 多人，整治卫生死角 40 多处，清除道路堆积物 30 余处。

二是投入资金 83 万元，集中拆除了全村沿袭千年，遍布各处的露天茅厕 855 只，新建式样美观、环境美化的新型"三格式"标准公厕所 20 座，农户家庭全部实现"三格式"户厕改造。

三是投入 63 万元，新建式样新颖、内部结构符合卫生标准的全封闭垃圾箱 60 只，建设污水集中处理池一座，实现污水达标排放。使村庄面貌焕然一新，2005 年，被评为"杭州市卫生最佳村""杭州市洁净村坊"。

2）加大基础设施投入，环境变美了

为实现生态文明，努力建设新农村，山一村加大投入，组织实施了全村道路硬化、环境绿化、河道整治等基础设施建设。

一是投入226万元，对村庄道路浇制柏油水泥路面45200m，全村道路路面全部实现硬化，路灯亮化。

二是投入110万元，扩大村庄绿化，以绿治脏，见缝插绿，在原有绿化面积的基础上，又新增绿化面积56000m²，使全村绿化面积达到50%，并不断鼓励发动群众开展庭院绿化。

三是投入200万元，砌坎河道，沿河景观整治2500多m，河道净化达标，农户自来水入户率100%，排水系统完善，管网布局合理，自来水符合国家饮用水标准。

2005～2006年山一村被评为"杭州市国际旅游访问点""杭州市文明村""杭州市园林绿化村"（图6-28、图6-29）。

3）加大环境保护，生态和谐了

保护良好的生态环境，山一村从两方面着手。一是健全环境保护制度，坚持封山育林，经过几十年的封山育林，加之大力推广和使用煤气普及使用太阳能热水器，提倡无污染能源，达到了山上柴让人砍也没人砍了。全村1013农户都使用电气、煤气、太阳能能源，清洁能源普及率达100%。二是完善机制，全面落实环境长效保洁管理制度，山一村在生态文明创建，整治村容、村貌中坚持两手抓，在加大投入建设完善基础设施硬件的同时，注重建立完善卫生保洁长效管理机制，将全村的环境卫生日常保洁管理全面引入市场化运作机制，通过公开招投标，由专业保洁公司承担全村的环境卫生保洁日常工作，使村道、河道天天有人保洁，垃圾日产日清，清除牛皮癣和道路堆积物。实行"门前三包"管理，保持了全村日常的环境整洁，卫生有序，大大提高了山一村环境卫生长效保洁管理水平。让村民群众生活得到舒适满意，使综合环境变美了。2001年以来，山一村年年被上级评为"环保先进单位"。

4）加大村民素质教育，村民文明了

一是以创建生态文明和谐村为载体，深入开展村民素质教育，不断加大和提升村民群众道德素质，山一村紧紧抓住创建省"卫生村"，省"文明村"的契机，立足村情，着眼生态建设目标，构建和谐社会，广泛利用广播、会议、宣传橱窗、印发宣传资料入户，举办面向村民群众的文明与健康教育专题讲座等形式，向广大村民群众广泛宣传"三个代表"重要思想，党的方针政策，国家有关法律、法规和爱国主义、集体主义，社会主义思想。深入开展公民道德、家庭美德、市民行为规范和村民健康等教育活动，组织评比

图6-28 山一村住宅

图6-29 山一村生态环境一角

表彰"五好家庭"和"好媳妇""好婆婆"等好人好事。全村共有五好家庭534户，星级家庭266户，省五好文明特色家庭1户，区级2户，大力倡导尊老爱幼，邻里和睦，崇尚科学，反对迷信，遵纪守法，抵制歪风等社会道德新风尚，广大村民群众的文明道德素质有了明显提高，人人讲文明、讲道德、讲卫生、讲礼貌，户户遵纪守法，团结和谐，村民精神健康，村风积极向上。二是加大投入完善设施，不断完善村民群众业余文化生活。在投入50万元新建和改造老年活动室、文化娱乐室、村民医务室、村民健身点的基础上，又投入170万元，新建了1万 m^2 的山一村生态休闲健身公园和村电子、图书阅览室，乒乓球活动室。市民学校添置了电脑、投影仪等完备的远程教育设备，提升了硬件档次，为广大群众业余开展文化活动，丰富文化宣传阵地，村民群众休闲健身和集体夜舞等业余文化活动十分活跃。成为山一村精神文明建设的一道亮丽的新景观，2007年山一村被评为"浙江省100佳美丽乡村""浙江省全面小康示范村"。

目前，山一村已经向生态旅游业方面发展，走可持续发展道路，制订了生态旅游总体规划。先期将投入1390万元，优先开发八大项目：

①杨梅林农业休闲观赏项目

②茶园苗木基地农业观光项目

③森林（竹林、桂花林）休闲旅游项目

④水产养殖农业观光项目

⑤水上娱乐项目

⑥水域休闲度假项目

⑦农家乐旅游项目

⑧水域度假村项目

值得一提的是，除了上述项目以外，山一村抓住杭州市政府打造全国文化创意产业中心，建设白马湖生态创意城新机遇，将首先投资1亿元，将360户农居按规划改造成"宜业、宜居、宜游、宜文"的农居SOHO，作为第一个农居变SOHO示范点，形成文化创意3000名人才规模的集聚点。这是一个全国文化创意产业中心的十大项目之一，也是为生态创意城的配套项目。市委、市政府高度重视，并要求山一村将农居SOHO项目在今年年底竣工（图6-30、图6-31）。

山一村再经过几年的努力，将在一个绿色的环境下，产出绿色的旅游、绿色的产品、绿色的餐饮和绿色服务，朝着全国绿色村庄的目标迈进。

（9）产业互动示范村——四川农科村

农科村，"中国农业旅游发源地"，国家级3A景区，距成都市20km，交通便捷，区域优势突出，是西汉大儒扬雄故里，文化底蕴深厚。村域面积2600 m^2，耕地面积2400余亩，全村花木盆景种植

图6-30 生态创意城

图6-31 创意住宅

面积 1800 余亩，有"农家乐"接待户 82 户，从业人员 460 余人，日接待能力 1 万余人次（图 6-32、图 6-33）。

1）发展模式和主要成效

①发展模式

改革开放以来，各级党委、政府的引导和扶持下，勤劳的农科村充分利用传统花卉、苗木、盆景、栽培技术，不断探索和创新，逐步走出了一条从一般粮油生产向种植花卉、苗木、盆景等高效农业转移，在此基础上发掘农村的经济资源、生态环境资源、民情风俗资源、饮食文化资源，形成第三产业旅游业和第一产业花卉种植业为一体的良性互动的发展模式（图 6-34、图 6-35）。

②主要成效

农科村以生态为特点，以民俗为特色，不断完善各种基础设施建设和提高旅游接待水平。先后获"省级卫生村""省级文明单位""省级移动电话第一村""全国精神文明创建工作先进单位""全国农业旅游示范点""全国文明村"等省部级、国家级荣誉称号。

2）主要做法

①调优结构、种植花木，形成一村一品特色

农科村花卉产业的发展经历了一个大面积扩张，然后由于市场机制的作用导致花卉产业结构调整优化的过程；经历了种植户无序竞争到龙头企业、专业合作经济的出现提高花农进入市场组织化

图 6-32 农科村中国农家乐第一家

图 6-33 村民公园

图 6-34 花卉栽培中心

图 6-35 绿色大道

程度的过程。目前全村除下湿潮田不能栽种花木外，已全部种植花卉苗木、盆景、桩头。种植面积占耕地面积75%以上，形成一村一品特色。农科村因此有了"没有围墙的花园，鲜花盛开的村庄"的声誉。

农科村人通过培育主导产业，鼓励和扶持龙头企业发展，建立专业协会，强化与农户的联结，建立服务机制，实现种植户的效益。村有花木营销协会1个，会员320人，成都重点产业化龙头企业一家"友爱园林"，园林绿化三级资质企业二家，"禾山园艺"和"恒美绿化"。协会和龙头企业带动本地农户向达80%以上，每年通过技术交流，聘请专家指导培训本村花农2次以上。2006年共帮助本村花木种植户销售花木盆景140万株（盆），助农增收2800万元以上。该村拥有各类花木盆景品种300余种，能满足园林绿化所需求的"绿化、美化、彩化、香化"品种搭配。

②大力推动绿化花卉产业，强势推进农业旅游发展

由于农科村率先调整种植结构，普及盆景花木种植，全村环境美化好，空气清新，城里人纷纷到此参观。城里人利用节假日到农家小院呼吸新鲜空气，观赏田园风光，品味农耕文化，农民从经营中增加了收入。红遍全国城乡农村的农家乐就这样开始发端，逐渐形成一门新兴产业——农业旅游产业。它一方面促进农民增收，解决农村闲散劳动力，另一方面又促进农村整体环境面貌和农民素质的提高。

农科村的农家乐经历了辉煌——一度沉沦——再辉煌的历程，从开始发端到2000年达到高峰，从2001年至2003年跌入低谷，2004年开始再度辉煌。

跌入低谷的原因是观念陈旧，资金缺乏导致农业旅游产品开发不力，农业旅游人才缺乏，经营管理水平低以及农科村模式被周边借鉴成批的农家乐出现影响了客源。

2005年友爱镇党委、政府围绕改造农科村，重塑农科品牌，再铸农科辉煌的主题，作为打造旅贸型重点镇切入点，加大经费的投入，着力营造外部环境，整治农科村风貌，以全新面貌吸引游人，强化服务经营理念，以优质、贴心的服务留住客人。同时围绕建设生态型旅贸得镇的发展建立，聘请了专业设计机构，编制改造农科村建设总体规划及基础设施，产业布局，景观风貌，社会事业发展等系列规划并付诸实施，景区环境绿化、亮化、美化、净化综合改造全面完成，"农家旅游协会"应运而生，整体运装营销紧锣密鼓，民间收藏展、盆景根雕艺术展、兰花艺术展、厨艺大赛等纷纷举办，农家旅游告别传统农家乐两餐麻将玩一天的单调（图6-36）。

农科村今后的发展将打破区域界限，加快产业规模扩张，坚持"大联合促进发展，大开发兴大产业"的思路，依托沿河优势，启动占地700亩农科新村建设，引进"今日田园"等项目房产区，民俗观光区和农耕文化等多个主题区域，极富文化特色，强势吸引游人。

（10）生态农业示范村——留民营村

留民营村位于北京市大兴区子营镇内，有着"中国生态农业第一村"美誉，早在1987年就被联合国环境规划署授予"全球生态五百佳"称号。而如今，在大兴区"十一五"规划的指引下，这个不足千人的村庄在世人的瞩目中不断地完善和发展，结合自身实际，走出了一条自己的现代生态农业之路。

1）有机农业为先导，发展都市型现代农业

农村要繁荣，生产发展为首位。在当今经济社会发展条件下，发展都市型现代化农业成为京郊农村发展生产的重点。

留民营村率先建立起了适度规模、高标准的有机农业产业基地，为周边地区农业发展作出了典范。有机农业是现阶段现代农业的最高形式，通过

图 6-36　农家乐徐家大院

过程管理严格控制有机农产品质量，确保消费者的食用健康。2005 年，留民营蔬菜产品已经通过中国国家环保总局有机食品认证发展中心的有机食品认证。2006 年 11 月，留民营村在荷兰阿姆斯特丹捧回了"世界有机种植者大奖"，这标志着留民营的有机蔬菜种植已经得到世界的承认，也同时标志着京郊都市型现代农业的发展达到了新的水平。2007 年初，留民营的蛋禽类产品也通过了绿色食品认证。但是，留民营村发展都市型现代化农业的步伐没有停滞。

2）新型清洁能源为核心，发展循环经济产业

新型清洁能源中以沼气在留民营村的应用最为普遍。现在，农场的家家户户日常生活离不开沼气，农业的生产离不开沼气，沼气已经成为留民营循环经济的核心。沼气原料来源于家禽养殖，产生的沼气用于村民日常炊事，沼渣沼液还田，用于农作物生产。既解决了禽畜粪污的污染问题，又实现了农场 260 户村民的用气和农作物生产的良性循环。

在区"十一五"规划和科学发展观的指导下，以留民营村为主体的沼气综合利用工程也在紧张的筹备中。如果此工程实施成功，则可以日处理鸡粪达到 14 吨、污水 60 多吨，年产沼气约 44 万 m³，并"跨两河、穿一路"，实现七村联供，解决 1300 多户农民的用气问题，形成生物质能源利用的新局面。

此外，留民营还在策划太阳能体验别墅等既能利用新能源、有科普教育意义，又可以带动旅游发展的项目建设。

3）观光农业为特色，发展生态乡村旅游

留民营村一直重视生态环境的保护，早在 1991 年，就与中国林科院专家共同制定了生态村农用林业建设规划。规划前精心设计，规划后精心组织实施，使留民营村的生态环境日益改善，连续受到首都绿化委员会的表彰，其模式在京郊得到推广，留民营村也因此荣获了"全国绿化美化千佳村"称号。优美的生态环境、整齐的现代农业温室、系统的能源利用设施和淳朴的乡风为观光农业创造了良好的条件。留民营村抓住契机，以观光农业为特色，发展生态乡村旅游，每年前来留民营参观的国内外学者和游客近 8 万人。

生态乡村旅游的发展，为村民增收创造了另一个有效途径，同时为村民"生活富裕"奠定了基础。2006年，留民营村农民年均收入达1.1万元，位居全区农村前列。

留民营村一直积极落实科学发展观，坚持实施可持续发展战略，为建设资源节约型、环境友好型的和谐生态新村做着不懈的努力。留民营村发展的最终目的不是塑造一个盆景，而是不断探索新思路，不断创新新方法，以求得可以向周边辐射的符合当地实际的新模式（图6-37～图6-41）。

图6-37 村委会

图6-38 生态公园

图6-39 生态环境

图 6-40　新民居

图 6-41　有机蔬菜种植

6.2 农业公园

6.2.1 农业公园的发展模式

　　我国的农业公园种类很多，分类方法也五花八门，缺乏统一的分类标准，既有高科技观光农业园，例如北京锦绣大地农业观光园、上海孙桥现代农业开发区；也有以"农家乐"形式为主的农业园，例如西安市户县草堂镇李家岩村新村。

　　高科技的农业公园具有规模大、科技含量高、项目投资数额大、高技术支撑等特点。锦绣大地农业观光园地理位置优越，位于优美的西山风景区和北京市绿化隔离带地区，界于北四环和五环路之间。在北京市大规划中，园区已被列入北京市农业高科技园区，以高新技术研发和工厂化生产示范为主要特点，以生态农业和生态观光为主，围绕湿地的经济、社会、环境工程进行建设。锦绣大地公园的主要特点是高新科技示范和科普教育、旅游相结合，拓宽了农业经济领域。同时，产学研相结合，提供科技内涵，扩展了观光客源。参观者不仅可以享受绿色的旅游，享受自然，还可以学习高技术，了解农业最新发展动态。最后，公园坚持生态建设，保证可持续的发展趋势。锦绣大地农业观光园区自建设以来，共接待国内外游客 150 余万人次，接待全国各省、市、县各级领导参观现代农业园区人员 20000 多人，为高科技农业示范做出了贡献。

　　农家乐公园具有规模较小、分布广的特点，游客以中、低收入层次的城市居民为主。农家乐公园的乡土性、参与性比高技术的农业公园要强，这种方式近几年在内地中等城市的周边得到了快速发展。2010年 9 月西安市户县草堂镇李家岩村新村正式开村，新建成的村落占地 180 亩，新村开村后就有 20 多户居民申请了农家乐个体经营权，开起了农家乐，据悉2011 年，李家岩村在户县政府部门和旅游局的支持下，将把李家岩新村建成环山旅游第一村，全村 197 户将有 150 户左右会开发成农家乐并，进行统一宣传和管理。"农家乐"取法自然，体现的是真正的农家生活。它主要以农家院落为依托，竭力营造出中国传统农耕社会外有田园，内有书香，衣食富足，天人和谐的理想境界，展现出农家特有的风貌。另外，农家乐与其他模式的农业公园相比，消费价格低廉，可以满足不同人群的休闲娱乐需求。西安市周边乡村的"农家乐"主要包括以下几种类型：农家园林型，花果观赏型，景区旅舍型，花园客栈型。"农家乐"的兴起开拓了一个新的经济增长点，不仅转移了农村的剩余劳动力，还拉动了经济的增长（图 6-42、图 6-43）。

　　台湾的休闲农业公园种类也很繁多，包括休闲农场，市民农园，农业公园，观光农园，旅游胜地。这些农业公园结合了生产、生活与生态，形成了三位一体的发展模式。在经营上结合了农业产销、技工和游憩服务等三级产业于一体，是农业经营的新型态，具有经济、社会、教育、环保、游憩、文化传承等多方面的功能。例如，休闲农场就是一种综合性的休闲农业区，利用乡村的森林、溪流、草原等田园自然风光，增设小土屋、露营区、烤肉区、戏水区、餐饮、体能锻炼区及各种游息设施，为游客提供综合性休闲场所和服务。其中最具代表性的有香格里拉休闲农场和飞牛农场。市民农园则是另一种完全不同

的经营模式，由农民提供土地，让市民参与耕作园地。这种体验型的市民农园通常位于近郊，用以种植花草、蔬菜、果树或经营家庭农艺为主（图6-44、图6-45）。

农业公园的发展模式多种多样，不同的模式有不同的优势与特点，它们迎合不同消费人群的休闲需求，也满足不同年龄的人群的娱乐需求，更能够与生产、经济、审美、生态等等多个方面相结合。这些农业公园的发展模式都是不可或缺的，不同地域的文化背景、经济状况都决定着农业公园向着什么模式发展。

图6-42 西安周边农家乐的自然环境

图6-43 西安周边农家乐建筑

图6-44 巴黎近郊公园中的自助小菜园

图6-45 菜园中的花草植被

6.2.2 农业公园规划设计与景观生态学结合的趋势

在城市化飞速的今天，乡村景观常常遭到较大破坏，或是新城或新区的建设，或是高速公路的开发，大规模的移山填河，改变自然地形地貌等建设活动屡见不鲜。景观生态学在乡村景观的开发过程中变得异常重要。建设开发是否合适，必须进行以自然地形地貌为基础的生态景观方面的评定。例如，在以自然村落和农田景观为主的区域内，如何开发建设？以农业生产为基础的公园如何考虑其生态效益？农业公园的规划设计不仅要考虑视觉审美、生产生活，还应与当地的生态系统相平衡，与当地人文活动相协调。

在进行农业公园规划设计时，景观生态学起到至关重要的作用。对不同尺度上的景观生态的把握直接影响公园的建设模式。针对不同尺度提出的方案，具有不同的功能定位。另外，景观生态学遵循异质性、多样性、尺度性与边缘效应等原则，这些是农业公园规划设计过程中的重要特点。通过对景观结构和功能单元的生态化设计，来实现农业公园的良性循环，使整个园区呈现出多样的空间变化。

从景观生态学角度看，除去常规农业的第一性生产功能外，果园、茶园、绿化苗圃等都是重要的景观要素。在农业公园中，也是同样的，公园内的茶叶、时鲜果品生产基地和果林观光胜地都是农业公园的重要景观要素（图6-46、图6-47）。

6.2.3 中国农业公园典型范例

（1）让城市向往的滕头村农业公园

1）滕头村的今昔

①滕头发展的"五部曲"

位于浙江省奉化市城北6km的滕头村，自20世纪60年代始，就是中国农村的"明星"。先是成为"农业学大寨"改土造田的先进典型，后来又因村庄生态规划和建设的成就引人注目。滕头是远近闻名的乡村旅游点，是社会主义新农村建设的一面历久弥新的红旗。

第一步：改土造田

1965～1980年，滕头人不依不靠，用"一根扁担两只肩"，进行改土造田，提高了土地产出率，解决了村民的温饱问题

第二步：规模化经营和专业化生产

图6-46 茶园

图6-47 果园

20世纪80年代中期，滕头人积极探索，大力推进土地的规模化经营和专业化生产，组建了当时远近闻名的集体农场、大型畜牧场、果蔬场、花卉园艺场、特种水产养殖场和农机服务队（五场一队），把90%的劳动力从土地上脱离出来去从事工业与第三产业的发展，较早实现了农业的现代化。

第三步：科技兴农

20世纪90年代末，滕头人抢抓机遇，全面实施"科技兴农"战略，初步形成了以创汇、精品、高效、生态和农业观光为主体的现代农业生产格局。21世纪初期，与著名种苗公司日本大和种苗株式会社合作并成立了滕头种子种苗有限公司，同时又与浙江大学、浙江省农业科学院联姻创建了滕头植物组织培养中心。

第四步：旅游观光农业

农业农村现代化建设，推动了社会主义新农村建设的进程。滕头以独特的创新理念，将农业与旅游完美结合，成为中国农业观光旅游的佼佼者。2004年滕头村荣获国家首批工农业旅游示范点称号。奇花异果棚、黄花梨基地、花卉苗木观赏区、植物动物园、绿色长廊、江南风情园等农业区域景点组成了一幅幅活泼的农业旅游画卷。

第五步：现代精品农业

滕头发展现代精品农业，主要以推广标准化生产，实施品牌战略为载体，从传统农业向现代农业转变，并顺应城市化、市场化的发展需求，建立现代精品农业生产基地：宁波祖代种猪场、自动温控大棚、植物组织培养中心、农家生态鸡蛋场、现代水产养殖场、大葱基地等。

②如今的滕头村

滕头村，全村有农户291户、795人，818亩耕地，191亩果园，156亩山林，66亩水面。滕头相继荣膺联合国颁发的"全球生态500佳""世界十佳和谐乡村"等殊荣，并成为全世界唯一入选2010上海世博会"城市最佳实践区"的乡村。滕头村获得全国首批文明村、全国先进基层党组织、全国模范村委会、中国十大名村、中国生态第一村、全国五一劳动奖状、国家首批4A级旅游区、国家首批农业旅游示范点等60多项国家级荣誉。

2）滕头村农业公园的特色景点

滕头村党委书记傅企平说："滕头很小，位于中国东海之滨，很难再地图上找到；同时滕头很大，因为我们的父老乡亲所追求的，全是人类生生不息所追求的伟大主题——人与自然和谐并存，人与人和谐相处。正因如此，我们滕头人用自己的智慧和汗水，创造了蓝天碧水绿地的人间胜境。"

①将军林与绿色长廊

滕头生态旅游区有片"将军林"，它的来历最初与傅书记"抢树"有关。1999年的一天，村党委书记傅企平偶然听说邻县为拓宽公路，要把路旁路500余株樟树砍掉，并已找好买主。傅书记连夜驱车赶去，不巧半路碰上严重堵车，傅书记心里焦急，干脆弃车步行，沿盘山公路走了10多km，这一晚，他摸黑在高低不平的山路上穿行3个多小时，终于抢在锯树前赶到了目的地。傅书记叫醒熟睡的筑路工地负责人，诚心诚意讲明来意。这位负责人说："就凭你半夜三更10km山路的精神，我这批樟树白送给你也应该！"最后，他以6万元价格买来了这批樟树。后来，来滕头的丁衡高上将、聂力中将等30多位高级将领先后参与植树，这片树林取名为"将军林"，为滕头生态增添了一笔浓浓的绿意。现在整个滕头景区还有"棋王林""记者林""民族林""公仆林""巾帼林"等一批领导和名人栽种的树林。这些树林为滕头再添新绿，并且见证了各位栽种者在滕头留下的足迹。

滕头还有5条用竹子搭建起来的竹廊，是农业示范区内划分各地区域的主线条。这些长廊，全长1500m左右。长廊两旁种上南瓜等瓜果，藤蔓攀绕，绿叶覆盖，硕果挂立，既有很好的绿化和美化的效果，又能给过往的游人起到遮阴的作用，而且这些种植的瓜果既有观赏作用，还有一定的经济价值。

②植物组培中心

植物组织培养也就是植物克隆技术，无性繁殖，快速繁殖技术。滕头植物组培中心是与浙江省农业科学院、宁波市农业科学院、浙江大学生物技术研究所一起合作创办的。中国植物病理学会副理事长、浙江省生物工程学会理事长李德葆教授为该所的创始人和学科带头人。它是滕头村现代农业生产的一项重要标志。组培中心占地 2250m²，可分为自动温控连栋大棚和组培车间两部分。连栋大棚总面积 2000m²，大棚内进行无土栽培，分为基质和水培。主要设施有苗床、A 字架、平面架、喷滴灌系统。通过喷滴灌不需要人工进行施肥、浇水。棚内利用无土栽培、立体种植、水培等方法培育各种名贵花卉，仙客来、兰花等在此竞相吐艳、生机盎然。棚内还利用竹子营造出一片极具江南风格的观赏瓜果园，有来自台湾的"瓜皮"南瓜，成对的"金童""玉女"南瓜，小巧可爱的"鸳鸯梨"，日本的"鹤手"葫芦，还有台湾的巨无霸"巨人"南瓜，让游客大开眼界，惊喜万分。组培车间建筑面积 250m²，通过植物组织培养、快速繁殖、转基因导入和脱毒组织培养等高科技手段，培育一批名贵花卉、优质蔬瓜的种子、种苗，然后就移植到连栋大棚内。

③首个环境保护村级委员会

"新农村建设不仅仅是造几栋漂亮的别墅，而是要让大家生活在一个人与人、人与自然和谐相处的社会里！"这是村党委书记傅企平说的话。滕头人所追求的目标是："既要金山银山，更要绿水青山！"

早在 1994 年，滕头村就建立了中国最早的村级环保机构——环境资源保护委员会。环保委员会由村负责人、村民代表、村企业管理人员等十几个人组成。当然，委员会还从高校、政府环保部门请来专家当顾问。这不是一个摆设机构，它的权力很大，可以对引进的企业和项目实行一票否决。

在距离滕头村委会不远，茂密的柑橘林掩映着几幢现代化楼房，这是供中小学生课外实践的培训基地。可外人不会想到，这里原来是一家金刚石厂。这家效益很不错的金刚石厂当年被关闭的理由是，企业在生产过程中会排放少量污水。滕头村曾经是一个贫困得连肚子都吃不饱的小村庄。可在傅企平和村民眼中，宁可把发展步子放得慢一些，也不去做"速成致富梦"。

"推动全村走可持续发展之路，是滕头村村民赋予环保委员会最重要的职责。"滕头村全村工作人员的名片都是绿色的，目的是提醒每个人都不要忘记生态与环保。在村环境资源保护委员会的努力下，新开辟的工业经济园配备了高标准的环保设施，现进驻企业已有 40 多家，年产值可达 15 亿元人民币。

④婚育新风与江南风情园

滕头生态区婚育新风园建于 2002 年，占地 11300m²。婚育新风园内有"十二生肖"动物植物园、喜临门、同心锁链、计划生育主题雕塑、祥云桥、"佳偶天成屋"等一系列婚庆景观，是新婚取景、举行婚礼的理想场所。园内小路上铺着一条红地毯，空中飘着红绸、红灯笼，新人穿着漂亮的结婚礼服在园内举行婚礼。附近的农俗风情游乐区，在一口水塘边，摆放着五六架水车，游客可以上水车，双手扶住水车上的横杆，双脚用力地踩着木踏板，水车就会"吱吱嘎嘎"地转动起来。滕头还用铁架子搭起来跑道，举行独有的"笨猪赛跑""憨牛猛斗""温羊角力"等表演，让人感受到一股浓浓的乡土味道。大家在体验江南风情的同时，还了解有关农业方面知识。

⑤石窗艺苑

在滕头旅游新区有座独特的石窗艺术馆，2000m² 的青砖长廊共镶嵌着 108 块石窗，这些石窗大多来自民间，主要是明清时期宁波一带的石刻精品。石窗是古代建筑的组成部分，有透气、采光、防火、防盗的功能，既美观又实用。自古以来，宁波一带商贾云集，经济繁荣，留下了一批工艺精湛的石刻遗产，石窗是其重要的组成部分。随着人们生活水平的提高，旧城、老村被改造或拆迁，相当一部分石窗被毁坏或流失于民间。奉化收藏爱好者林鑫用 10 多年时间收集了流散在民间的 400 多块石窗。为更好地保护这些承载着历史和艺术的作品，滕头村和林鑫合作共建了石窗艺术馆。馆内 108 块石窗分为人物、动物、植物、符图、文字等五大系列，或粗犷中见异趣，或精细中见功力。石窗的图案注重表意，如龙凤呈祥、麒麟送子、双龙戏珠、凤穿牡丹等，体现了人们对美好生活的向往。其中最为常见的蝙蝠、梅花鹿、寿星和喜鹊的图案，则反映了人们对传统福、禄、寿、禧的追求。明中期的"四龙捧寿莲花窗"可谓是整个石窗馆中的"一品窗"。此窗原在明万历年间奉化进士邹鸣雷家院"浮槎阁"中，历经 400 年精美如新。四条苍龙，活灵活现，中间一个寿字，笔力苍劲，边窗缠枝蜿蜒多姿，其刀情笔意透露出浓浓的艺术气息。此外，艺术馆中神态各异的"百狮园"石刻和"千年宋碑"与明清石窗相映成趣。游客漫步其间，仿佛置身于明清时期的大宅院，可领略历史文化积淀透出的美妙意境。

⑥实践基地

滕头于 1998 年 11 月创办学生社会实践基地。实践基地分生态旅游区和磨难拓展野营基地两部分，可同时容纳 800 多人住宿，1000 多人就餐，是集参观旅游、社会实践、军事训练于一体的学生校外素质教育基地。基地创办以来，已接待了来自欧美各国、日本以及全国各地师生 100 余万人次，中央电视台、人民日报等 50 余家新闻媒体相继报道基地活动情况，得到教育部、科技部、团中央等领导的充分肯定。滕头学生社会实践基地已成为全国性的五大基地：全国"手拉手地球村"培训基地、全国"我能行"体验基地、中国少先队工作学会实验基地、全国环境教育基地、全国青少年科技教育基地。

3）滕头村农业公园的魅力

滕头村的发展过程也是农业公园创建过程，其发展特色主要体现在绿色、生态与和谐三个方面。滕头村以花卉苗木产业立家，其村庄的绿化面积达到 67%，这在以经济发展为主导的大环境下，滕头村所独有的绿色，绿色村庄、绿色产业、绿色生活等构成了滕头的绿色家园。其农业、工业和旅游业形成良性生态互动，在村域范围内形成大的循环体系，确保村庄和谐发展，其和谐主要体现在村民心理和谐、人居和谐、环境和谐、市场和谐、人文和谐和社会和谐六个方面，这种绿色、生态与和谐构成具有滕头特色的社会主义新农村（图 6-48 ～图 6-53）。

走进滕头村，第一个强烈印象就是整齐、干净、美观。这里，农田平整如镜，每 4 亩成一方；田边和柏油路旁栽满了橘子树、梨树，叶绿果香；河水、渠水清澈见底，绕村而行，上面架起葡萄架，两旁是花草绿树；村内一排排农宅小楼，美观实用，每家门前屋后小花园修剪整齐；村内不见工厂厂房和机器喧嚣，它们被统一安置在工业区内；大街小巷见不到废纸果皮，见不到鸡飞狗跳，也不见袅袅炊烟。清风习习，绿树鲜花交错，溪水潺潺，景致幽雅宁静，飞鸟群鸽和鸣，恰似世外桃源。几百亩生态园种满了各类瓜果菜蔬以及奇花异草，绿色茵茵，清香幽静。滕头"田成方、屋成行、清清渠水绕村庄；橘子渠、葡萄河，绿树成荫花果香。"

联合国世界和谐系列活动评审委员会对滕头村的评价："公共服务与管理上的创新，对生态保护的超前意识与极强的社会责任心，一个有鲜明特色，在环境、工业化和科技普及综合发展的中国村庄。"

①"世界十佳和谐乡村"

2007 年 6 月 26 日晚，世界和谐系列活动在世界音乐之都维也纳会展中心举行。中国"生态第一村"的掌门人傅企平代表 800 名滕头村民，领取了"世界

图 6-48 滕头村服务中心

图 6-49 乡村道路

图 6-50 观光大棚

图 6-51　瓜果长廊

图 6-52　美丽乡村

图 6-53　农业示范台

十佳和谐乡村"奖牌，他个人还获得了"2007 世界和谐突出贡献人物"奖。

世界和谐系列活动是 2007 年联合国第七届全球论坛的主要内容之一，在全球范围内评选产生首批世界十佳和谐城市、乡村及和谐突出贡献人物。这次活动全球有千余个乡村参加了评选。来自五大洲 10 多个国家的权威专家组成的评审委员会，按照 GDP、幸福指数、绿化率、空气质量、人均寿命、就业率、就学率、犯罪率等 8 项指标综合评定。在标准 100 分中，滕头村得到 95 分的高分，成为中国唯一获奖的乡村。

滕头村的绿化率达到 67%，而新加坡这样世界著名的花园城市绿化率也仅为 45%。滕头村的 100% 就业率、零犯罪率、人均寿命 78.9 岁、常年一级空气质量等数据，在全世界任何一个地方都不容易。滕头村最具魅力之处，概括起来为六大和谐：人人安居乐业，心理和谐；村落布局合理，人居和谐；青山绿水相济，环境和谐；企业发展创新，市场和谐；村民和睦相处，人文和谐；刑事犯罪为零，社会和谐。滕头村的六大和谐，被中外专家认为是具有中国典型意义的"和谐乡村"的蓝本。

②上海世博会唯一乡村案例

2008 年，滕头村从全球 113 个申报案例中脱颖而出，以"生态和谐实践"成功入选上海世博会"城市最佳实践区"，成为全球唯一入选的乡村案例。"城市最佳实践区"是上海世博会的亮点之一，它给世界各城市提供了一个独立参展世博会的机会。经国际遴选委员会评审，全世界共有 55 个城市入选世博会"城市最佳实践区"参展案例。这些案例涵盖了宜居家园、可持续的城市化、历史遗产保护与利用、建成环境的科技创新等四大类主题，案例中集聚了发达国家和发展中国家城市的精华，中国仅有上海、苏州、杭州、成都、西安、宁波等城市入围。滕头馆"城市化的现代乡村，梦想中的宜居家园"为主题，运用体现江南民居特色的建筑元素，以空间、园林和生态化的有机结合，表现"城市与乡村的互动"，再现"全球生态 500 佳"和"世界十佳和谐乡村"的发展路径，进而凸显宁波"江南水乡、时尚水都"的地域文化，展示生态环境、现代农业技术成就以及宁波滕头人与自然和谐相处的生活。这一切真正体现出：乡村，让城市更向往！

世博会期间，宁波案例滕头馆共接待游客数量为 113.1598 万人次，成为最受欢迎的城市最佳实践区参展案例之一。每天接待游客都在 6000 人次以上，最多一天超过 1 万人次，游客接待数量远远超过预期。泰国公主诗琳通 2010 年 7 月 21 日特意来到滕头馆，向馆方赠送了一对"泰国娃娃"，并在滕头馆的留言册上留下了自己手写的中国名字"诗琳通"，她被这馆里的田园风光所倾倒。可口可乐中国区 CEO 的夫人和朋友一行来到滕头馆，参观后也是赞不绝口。她说："这里的农村设计很有意思，很生态很环保，在国外，人们十分重视环保，因此他们对这里的设计很认同。"

世博会谢幕后，奉化决定将滕头馆迁回奉化供游客游玩。滕头馆的移回建造地在滕头服务中心西侧，占地面积 5 亩，总投资 3800 万元。建成后，滕头馆集中体现滕头及奉化的发展历程。

③首个环境保护村级委员会

村党委书记傅企平说："新农村建设不仅仅是造几栋漂亮的别墅，而是要让大家生活在一起人与人、人与自然和谐相处的社会里！"滕头人所追求的目标是"既要金山银山，更要绿水青山！"

早在 1994 年，滕头村就建立了中国最早的村级环保机构——环境资源保护委员会。环境委员会由村负责人、村民代表、村企业管理人员等十几个人组成，同时还从高校、政府环保部请求专家当顾问。它的权力很大，可以对引起的企业和项目实行一票否决。

在傅企平和村民眼中，宁可把发展步子放得慢一些，也不去做"速成致富梦"。滕头村关闭了一家效益很不错，但生产过程中含排放少量污水的金刚石厂，改为柑橘林掩映的中小学生课外实践培训基地便是最好的例证。

"推动全村走可持续发展社会，是滕头村村民赋予环保委员会最重要的职责。"滕头村全体工作人员的名片都是绿色的，目的就在于提醒每个人都时刻不要忘记生态和环保。在村环境保护委员会的努力下，就开辟的工业经济园都配备了高标准的环保设施，现进驻企业已有40多家，年产值可达15亿人民币。

（2）开发原生态江南农家旅游的蒋巷村农业公园

1）蒋巷村今昔

①四次换地激活了蒋巷村

蒋巷村位于常熟、昆山、太仓三市交界的阳澄湖水网地区的沙家浜水乡。40多年前，蒋巷村是常熟出了名的穷乡僻壤，土地贫瘠、地势低洼、血吸虫病流行，这使蒋巷村农民贫病交加。有民谣为证："蒋巷穷，穷蒋巷，一下小雨水汪汪，大雨一下白茫茫，亩产不过百斤粮，家家户户饿得慌。蒋巷穷，穷蒋巷，茅草盖屋土打墙，小孩没钱上学堂，大肚男人脸发黄，有女不嫁蒋巷郎。"

1966年，23岁的常德盛光荣地加入中国共产党，并当上了生产队大队长。在一次会议上，常德盛对村民喊出了"天不能改，地一定要换"的誓言。20世纪60年代末，蒋巷村开展平坟地和泥塘活动，把田平整好。1975年，常德盛又实施以填河填浜为主的第二次"换地"。1985年至今，常德盛又实施了以筑路建渠、建设规格农田的第三次"换地"，与以路、渠、田、林标准化建设为主的第四次"换地"。

治水改土的四次换地让蒋巷村彻底翻了身。蒋巷村从吃返销粮一跃成为苏州市3000多个行政村中的售粮"状元"，人均达1.3t。

蒋巷村虽然在农业上取得很大成绩，但比起苏南一些先富起来的村庄来说，由于缺乏工业，村民们还谈不上富裕。之后，它又开始向工业进军。

20世纪90年代初期，"五小"企业在苏南乡镇蓬勃兴起，蒋巷村投资500万元办了个镇南化工厂。工厂投产才两个月，利润就超过了100万元。可是，工厂排放的废水让鱼虾死掉、稻秧枯萎。常德盛召开村两委会议，决定关掉工厂。

从此，蒋巷村集中力量搞具有环保性的产业，为后来发展生态旅游产业奠定了基础。

②如今的蒋巷村

蒋巷村，全村186户，832人，村辖面积3km²。蒋巷在常德盛书记的带领下，40多年来，先后获得全国文明村、全国生态村、全国敬老模范村、全国民主法治示范村、全国新农村建设科技示范村、全国农业旅游示范点等荣誉。

2）蒋巷村农业公园的特色

在蒋巷村"农业起家、工业发家、旅游旺家"的新农村建设进程中，将工业融于田园，将第三产业植根于第一产业，在保持江南水乡原生态上"吟诗作画"，力求产业与生态发展相和谐，做到了重文化传承的基础上经济社会发展有建树。

蒋巷村农业公园最突出的特色体现在原生态如诗如画的江南水乡风情。在保持江南水乡原生态基础上，整理村庄资源，改造民居，引入农艺馆、图书馆、村史展览馆、度假村、农民宾馆、农家乐饭店、农家民俗馆、青少年科普馆、中小学生社会实践基地，以及钓鱼台、游乐区、瓜果采摘区、动物观赏区、彩弹射击场和土特产商贸区等，打造蒋巷生态园。并根据江南特色，注入民俗要素，收藏江南农村人家曾经用过的农具、渔具、家具、灶具、量具、孩童玩具和服饰等，建成独具特色的"江南农家民俗馆"。千亩生态稻田的江南田园风光，展现了蒋巷村农业公园的无穷魅力和欣欣向荣的社会主义新农村气息。三大特色，彰显了蒋巷村农业公园的独特性，更为其"旅游旺家"奠定基础。

①生态园

生态园占地600多亩,已经建成的项目有:农艺馆、图书馆、村史展览馆、度假村、农民宾馆、农家乐饭店、农家民俗馆、青少年科普馆、中小学生社会实践基地,以及钓鱼台、游乐区、瓜果采摘区、动物观赏区、彩弹射击场和土特产贸易区等。旅游服务项目则有发展新农村考察游、绿色农业生态观光游、中小学生社会实践游等。为了让越来越多的青少年有一个更好的学习和实践基地,由江苏省、常熟市和村里共同投资1300多万元的青少年活动中心已活经建成。动物观赏区内,白鸽卧巢、群鹿迎客、鸵鸟散步、猕猴飞蹿、家鹅高亢、草鸡觅食,呈现出生态农村的和谐之美。展览区内,可以踩水车、推碾子、辨五谷、识古灶、看农具,体会传统农民一天劳作的辛勤,感受传统农业的乐趣;红花绿草、挂果小树、奇石怪岩、老树根雕等,做工精致,令人赞不绝口。游乐区内,碧波之上,尽情泛舟,万绿丛中,怡然品茗,垂柳倚岸,悠然垂钓。采摘区内,遍布大雪枣、杨梅、油桃、葡萄、枇杷、李子和各类蔬菜,不同的区域和果树,形成了"春、夏、秋、冬"四景,同时显现了"万花放、稻谷香、岸柳成行"的意境,散养草鸡,三五成群,与果树构成了一幅协调和谐的大自然生态景观!学生社会实践区内,学生参与的节目丰富多彩,层出不穷,如射击、飞镖、车模拼装、陶艺制作、水上漫步等,刺激而又精彩。

②江南农家民俗馆

"江南农家民俗馆"建在生态园里,收藏了许许多多江南农村人家曾经用过的农具、渔具、家具、灶具、量具和那个时代儿童自制的玩具,还有农家自制的大人小孩的土布衣裳等。民俗馆里的陈设,让人的怀旧思故之幽情油然而生。是的,农村是城市的童年,每个城里人即使没有经历过农村生活,脑海中也都有一幅关于童年和农村生活的图画。

现实中的蒋巷村和民俗馆里记录的农村岁月,让许多在农村长大的城里人流连忘返、思绪万千,他们沉浸在如烟的往事里,从中看到了那个艰苦而又温馨的童年时代。

③千亩生态稻田

在苏南已很少见到大规模成片的水稻田,而在蒋巷村,却保留了一千亩水稻田。成片的水稻长得根粗叶绿,沉甸甸的稻穗在微风的轻拂下掀起滚滚金色的稻浪,成为一处优美的自然景观。蒋巷村从选种到培育秧苗,各个环节紧扣不放松,由村组织统一供应"常优1号"优质品种,并按照上级农业部门的技术指导,统一施肥,适时合理使用高效低毒农药。1000多亩"常优1号"平均亩产达730kg,蒋巷村的丰产方完全可以称得上江苏第一方。"杂交水稻之父"袁隆平院士2007年10月来到蒋巷村千亩丰产方的田埂边,感慨:"这个丰产方的稻子长得非常好,依我估计,这里平均亩产要在700公斤以上,高产田块要超过800公斤。这里不是一亩两亩,而是1000亩,非常了不起!"蒋巷水稻田是生态效益很好的人工湿地,村里每两年疏浚一次池塘、河道,获取的淤泥用于"补田",这是传统做法,也符合现代科学。对土地饱含感情的常德盛说,土地是农业的基础,农业是农村的基础,对土地要有"良心",这些稻田会一直保留下去,如果把这些稻田开发了,村里的"阿拉伯"数字可以好看很多,但这不是蒋巷村的追求。

3)蒋巷村农业公园的魅力(图6-54~图6-60)

① 农村原生态的果圃、菜园、瓜地、竹林等是蒋巷村的最大卖点。

② 蒋巷村独有的田园风光、自然景点和它那古朴淳美的民风吸引城里人逢年过节、双休日,携家带口、呼朋唤友,兴致盎然地在蒋巷村住农宅、吃土菜,离开时还要买点土产回去与人分享……它是每个游客的乡村老家。

图 6-54 老年公寓

图 6-55 鹤寿延年

图 6-56 农宅新貌

图 6-57 接待中心

图 6-58 实践基地

图 6-59 活动广场

图6-60 蒋巷小学

③ 小河平静如镜，岸柳倒挂，木桥曲弯，鱼儿跃起，成群花鸭白鹅浮在水面……这是农村天然景画，容易勾起游人对遥远的故乡和儿童时代的回忆。

④ 蒋巷，能让城里人小别喧嚣的市区，融入江南水乡农村恬美、静穆和无忧的生活，尽享内心和谐的原生态新农村。

（3）生态循环新农村的河横村农业公园

1）河横村的今昔

①沤改旱使河横村为农业战线上的生态旗帜

河横村隶属于江苏省姜堰市沈高镇，河横村原是地势低洼，港汊交错，"一年一熟稻，十年九载涝"，是天种人收的老沤田地区，农民沤烂了脚，沤破了手，还是在贫困线上挣扎。

20世纪60年代中期，河横人实施了沤改旱工程，勤劳朴实的河横人挖土挑河，夜以继日地劳动，硬是靠着一副副肩膀、一把把铁锹、一根根扁担，将杂乱无序的河沟进行有序的修整，使村庄内外的水网资源得到有效的整合和使用。从而，使十年九涝的低洼地变成了千亩优质粮田。在全国上下"学大寨"年代里，河横因此成为南方地区尤其是江苏省农业战线上的一面旗帜，"学大寨、赶河横"成了当时全省上下的共识。

沤改旱工程初战告捷后，20世纪70年代中期，河横人又紧接着实施了农田基本建设，进一步改善基

础设施条件，增强农业生产能力。20世纪80年代中期，在国家和省、市环保部门的指导下，河横村研究推出生态经济良性循环和优化模式，运用生态学原理和系统工程的方法进行生态农业建设，开展了用地与养地相结合，保持土壤肥力；病虫草综合防治，降低农药用量；农业生产废弃物综合利用；建立生态农场示范；林粮间作、立体空间开发利用等工作，有效提高了太阳能的转化率、生物能的利用率、农业废弃物的增值率，促进了经济、环境和社会效益的提高。河横在开拓适合中国国情的生态农业发展道路上迈出了独具前瞻性的一步，它的生态农业建设工程引起了国内外专家学者的广泛关注，来自美国、菲律宾、非洲各国以及全国各地的有关人士纷纷前往河横考察。

②如今的河横村

河横村，全村总人口3153人，总面积8312.5亩。河横村地处姜堰、兴化、东台三市交界处，紧邻国家3A级溱湖风景名胜区，地理位置优越。1990年6月5日被联合国环境规划署授予"全球生态环境环佳"荣誉称号，2005年被农业部命名为全国农业旅游示范点，2006年被农业部、江苏省确定为江苏唯一的部省共建新农村建设示范村。2008年被亚太环境保护协会命名为"低碳农业先进村"。河横还获得全国绿化千佳村、江苏省生态示范村、江苏省绿色食品生产基地、江苏省农业循环经济试点单位等称号。中国新农村建设研究院、江苏省农业科学院5位专家在河横调研后赞叹不已："这里是农村，更是新农村。"

进入河横，小桥流水，青砖小瓦，古色古香的民居与一幢幢崭新的楼房、花园式庭院交相辉映。小区环境优美、河道整洁，道路都是硬质路，村里的供电、供水、供气等管线全都一一埋到地下。河横人一家一户楼房小院内都有一块一分地的菜园子。除了菜园子，楼房四周及道路两旁全都种满了树，这些树

大树多是桃树、杏树、柿子树等果树。种菜加果树，小区绿化面积达到46%。湛蓝的天空、清新的空气、碧绿的河水、斑斓的花草，水乡田园风光在河横尽展无遗。

2) 河横村农业公园的特点

河横村的农庄、住宅小区是景点，一个个农业项目也是景点，河横村就是一个风景区。

①生态住宅小区

河横生态住宅小区是部省共建的全国新农村建设样板工程，是姜堰市新农村建设的康居示范工程，小区于2006年6月动工兴建。建筑总面积1.8万 m^2，建筑物109幢。小区由扬州规划院设计，按照"科学合理、以人为本"的设计理念，从节约土地资源、节能环保等角度出发，设计了多种户型。小区住宅屋顶统一采用太阳能热水器，地下采用小型沼气发电机，充分利用河横家禽公司和正荣公司产生的畜禽粪便，向小区提供45%的电能需求和60%的热能需求。家庭用水利用分级处理系统实现节约用水。小区产生的生物垃圾经粉碎设备处理后，和卫生间流体一起进入沼气系统，通过管道输送能源，供照明、取暖和做饭。

小区内配套绿化率高达46.8%，原有的生产河及废沟塘全部被整治一新，成为景观河道。从2007年春以来，在河横生态住宅小区，新入住的河横村民切身感受到了新农村建设给他们带来的巨大变化。河横生态住宅小区既体现了生态水乡特色，又彰显了新农村建设的风貌。

②菜花节

河横利用生态、绿色品牌开始向旅游业进军。2005年4月5~12日，河横村成功举办了河横生态园开园暨首届河横菜花节。菜花节当天，盛况空前，近万名游客参加了生态园开园仪式。开幕式上，举行了生态景观观赏活动和大型民间艺术表演，其间，还开展了融趣味性、参与性于一体的扛大米、拔河等具有里下河地区风情特色的文体活动。现在，"河横菜花节"已举办数届，在新浪网、搜狐网、中国旅游论坛、天涯论坛·旅游胜地等网站，被列为"中国八大菜花节"之一。

③特种种养园

河横引进三资近7000万元，建设起了特种种植区和特种养殖区，包括优质葡萄生产基地500亩，阳山水蜜桃生产基地50亩，花卉苗木生产基地150亩，"蝴蝶兰"成花基地。2003年引进河横家禽育种有限公司，建成年产3000万只的绿色草鸡蛋生产基地。在河横要吃天鹅肉很容易，香港一家公司在河横进行灰天鹅养殖与加工，采用"公司＋基地＋农户"的方式，将种鹅交由农民饲养，并已开发出河横牌酱鹅、鹅肝、鹅翅等10多个系列新产品。现在，河横灰天鹅合作社已在四川、新疆、河北、安徽、辽宁等地发展会员700多户，年养殖量达70万只。河横村还发展观赏鱼产业，养殖基地占地面积300亩，总投资3000万元，年养殖不同品种的观赏鱼1000万尾，其中，包括珍珠、黑龙、蓝寿、蝶尾等10个高档观赏鱼品种。

3) 河横村农业公园的魅力

河横村以经济作物种植为基础，按照循环经济原理，把废弃物进行资源化再利用，把种植业与畜禽及水产养殖有机结合，努力增加农业有效产出，循环经济孕育生态科技园。

2003年8月，在市环保局的协助和推介下，河横村引进民资500万元，启动了循环经济项目工程。作为省环保厅批准的全省首批循环经济试点，该项目占地150亩，主要建有垂钓中心、名果观赏园、生态居住小区等，集循环经济研究、示范、推广和垂钓、无公害瓜果蔬菜自采现卖、散生土鸡现捕现卖、农家生活体验等生态旅游项目于一体。

江苏河横生态科技园规划面积4282 hm^2。经过几年建设，园区以生态环境建设和绿色食品开发为主体的特色正逐步凸现，初步建成了以万亩无公害优质水稻、花卉、苗木、药材、瓜果等为主体的特种种植基地，以泰州河横家禽育种有限公司、泰州正荣特种禽业发展有限公司等企业为主体的特种养殖基地，以大米、酱菜、蛋品等 5 大类 10 种绿色食品为主体的绿色食品生产基地，以及以原生态场为主体的立体种养、废弃物综合利用的循环经济试验基地，园区年综合经济效益达 5 个亿。河横大米、三泰酱菜、如春蛋品、仙岛鸡蛋等优质产品畅销苏果、联华、家乐福、农工商、大润发等大型超市，并被驻港部队和南极科考队列为采购食品。江苏河横绿色食品有限公司销售过亿元，成为江苏省农业产业化重点龙头企业。河横村还与众多科研单位建立了紧密的技术合作关系，多家科研所相继在园区建立了试验示范基地和教学试验基地。近年，河横村更加注重科技创新，积极研究探索示范生态模式，推广无公害、绿色食品生产及加工技术，实施各类农业科技项目 48 项，其中国家和省级农业科技项目 12 项。

2008 年，村里投资 300 万元建起一座 500m³ 的沼气站，既为畜禽粪便、农作物秸秆找到了出路，又可以向农户统一供气。沼气站一户一年只收 200 元。村里还聘 24 名保洁员，负责村容村貌的长效管理。

许多客商想到河横投资兴办工业，其中有冶金、化工、针织等项目，均被拒之门外。河横的"清规戒律"是：在环保上没有商量余地，哪怕是轻度污染的项目也一个不要。而对于低碳高效农业项目，河横村则敞开大门，国内第一家仿土鸡育种的企业、蝴蝶兰培育基地、千亩葡萄园、循环经济园等 20 多家"农"字号及配套企业，都落户这里。

循环经济就在实现经济发展的同时，通过产业衔接实现废弃物减量化无害化资源化，达到最少的资源消耗和最少的无益排放，最终实现经济社会可持续发展、人与自然和谐。河横村农业公园正是循着这样的发展理念，打造生态循环产业链条，成为省部共建的新农村建设示范村，并荣获"全球生态环境 500 佳"等诸多荣誉称号（图 6-61 ~图 6-67）。

图 6-61　洁净的村庄大道

图 6-62　美丽的田园风光

图 6-63　滨河的河横农宅

图 6-64　绿柳掩映的新居

图 6-65　温馨的农家新宅

图 6-66 欢乐的女舞龙队

图 6-67 龙腾飞舞庆佳节

（4）生态农业和"农家乐"旅游的前卫村农业公园

1）前卫村的今昔

①生态农业，闯出"崇明第一村"

前卫村位于长江入海口的中国第三大岛崇明岛中北部，20 世纪 70 年代，前卫村还只是长江边的一片滩涂，遍布苇塘河沟。

a. 无畏的闯劲，闯出"崇明第一村"

1968 年冬，73 个庄稼汉从 20 多 km 以外的乡村迁到前卫这片荒滩，向苇荡河沟挥起锄头铁锹……大干一个冬天，将荒滩变成了平川。然而，荒滩是未经淡化的盐碱地，在上面种庄稼，收成实在太少。年终结算，人均年收入只有 150 元。

1973 年，年方 21 岁的徐卫国担任村党支部书记。改革之初，徐卫国就带领村民办厂。先后办起玻璃仪器、红木筷、电风扇组装、鞋油、养鸡场"四厂一场"。但由于没有技术，没有原料来源，没有销售渠道，更没有资金，折腾了一阵子后，四个企业纷纷下马。办厂贴上了 7 万多元，这相当于当时全体村民的三年收入。徐卫国及时总结经验，寻求对策，最终决定办联营厂，依托大厂发展。在多次接洽后，前卫村与长征农场联营，建立崇明岛上第一个国营和集体联营企业，生产"斑马"牌鞋油。当年，盈利 10 万元，

第二年上新台阶，盈利 25 万元，联营 4 年利润共计 83.25 万元。徐卫国没有就此满足，他自我加压，寻找新路，又与上海牙膏厂合作，联合办起上海胜利日化联营厂，生产"中华""白玉"牙膏，为联营前卫开辟了一条致富路。1991 年前卫村利税超过 1450 万元，成了全县交纳税款的一个大户，创造了一项项崇明之最，上海市郊之先。人们纷纷称颂前卫是"海岛明珠""崇明第一村""崇明岛上一枝花"……

b. 可贵的尝试，探索工业向生态转型

在前卫经济发展中，徐卫国开始感到农村的许多问题很不对劲。农药滥用，化肥当家，城市居民担心每天吃的粮食、蔬菜有问题，连广大农民自己吃的自己生产的也不敢保证是无公害的。农村变得"陌生"起来了。出于对孩提时代原生态农村的眷恋，出于对越来越严重的农村污染的担忧，出于对人民对社会的负责，徐卫国感到肩上多了一份责任，于是从 20 世纪 80 年代末开始，带领全体村民进行生态建设的探索。

前卫逐步确立起了"种、养、沼"三结合物质循环利用的生态农业模式。建立千头猪场，牲畜粪便及冲洗水进入沼气站，经高温厌氧发酵后，产出的沼气供村民炊事用，沼液通过泵站，输送到蔬菜大棚，从地下渗透到蔬菜根部，生产无公害洁净蔬菜，沼渣

通过挤压，造粒机制成颗粒饲料，用于池塘养鱼和花卉肥料。通过这样的循环结构，生态农业系统内部废弃物作为植物能资源获得了综合利用和多层次的循环利用，使全村各业相互依存，相互促进，形成一个良性循环的有机整体。

在"种、养、沼"三结合物质循环利用基础上，前卫村向更深的多层次、多结构、多功能的"水、田、路、林、湿地"和"农、工、商、旅、教"五位一体、全面协调立体的生态农业模式发展，初步形成了独有的新的生态产业链布局。

1994年原国家环保局局长曲格平来村考察一周，对前卫村重视环境保护赞不绝口，亲笔写下了"生态农业、良性循环、强国富民、持续发展"的题词。给徐卫国和村民们以极大的鼓舞，在思想认识上又提高了一步，在行动上更自觉了。

②如今的前卫村

前卫村，全村面积2.5km²，人口753人。前卫村1996年获联合国"全球生态500佳"提名奖，先后获得全国造林绿化千佳村、全国科普教育基地、全国创建文明村镇工作先进单位、全国文明村镇、全国首批农业旅游示范点、国家级生态村、上海市五好村党支部、市文明村、市生态科技创新基地等40多项国家级和市级荣誉。

前卫有一个四个"一流"目标：全国一流的农业旅游示范点、全国一流的一生态科技村、全国一流的生态环境科普教育基地、全国一流的生态富民家园。这四个"一流"激励着前卫不断前行。

为了保护和改善生态环境，形成生态农业旅游的良好氛围，前卫村近年来，先后实施了十大环境建设、基础设施建设、景点工程和旅游软件工程，形成了以高科技循环经济为特征的十个生态系统，有力地支撑着生态旅游事业的发展。

a. 种植与养殖有机结合的循环型生态农业体系；

b. 人工湿地生态化处理生活污水系统；

c. 可再生能源应用示范系统；

d. 河水生态修复处理系统；

e. 支撑生态科技的五个高校生态实验室及崇明生态课题实施系统；

f. 以"农家乐"旅游为支柱的休闲度假生态农业旅游系统；

g. 生态科普科教培训系统；

h. 生态道路、绿色交通、信息化示范体系；

i. 生活垃圾收集处置，绿化、美化村容环境体系；

j. 社区文化、生态文明建设体系。

前卫村在上海树起了全面建设生态示范村和发展综合性生态农业旅游旗帜。

2) 前卫村农业公园的特点

前卫村，把生态农业和生态循环型农业项目变为旅游项目、科普教育项目、参观学习项目，把生产出来的农副产品变成旅游产品，做到了农业经济的价值叠加，探索出一条在纯农业的情况下，使农民致富的有效途径，实现农业经济可持续发展。

①生态旅游

自1999年5月推出"农家乐"生态旅游至今十多年中，前卫村不断探索、完善、拓展和提升，已经形成了"农业旅游、民族风情、科普文化、休闲度假"四大板块，六大观光旅游展示区，为人们提供了具有乡村特色的旅游服务。现在前卫生态村旅游软件和硬件设施基本齐全，星级接待农户102家，各类酒店、宾馆、饭庄、渔村、俱乐部、会所、涉外接待宾馆等十多家，配置了市级导游20名、智能化导游系统、清洁能源的交通工具，日接待能力可达4500人次同时用餐，3000人住宿；现共接待国内外游客人士达200多万人次。2009年11月，上海长江隧桥开通后，来村观光的人次创历史新高，日最高接待量达1.52万余人次，旅游业已经成为前卫村的主要产业和经济来源之一，已成为前卫村构造"生态农业"价值叠加的循环经济产业链中不可或缺的重要链节。从 1994 年至今连续举办了数届"前卫村金秋生态文化旅游节"和"第六届崇明森林旅游节"。

"吃农家饭、住农家屋、干农家活、享农家乐"为特征的"农家乐"旅游已经成为前卫村生态农业旅游的核心亮点。清新自然的庭院环境、洁净优雅，品尝香甜醇和的崇明老白酒、白山羊、老毛蟹等美味佳肴，亲手挖芋艿、摘花生、采橘子、摘一只葡萄甜甜嘴，咬口水果黄瓜爽一爽，尽情地享受农家的天伦之乐。沿着前卫村内环、中环线到前卫村各景点转一转、看一看，领略具有海岛特色的田园风光，碧波荡漾的万亩粮田；沙地特征的瀛农古风园、崇明地质公园的世界木化石、奇石展馆；明清两代建筑风格的古瀛饭庄；农村风味的滨海渔村、垂钓中心、渔翁小舍、前海度假村；幼驯养野生动物基地；千亩循环链科技生态农业园区，海岛特色有机农产品购物街等；景点、风光目不暇接。前卫清新宜人的生态环境、令人神往的生态科技、淳朴的农家风情，令人心旷神怡。

②生态农业

农业旅游根基在"农"，置生于前卫千亩和百亩两块循环农业示范园区内，沟浜纵横、鱼儿畅游、芦苇摇曳、绿树成荫、小鸟欢唱……一路漫游，一路芳香。信步在 250 亩智能化大棚及连栋大棚里，一股浓浓的田园气息扑面而来，这里一年四季满园春色，有机种植的五大类名、特、优瓜果蔬菜琳琅满目。大棚采用先进的滴灌和渗滤技术，使用有机肥料和生物农药，申农牌水果黄瓜和情生牌有机樱桃番茄经农业部食品质量监督检验测试中心检验，23 项指标全部符合有机食品标准，可以做到"吃葡萄不吐皮"。在瓜果艺术种植观赏园里可观赏崇明特色南瓜、黄瓜、西葫芦、迷你番茄、七彩甜椒、网络瓜及台湾蓝莓。走进果蔬采摘园、玫瑰葡萄园和番茄采摘园，水果晶莹剔透，令人垂涎欲滴。走进芳香植物试验馆，

可以亲手操作提炼精油，品尝芳香植物茶水，沁人肺腑。活体的昆虫博物馆和蝴蝶标本展馆，则让人大饱眼福。大自然的风貌在有限的空间里，得到无限的放大。

前卫村现代农业园区春赏花开花落，夏品时鲜瓜果，秋观景色稻浪，冬观候鸟尝毛蟹。大自然的风光景致吸引了无数游客的眼球。

③生态能源

前卫着力打造"全国可再生能源应用示范第一村"，在四个领域开展五大工程：拥有全国首座兆瓦级商业运行并网式太阳能屋顶光伏发电站，20000千瓦的风电工程，农业废弃物资源综合利用的日产 2000m³ 的沼气站及沼气发电站工程，60 千瓦秸秆气化发电及生物质成形项目和 2 万 m² 教育基地的地源热泵中央空调工程。生态科技的新元素已经融入了前卫村民的日常生活，造福千家万户。前卫一个小村，却应用了太阳能光伏发电、风力发电、沼气发电、秸秆发电四项可再生能源发电，让人赞叹。前卫的新农村乡村旅游让人长见识、增知识。

3）前卫村农业公园的魅力

走在崇明岛上，绿色满目，空气清新，就在陶醉中，越过小河，跨过小桥，到了前卫村。村口，时任总书记的胡锦涛的"农家乐前途无量"石刻指示格外醒目。太阳能游览车和自行车排列着，游客乘客车或小车而来，在这里换上环保的交通工具开始游览。村中心景观上，道路两旁每隔 30m 就有一座风光互补路灯。它白天把阳光转化为电能，到了晚上，刮过的风又成为它的后备电源，随时补充能量。在前卫村科普教育基地，太阳能庭院灯、太阳能草坪灯、太阳能驱蚊灯错落有致，就连河道两旁的木栅栏上也嵌有太阳能竖板。前卫村农业园区的特色菜园里，紫甘蓝、黄瓜等新鲜蔬菜成片成片；花卉园中，鲜花盆景争奇斗艳；芳香植物田里，薰衣草、迷迭香、百里香散发

出沁人心脾的清香。在2000m²的人工湿地生态河水净化园，浑浊的污水流入进水口，消失在一片盛开着金黄色美人蕉的花园中。从花园出口渗流出来的水，又流向种植了茭白的水田中。

"耕读传家久，诗书继世长。"中国作为农业文明古国和如今依然的农业人口大国，农家乐是一个古老却又常新，现实且意义深远的人文概念和经济形态。要做到"农家乐前途无量"，就要在理念、形式、内容上继往开来，与时俱进，前卫村农业公园的建就是对这一主题最好的诠释与见证。

我国经济百强村在村域经济发展起步阶段，多以劳动密集型的工业为主导产业，直至替代农业发展，再反哺农业，或彻底放弃农业。前卫村地处国际大都市的周边，在产业发展中，另辟蹊径，走上一条逆工业化之路，坚持农本富村，始终将农业生产放在第一位，以农业保护生态平衡，形成"生态旅游+农家乐"的发展特色，成为国际大都市的后花园（图6-68～图6-74）。

图6-68 智能大棚

图6-69 水系风光

图 6-70 田园风光

图 6-71 孩童伴牛

图 6-72 接待中心

图 6-73 村庄大道

图 6-74 东海瀛洲饭店

（5）绿色产业红色文化的前南峪村农业公园

1）前南峪村的今昔

①绿色太行，促进前南峪村改变面貌

前南峪村地处太行深山区的邢台县浆水镇。20世纪60年代初，前南峪林木稀疏。1963年8月，一场大雨引发山中十几处泥石流，洪灾过后，前南峪满目疮痍。70年代，这里还是"满山和尚头，下雨遍地流，有雨就成灾，无雨渴死牛"，百姓吃的是"红薯干，山药蛋，窝窝头，糠炒面"。

洪灾让前南峪几代人辛苦修筑的一道道防沙墙、蓄水坝和梯田荡然无存，村民备受打击。

这个时候，正在石家庄上中专的郭成志弃学回家，乡亲们推选郭成志当了前南峪村党支部副书记、民兵连长，不久又选他当了村党支部书记。面对父老乡亲的期盼眼神，更加激起了他立志改变家乡面貌的雄心。

郭成志知道百姓的困难，更明白自己肩上担子的分量。他暗暗下定决心：把自己的一切交给故乡的山山水水，豁出命来也得让父老乡亲过上好日子。他和党支部一班人在抗日军政大学旧址立下了奋战20年彻底改变前南峪面貌的军令状：3年搞绿化、6年治滩造田、3年修水利、8年治理10条经济沟。他对支部一班人说，无论遇到多大的困难，决不能灰心，因为灰心就会失望，失望就会动摇，动摇就会失败。

从此，郭成志一班人，带领村民开始了第一次艰苦而漫长的创业。

造林绿化会战之初，郭成志向村干部提出"当十年干部、创百年基业"的口号，并"约法三章"：困难面前不低头、危险关头不退缩、荒山不绿不收兵。每年从正月初二开始，就把锅灶架到山上。不管寒冬腊月，还是盛夏酷暑，他们在工地上挥汗如雨，打眼放炮，抬石垒坝，重活累活郭成志总是冲在最前面。经过几年苦战，累计投工200多万个，动土石1700多万 m³，筑护村、护地大坝17km，新修水旱地446亩，修林果梯田1480亩，围山3620亩，挖果树大坑64300个，打谷防坝784道，完成水利配套35项，建起一个以板栗为主，干鲜果树达238400棵的干鲜果品缠腰、小梯田抱山脚的立体开发格局。

一年一个新台阶，前南峪村的十条大沟全部建成高标准生态经济沟，形成了板栗沟、桃花岭、杏花坡、苹果山、玫瑰堖、红果梁、西洋参苑等十几个景点，前南峪林木覆盖率达90.7%，植被覆盖率达94.6% 被林业专家誉为"太行山最绿的地方"。前南峪成为河北省山区开发建设的一面旗帜，两届被评为全国造林绿化先进单位，1995年荣获联合国环境保护"全球五百佳"提名奖。

②如今的前南峪村

前南峪村，全村386户，1413人，总面积10730亩，其中耕地面积746亩，宜林山场面积8300亩，人均6分田7亩山。前南峪的发展是紧紧围绕抗日军政大学旧址做文章，继承和发挥"抗大"精神，将"穷山恶水"转变成"太行明珠"，先后荣获三届全国先进基层党组织、两届全国文明村镇、全国创建文明村镇工作先进单位、全国新农村建设先进集体、全国造林绿化千佳村、全国民主法治示范村、全国敬老模范村等20多项全国荣誉，并获联合国环境保护"全球五百佳"提名奖。村党委书记郭成志连续四届当选为全国人大代表，并被评为全国劳动模范。原国家副主席曾庆红、原国务委员、国家科委主任宋健，中央书记处书记、中纪委副书记何勇等先后到前南峪视察指导工作，对前南峪的做法和成绩给予了高度评价。曾庆红同志考察后感慨地说："你们搞成这样不次于江南，前南峪是山区建设的一面旗帜。"

前南峪村子依山坡建，上下道路都由石板铺成。村民大多就地取材建房，目之所及都是石墙、石顶、石梯、石板路。因石材多为暗红色，俨然一个红色石头村。前南峪"村在林中，人在绿中"，全村32座山头、10条大沟、72条支沟共8300亩山场都披上了绿装，村旁、路旁、河旁都是绿色林带和绿色长廊。前南峪空气中负氧离子含量达每立方cm7000个，空气清纯地不含一丝尘埃，一阵阵发自植物叶片的清香沁人心脾。前南峪沟里树种分布有序，山顶生长着高大的国槐和松树，山腰为核桃、板栗和柿子，山脚则为桃、杏、苹果等果木。路边的酸枣、荆条等灌木把山坡遮得严严实实。沿山路蜿蜒而上，重重新绿，阵阵清风。茂密的野花野草伸出枝条，时而牵衣，时而裹足。登上沟顶极目远眺，鸟鸣树颠，泉流石上，蓝天如洗，远山如黛，且有狐、兔、獾、松鼠出没林中。

2) 前南峪村农业公园的特点

前南峪充分发掘自身资源优势，利用宝贵的绿色生态资源和"抗大"历史人文资源，投资8600万元开发出红绿结合的特色旅游区。

①前南峪生态旅游区

前南峪生态旅游区是全国百家农业旅游示范点之一，景区规划面积116.8km²，内有人文景观和自然景观80多处，共分为十大景区："抗大"观瞻区、生态观光区、化山览胜区、川林果园区、三支锅景区、大石岩景区和龙宫景区等。景区内山清水秀，气候宜人，七月份平均气温24℃，是一处集旅游观光、消夏避暑、休闲度假、回归自然、科学考察和传统教育为一体的综合景区。生态旅游以绿色、安全消费为导向，大力发展观光游、休闲游、农家乐、果品采摘等精品项目，使旅游这一新兴产业呈现出前所未有的良好景象。先后被确定为全国农业生态旅游示范园区、全国乡村旅游示范基地、国家4A级旅游景区和全国红色旅游经典景区。旅游业发展，不仅增加了集体收入，而且带动了三产发展，实现了生态效益、经济效益和社会效益的协调发展。

②"抗大"观瞻区

"抗大"观瞻区是前南峪景区的灵魂。来到前南峪，首先映入眼帘的是气势宏伟的"抗大"纪念馆、巍峨耸立的"抗大"纪念碑和生动逼真的"抗大"学员的群体塑像。1940年11月，中国人民抗日军政大学由延安辗转迁址到这里，留下了老一辈无产阶级革命家朱德、邓小平、刘伯承、罗瑞卿、何长工及"抗大"学员生活、学习、战斗的峥嵘岁月。"抗大"纪念馆陈列着自"抗大"1936年建立到新中国成立14年的建校史和艰苦卓绝战斗史的大量图片和实物。置身"抗大"纪念馆内，观赏着件件珍贵的文物，爱国主义、革命传统教育的营养会潜移默化地洗涤着人们的灵魂，艰苦奋斗、不怕牺牲的"抗大"精神会自然而然地浸染着人们的心灵。这里已被中宣部命名为全国爱国主义教育基地，原国家军委副主席迟浩田亲笔题写"国防教育基地"。

2011年，前南峪扩大"抗大"陈列馆规模，新馆面积比原来增加一倍，计划年底完成布展，向社会开放。

3) 前南峪村农业公园的魅力

以红色文化为核心，带动绿色产业发展是前南峪农业公园一贯的发展主题。前南峪并由此成为"以坚定爱国与进步之信念，构建进取与担当之身心，再造与守卫秀美山川"的一面旗帜。

如果说低碳经济是绿色村庄的共性，红色旅游则是前南峪村公园所特有的。浓厚的历史背景、宏大的抗大观瞻区以及以绿色、安全消费为导向的生态休闲旅游，奠定了乡村旅游发展的基础。结合前南峪村实际情况，科学合理的规划布局、完善的旅游配套服务设施以及较高的人才素质，是前南峪村旅游稳步科学发展的保证。

前南峪村发展生态和绿色旅游业，经济得以提升，由"太行山最绿色的地方"变身"太行山最美丽的地方、最富有的地方"。前南峪村的经济特性呈现出鲜明的绿色低碳性。

前南峪村2001年3月开始，着手经济升级改造，扒掉旧　，挖掉苹果树，边栽树边造新地，建起高标准水泥砌石培82688m3，引进澳大利亚油桃、乌克兰樱桃、欧洲榛子和美国葡萄、扁杏、凯特杏等国内外名、特、优果树3.6万多株，完成绿色通道工程、节水灌溉工程和绿色食品生产管理配套技术工程，成为太行山区唯一一个国外果品引进生产园区，前南峪被确定为省级农业现代化试点村，农业科技示范园区。在此基础上，园区内还配套了美化绿化带，种植了牡丹石榴、四季玫瑰、日本北海道黄杨等观赏花木，设置有植物造字、植物造型、百太瀑布、登山云梯、山涧吊桥。建有国家主要领导题词的太行山科技开发碑林、老将军抗大学员题词的抗大碑林和少儿书法三大碑林。进入21世纪，前南峪在科学发展观指导下，摒弃了原来的高耗、高污染的金属硅、金属镁和化工厂等冶炼企业，转化为低投入、低排放、节能型、环境友好型的板栗加工业、果品冷藏库、蜂蜜加工厂和宾馆服务业等绿色环保业。既远离污染，又促进了农产品加工产业化发展，使生产、深加工、销售实现了一体化经营，促进了农业发展方式转变，经济结构更加优化，以农促工、以工哺农的良性循环经济结构基本形成。

前南峪村为改变传统的生活方式，2008年以来，投资300多万元分两期施工，建起适宜村情实际的清洁型新能源秸秆气化站。实施秸秆气化集中供不仅解决了村民一年四季做饭用气，而且还解决了冬季取暖。秸秆燃气不排放烟雾粉尘，也避免了柴草乱堆乱放，每年可为村民节约生活费用近百万元，集体为村民免费送气。新能源开发应用，既实现了资源的循环

利用，节约了成本，又保护了林木资源，建立了资源、废物、能量的相互交换关系，也有力地带动了农村改水、改厨、改厕和庭院净化、绿化、美化，生态环境实现了质的飞跃。延续千百年的村民烟熏火燎的生活方式已成历史。

前南峪村人居环境更加优化。村内道路全部硬化，街道整齐划一，适宜山区农民生产生活的一排排连体别墅楼替代了原来散乱旧房，街道由专职人员负责清理打扫，垃圾有固定存积和处理场所，建有污水处理站，街道上下水管道网络化布局，住楼户全部使用水冲厕所。

环村3000m河道得到治理疏通，连心河、人工湖水清澈见底，打造出小桥流水般的秀美景观。主河道上500m建起橡皮坝水面，庄严肃穆的"抗大"陈列馆下建起一座隽秀的假山瀑布，对面是16000m2的绿地花园和音乐喷泉，湖光山色，美不胜收。经过绿色生态文化打造的前南峪，在保护好传统生态文化资源的同时，形成了新型的具有太行深山区特色的生态文化理念，整个村域，三季花果常在，四季绿树长青，人与自然和谐相处。

前南峪村实施农业"二次创业"、工业"二次改造"，经济和社会快速发展群众生活水平一年一个新台阶。2010年，社会总收入1.698亿元，集体纯收入2160万元，人均纯收入7360元。先后在本地率先实现用电村、电视村、安全饮水村、电话村、有线电视村、宽带网络村和秸秆燃气新能源利用村等10多个率先发展。多年来，村民饮用水、浇地全免费，老人实行65岁退休制，每月享受300元退休补贴；老党员享受保健补贴；村民全年医药费除新农合报销外全补；旧房改造集体补贴50%；全年每人补助节日生活费500元，秸秆燃气免费供应，考取大学学生每人补给6000元奖励。被评为"十星级"文明户，每星每人奖20元（图6-75～图6-79）。

图 6-75 抗大陈列馆

图 6-76 街道

图 6-77 小公园

图 6-78 连心湖

图 6-79 前南峪大桥

（6）山水养生与影视文化的大梨树村农业公园

1）大梨树村的今昔

①荒山秃岭变为"桃花源"的三步曲

大梨树村位于辽宁省凤城市西南郊 5km 处。二十几年前，大梨树村的山还是一片光秃秃的荒山，水土流失严重，每年至少有 50 亩耕田地水土流失。那时天旱，乡亲们盼雨，但又怕雨。一下雨，山洪暴发，裹挟着沙石狂泻直下，击垮堤坝，冲毁良田。

a. 第一步：走向城市

大梨树树由贫穷走向富裕的"拐点"是在 1980 年 1 月，毛丰美被群众选为生产大队长。毛丰美上任后第一个决定，就是宣布今后大队干部们的工资，不用社员们掏腰包。他带领村干部在大年初六北上黑龙江，长途贩运马铃薯和小米，赚了 10000 元。第二年在凤城火车站附近买了 3 间平房，又租了 3 间平房，开办了"新风旅店"。一年经营下来，净赚了两万元，成为大梨树的第一笔集体积累。

1985 年 5 月，毛丰美发动村民和社会力量，集资 108 万元，在凤城火车站边修建"龙凤宾馆"。在从开工到建成的 200 多天里，毛丰美基本是天天忙碌在这个"重点工程"的工地上，体重从 120 多斤减到 90 多斤。1986 年 1 月 9 日宾馆开业后，每年能有 20 多万元的净利润。1992 年，毛丰美又继续利用集资加贷款的办法，把凤城火车站附近的一片棚户区改建成为建筑面积达 1.5 万 m^2、三层楼房、封闭式的贸易商场，名曰凤泽商场。这个工程从 1992 年 5 月开工，到当年 12 月 18 日就建成开业。大梨树村仅在这个商场得到的摊位租金，每年就有 300 多万元。

b. 第二步：10 年治山治水

在向城市挺进取得阶段性成果，村集体有了较多积累，村民们的温饱问题基本解决，"钱袋子"也逐渐鼓起来之后，毛丰美决定杀个回马枪，好好地把大梨树的山山水水整治一下，让家乡彻底改变面貌。

从 1989 年 10 月开始，大梨树人在毛丰美的带领下，开始了 10 年治山历史。毛丰美总是第一个上山，一双"解放"鞋，一把铁锹，一干就是一天，有时天黑回家，躺在炕上半天翻不了身。全村 1000 多劳动力累计出义务工 10 万多人次，硬是把乱石杂草丛生的荒山改造成花果遍地的"聚宝盆"。经过 10 年苦干，大梨树治理了 20 多座荒山，共修环山作业道 10 多条，总长 87km；盘山建造了层层梯田，共 10600 亩；打机井 50 眼，动土石方 150 多万 m^3；栽植桃、梨、苹果、李子、板栗等果树百万株；在流长 20km 的小河道上修建 5 座拦洪拱式堤坝，兴建了一座占地 120 亩，蓄水 20 万 m^3 的水库；开掘了 5km 长，50m 宽的人工运河。有人说大梨树治山治水是中国农民自己干的最大的山川整治工程，这里的果园是中国最大的集体果园，这里的五味子种植基地是中国最大的五味子药材园，18km 长的"五味子绿色长廊"是中国最长的生态长廊。

第三步：发展生态旅游

顺应人们回归自然的时尚，大梨树开发生态旅游。他们开始改造万亩果园，春赏花、秋摘果。开发建设了花果山景区、药王谷、小西湖、小运河、水上游乐园、明清一条街、北方农村影视基地、农业高科技园区和农家院等景区、景点，使游人不仅能观赏到自然风光，还可以享受到农家田园风光，上山摘果、下山品农家饭菜、河边戏水垂钓，品尝到山珍野味。毛丰美亲自设计了一个"庄稼院"饭庄，门外的磨盘、屋里的大炕、"文化大革命"时期的报纸糊满墙。

大梨树村的农家游召来了四方游人，大梨树被誉为现"桃花源"，成为国家特色生态旅游区和省级风景名胜区。

②如今的大梨树村

大梨树村，全村辖 22 个村民组，总共人口 4800 人，总面积 48 平方 km，是一个"八山半水一分田、半分道路和庄园"的小山村。大梨树获得首批全国农业旅游示范单位、全国水土保持生态环境建设示范村、全国精神文明创建工作先进单位、全国文明村、国家人居环境范例奖、中国十大特色村、全国妇联"双学双比"综合开发示范基地和"三八"绿色优质工程单位、辽宁省红旗党委、省爱国主义教育基地等光荣称号。

走进大梨树村，青砖青瓦、飞檐斗拱二层小楼构成的仿古民居鳞次栉比，村里的街道、牌坊和桥梁均用中草药命名：映山红、天南星、五味子、威灵仙……古色古香中充满中华传统医药文化氛围。乘大巴穿行在18km的五味子长廊中，两侧平地和缓坡地也栽满五味子，长长的青藤缠满架杆；站在制高点放眼望去，呈现在人们眼前的大梨树村，十万亩果园依山而建，大梨树村情尽收眼底，上百万株果树蔚然壮观。梯田环绕，果压枝头，秋色缤纷，天蓝水清，山水如诗如画。漫山遍野的果树，潺潺的流水，山下人家红瓦白墙若隐若现，绿水人家绕，好一派田园风光。大梨树村已基本实现城镇化，入夜，彩灯和霓虹灯把主要街道和服务设施的轮廓勾画出来，分外壮丽迷人，俨然繁华闹市。

2）大梨树村农业公园的特点

大梨树村花果山景区总面积2.6万亩，共栽植桃、梨、苹果、李子、板栗等果树上百万株，成为全国最大的村级集体公园。18km五味子长廊环绕花果山上一周。

①养生文化

花果山北端是药王谷景区，它是东北地区首家以纪念历代药王、药圣为主的人文景观，它将游人带入中华中医药文化的历史长廊，让人在游览休闲的同时，通晓古今养生之道理，健身之本源。在药王谷里，曾经出土过八百年人参和九百年人参，两处相距很近。药王谷因此名噪一时。后来人们又发现药王谷中草药很多，周边老百姓到谷中走一趟，就能把日常需要的中草药采集全，于是就自发的在谷中建了庙。仿古建筑从谷口向内延伸，鳞次栉比，依次建有长寿阁、养生殿、福禄堂、五福台、望寿门、阴阳泉等。

沟沟岔岔自然生长了许多中草药，这里有人参、天麻、五味子、细辛、龙胆草、天南星等，汇集东北地产中草药60余种，传统中草药中的"四气五味"均有分布。中医是靠中草药发展起来的一门医疗科学，这里所展示的正是灿烂的中草药文化。在这里，景区把历朝历代的中医药大师以及民间总结出的中草药保健歌诀、诗迷、诗歌，整理刻录出来，便于游人参悟领会。

②乡村最大的五味子基地

大梨树2001年开始发动群众种植五味子，村里采取土地反租方式，将村民土地租来由集体种植五味子达到5000亩，成为全国第一个大面积人工栽植基地。同时，实行一亩补半亩收入的办法，鼓励发展规模化种植。毛丰美对村干部说，干部就是领着村民干、干给大家看，发展五味子干部人人都要带头。毛丰美自己率先种了100多亩，在种植过程中，带领一班人，学习新经验、探索新技术。村里成立五味子专业农场、生产合作社和五味子研究所，与大专院校开展产学研合作，组建由他任会长的省级种植协会，制定了省级栽培标准。目前大梨树五味子基地采用农场加农户和村民入股、合作经营等多种发展模式，种植面积达到1.2万亩，其中集体1万亩。并通过了国家级标准化终审验收和国内及欧盟GAP认证，成为全国最大的五味子种植基地。辐射东北地区发展近20万亩，带动村民300多户从事五味子产业，年收入达到2000多万元。

③北方影视城

大梨树北方影视城占地60亩，是一座国内少有的民国县城样式的建筑群，不仅可以为影视作品提供拍摄服务，也进一步丰富了大梨树这个全国著名的农业生态旅游区的旅游资源和文化内涵。《女人一辈子》《眼中钉》《天大地大》《凌河影人》《勋章》《小姨多鹤》等多部电视剧曾在此拍摄。著名影星李幼斌、孙俪、殷桃、陶红、罗海琼、阎学晶、姜武、小叮当、车永莉、潘雨辰等曾在这里倾情表演。游客在影视城不仅可以游览到诸多影视剧的拍摄场地，还可能与明星零距离接触，甚至参与影视剧的表演。

④"干字碑"和文化广场

在大梨树村花果山景区制高点上有个特别的雕塑："干字碑"——一个挥镐刨土的人、脚下圆圆的地球上刻了一个红色"干"字，足有2m高。"干字碑"成了大梨树的招牌和象征。在"干字碑"旁有个大公鸡的雕像，记载的是当年大梨树人将鸡叫定为开工的钟声，男女老少齐上阵治理荒山的历史。大梨树还有一个"干字文化广场"，占地5万 m^2，具有旅游观光、停车、五味子晾晒、水果储藏多功能。广场主题"干"字雕塑高9.9m，寓意长久地干。基座上雕刻：苦干——弯大腰、流大汗；实干——重规律、求实效；巧干——讲科学、闯市场。由锹、镐、锤撑起太阳的"头顶烈日干"纪念碑和360个"干"字构成的广场护栏，把宣传效果和独特创意有机结合在一起。在"干字文化广场"高台的两侧，分别耸立着两行大红字，一边是毛泽东同志的诗句："唤起工农千百万，同心干"；一边是邓小平同志的名言："不干，半点马克思主义都没有"。现在的大梨树村已经建成的"干字碑""干字文化广场"，都是为了宣传和弘扬这个"干"字精神。可以这样说：火热的"干"字精神，是大梨树村脱贫致富奔小康的法宝，它已融化在大梨树人的血液中。

3）大梨树村农业公园的魅力

大梨树村通过治山、治水、造桃花源，创造了瓜果飘香、百草为良药的新山水、新环境，为打造东北养生福地注入了新资源。同时，又利用实干、巧干的"干"字精神，创造了田园宜耕宜读的现代"桃花源"新文化，形成了影视产业发展的新格局。

在影视产业快速发展的今天，各地的影视基地逐年增多，规模也逐年增大，显示拍摄重点也各不相同，而以山水田园作为拍摄主题的很少有，以村庄为基地单位的则更少，将村庄的山水田园和影视文化相结合，发展养生休闲的乡村旅游产业的，只有地处东北的大梨村一家，这就是大梨树农业公园的产业特点和发展特色，这种"干"出来的特色，具有辐射带动作用和可推广性（图6-80～图6-84）。

6.3 建设美丽乡村

建设美丽乡村应努力做到十美：

美在乡村特色——乡土之美（土趣）

美在历史传承——内涵之美（文化）

美在地域风情——民俗之美（风尚）

美在资源利用——自然之美（归真）

美在非遗保护——技艺之美（奇特）

美在科技注入——时代之美（高新）

美在统筹发展——综合之美（整体）

美在环境清新——生态之美（清幽）

美在社会融洽——和谐之美（睦邻）

美在家庭兴旺——幸福之美（生活）

6.3.1 总体目标

坚持以科学发展观为统领，按照社会主义新农村建设"生产发展、生活宽裕、乡风文明、村容整洁、管理民主"20字的总体要求，以"宜居环境整治工程""强村富民增收工程""公共服务保障工程""乡风文明和谐工程"为抓手，强化规划龙头作用，大力开展农村环境整治，深化农村体制改革和机制创新，

图 6-80　水上乐园

图 6-81　现代别墅园：占地 36000m²，建筑面积 11000m²，34 栋

图 6-82　村史展览馆：建筑面积 800m²，集中展示大梨树村艰苦创业、改革开放的新变化，和毛泽东故乡韶山联合创建的毛泽东家史、家事展，成为爱国主义教育基地

图 6-83　村民仿古新居：建筑面积 60000m²，500 户入住

图 6-84　大梨树风光

提升农村经济发展水平，提高农民生活质量和幸福指数，努力把广大农村建设成为"村庄秀美、村建有序、村风文明、村民幸福"的美丽乡村，打造富有地域特色、田园风光、彰显地方文化、宜居宜业宜游的"美丽乡村"。"美丽乡村"建设的总体目标是：

（1）村庄秀美：就是通过自然环境的生态保护和人居环境的整治提升，达到绿化、美化、亮化、净化、硬化的"五化"要求，实现村容村貌整洁优美，农村垃圾、污水得到有效治理，农村家禽家畜圈养，村内无卫生死角，农户自来水和无害化卫生户厕基本普及，乡村工业污染、农业面源污染得到有效整治；村庄道路通达、绿树成荫、水清流畅，农村房屋外观协调、立面整洁，体现地方特色。

（2）村建有序：就是通过村庄科学规划，实施村庄建设规划和土地利用规划合一，村庄布局科学合理、建设有序、管理到位，让每个村庄汽车开得进去；农村土地制度改革有新举措，农村危旧房、"空

心村"得到有效整治，"一户一宅"（农村一户村民
只能拥有一处宅基地）政策落实到位，没有"两违两
非"（违法占地、违法建设、非法采砂、非法采矿）
现象。

（3）村风文明：就是通过文明乡风的培育和农
民素质的提升，繁荣农村文化，促进精神文明建设，
提升农民文明观念。农村各项民主管理制度健全、
运作规范有序，社会风气良好，安全保障有力，干
群关系和谐，村民之间和睦相处。村级组织凝聚力、
战斗力强。

（4）村民幸福：就是通过农民就业多元化拓展、
村集体经济实力提升，实现农民收入逐年增长。农
村社区综合服务中心建设规范，农民生活便利、文
化体育活动丰富，新农合、新农保等社会保障水平不
断提升，农民在农村就可以享受与城镇一样的公共
服务。

6.3.2 基本原则

（1）党政引导，群众主体

加强各级党委、政府的"政策指导、宣传引导、
协调服务、监督管理和督促推进"作用，最大限度调
动广大群众的积极性、主动性和创造性，鼓励和吸引
社会力量自发参与"美丽乡村"建设行动，充分发挥
群众主体作用。

（2）分类指导，示范带动

根据全县城乡协调发展战略要求，分类型安排
年度创建任务，重点选择沿溪、沿海、沿交通主干道
及基础条件好、基层组织战斗力强、农民群众积极性
高的村庄开展创建活动，创建示范典型，分步推进，
辐射全县。

（3）因地制宜，注重特色

立足村情实际，不搞大拆大建、不照搬城镇标准、
不搞千篇一律，注重挖掘农村历史遗迹、风土人情、
风俗习惯、文化传承、特色产业等，选择建拆结合或

资源整合或整饰治理等不同创建方式，着力打造特色
明显、浓郁个性品味的魅力村庄。

（4）以人为本，创造创新

坚持以提高农民素质、提升农村群众幸福指数
为根本，统筹美丽乡村建设的资源、资本和资金要素，
大胆突破村庄规划建设、农村土地使用制度、发展现
代农业等遇到的体制机制障碍，建立农民与土地的新
型关系，通过盘活农村土地资源，壮大农村集体经济，
增强"美丽乡村"建设的财力和动力，保障美丽乡村
建设持续健康发展。

6.3.3 建设任务

主要实施"四大工程"：

（1）宜居环境整治工程

开展村庄环境综合整治、农村土地整理、旧村
居改造，改善农村生活居住条件，着力构建舒适的农
村生态人居体系和生态环境体系。

1）环境综合整治

把村庄环境综合整治作为建设"美丽乡村"的
基础性工作，根据省（自治区、直辖市）、市提出
的村庄环境综合整治"七个好"（村庄规划好、建
筑风貌好、环境卫生好、配套设施好、绿化美化好、
自然生态好、管理机制好）目标，突出"点、线、面"
综合整治，切实抓好农村环境综合整治试点工作。

2）土地综合整治

按照"宜耕则耕、宜林则林、宜整则整、宜建
则建"的原则，对杂农用地、集体建设用地（宅基地）、
未利用地进行土地开发整理复垦，提高土地整理补偿
标准。对于规模较小、地理位置偏僻、存在地质灾害
隐患的自然村，实施整村分期搬迁到中心村，在中心
村整理土地集中建设，原自然村通过土地整理复垦。
按照"谁治理、谁受益"的原则，对废弃矿区土地整
理利用给予一定资金奖励和优先承包经营权。

3）旧村居改造

有计划有步骤地开展农村危旧房、石结构房改造和"空心村"整治，通过危旧村居拆迁复垦和整理新宅基地用地的办法，有力、有序、有效开展村庄建设。严格实行"建一退一"，即农民居民（析产户除外）新申请一块宅基地，原有宅基地必须归还村集体所有。

（2）强村富民增收工程

坚持农业产业化、特色化发展和农民增收多元化拓展，着力构建高效生态的农村产业体系。

1）发展特色产业

发挥资源优势，把发展地方特色产业同"一村一品"相结合，加快培育特色鲜明、竞争力强的特色产业村，

2）提高村财政收入

一是推进土地承包经营权流转，鼓励村集体以农户土地承包经营权（林权）入股发展现代农业、农家乐等产业。二是探索村级留用地政策。征用村集体土地，要划拨一定比例土地作为村级发展留用地，主要用于村级公用服务设施和文化设施建设。三是探索发展物业经济，在符合村庄规划的前提下，鼓励村集体利用集体建设用地和村级留用地，通过自主开发、合资合作、产权租赁、物业回购、使用权入股等方式，建设标准厂房、农贸市场、商铺店面、乡村宾馆等除商品房以外的村级物业项目。

3）促进农民增收

认真落实各项强农惠农政策，确保各项政策性补助依规及时兑现到农民手中。发展壮大农村新型经济合作组织，拓宽农民增收致富渠道。

（3）公共服务保障工程

加快发展农村公共事业，为广大农村居民提供基本而有保障的公共设施，推进城乡基本公共服务均等化。

1）完善农村公共设施

继续实施通自然村主干道硬化和危桥改造，加快规划建设农村客运站，积极推进城市公共交通向乡镇、中心村延伸，加大农村交通安全隐患的排查和整治力度，完善交通安全基础设施建设，确保道路交通安全畅通；继续开展农村电网改造升级，加快农村有线电视数字化转换，加快农村饮水安全工程建设，积极开展防灾减灾工程和农田水利基础设施建设。实施农村社区综合服务中心建设工程，合理设置各种农服务站点，完善党员服务、为民服务、社会事务、社会保障、卫生医疗、文体娱乐、综合治理等方面服务功能。

2）发展农村社会事业

继续推进乡镇综合文化站和村文化室等重点文化惠民工程建设。继续建设农村中小学校舍安全工程，完善农村卫生室配套建设，健全新农合、新农保运行管理机制。

3）健全农村保障体系

推进农村社会救助体系，将农村低收入家庭中60周岁以上老年人、重症患者和重度残疾人纳入农村医疗救助范围，加大对农村残疾人生产扶助和生活救助力度，农村各项社会保障政策优先覆盖残疾人。大力发展以扶老、助残、救孤、济困、赈灾为重点的社会福利和慈善事业，以"五保"供养服务为主，社会养老、社会救济为辅的农村敬老院，继续推进农村扶贫开发。

（4）乡风文明和谐工程

以提高农民群众生态文明素养、形成农村生态文明新风尚为目标，积极引导村民追求科学、健康、文明、低碳的生产生活和行为方式，构建和谐的农村生态文化体系。注重制定保护政策，合理布局、适度开发乡村文化旅游业。加强农村社会治安防控体系建设，定期开展集中整治，大力推进平安乡村建设，深入开展平安家庭创建活动。

6.3.4 步骤方法

美丽乡村建设工作分示范村、重点村、达标村三种类型分类推进，先向示范村、重点村集中投入，形成示范带动效应，再逐步扩大建设面，滚动推进。当年建设成效较好的达标村可列入下年度重点村或示范村，充分调动各村参与美丽乡村建设的积极性，逐步实现"美丽乡村"建设全覆盖。

（1）实施步骤

1）宣传发动、试点启动阶段

全面部署创建美丽乡村工作，组建工作机构，深入乡镇、村开展调查摸底，上下互动，共同讨论，做好前期准备工作。选择部分村作为试点，逐步推开。

2）突出重点、全面实施阶段

重点选择试点，连片、持续开展环境综合整治，打造一批示范村、重点村。

3）显著改善、整体提升阶段

全面开展美丽乡村创建工作，建成一批具有特色的美丽乡村。

（2）工作方法

由行政村申报，乡镇推荐，县美丽乡村建设指挥部征求上下意见，筛选确认创建村。鼓励符合条件的行政村自主创建。

6.3.5 保障措施

美丽乡村建设是一项艰巨、复杂、长期的系统工程，创建工作成效好坏，关键在于党政引导、政策创新和资金投入，关键在于上下合力、工作持续、群众积极。

（1）科学合理规划

1）编制村庄规划

村庄规划要在城镇总体规划的指导下，结合美丽乡村建设需要，注重与土地利用总体规划、产业发展规划和农村土地综合整治规划相衔接。对纳入城镇和产业发展规划、靠近核心城区周边的农村区域，以城镇的标准来建设集中居住区、配套公共服务，鼓励农民逐步转为城镇居民。对距离城镇较远，没有纳入城镇规划范围，但人口规模较大、工业发达的村，通过中心村带动若干自然村，或者村庄撤并，重点开展基础设施和公共服务建设，让农民不离开本乡本土，就过上现代的生活。距离较近或连接成片的行政村，可推行农民集中居住试点，突破村域限制，统一规划建设多层或小高层农民新社区，促进农村土地集约利用。

2）策划创建项目

创建村要根据美丽乡村建设五个层次要求，结合村庄规划和群众需求，制定旧村居改造项目、土地综合整治项目、环境综合整治项目（绿化、美化、亮化、净化、硬化等"五化"项目）、立面整饰项目、公共服务设施配套项目、农村社区综合服务中心建设项目（建设规范另行下发）、农村文化建设项目等7种类型项目；重点村要策划旧村居改造项目、环境综合整治项目（绿化、美化、亮化、净化、硬化等"五化"项目）、公共服务设施配套项目、农村社区综合服务中心建设项目、农村文化建设项目等5种类型项目；达标村要策划生成环境综合整治项目（绿化、美化、亮化、净化、硬化等"五化"项目）、公共服务设施配套项目等2种类型项目。

（2）加大资金投入

1）财政投入

注重建立资金投入的长效机制，

2）广泛发动

结合回归工程，积极探索通过村企共建、商业开发、市场化运作等形式，多渠道筹集美丽乡村建设资金。

（3）落实政策支持

1）加快推进农村宅基地土地登记发证

在严格执行农村宅基地有关政策规定的前提下，

参照房屋所有权证和集体土地使用权证办理办法，区别不同情况制定办理土地登记和处置办法。

2）用好农村土地"三政策一配套"措施

一是城乡建设用地增减挂钩政策。鼓励偏远、规模较小的农村土地整治以旧村复垦为主，通过复垦增加耕地指标，实施城乡建设用地增减挂钩，获取指标交易收益用于"美丽乡村"建设。二是耕地占补平衡政策。鼓励有条件的农村开展荒草地、裸地、采矿用地开垦，为"美丽乡村"建设开辟资金来源。三是"三旧"（旧城镇、旧厂房、旧村居）改造政策。鼓励镇区农村土地整治以盘活存量为主，通过土地整治节余建设用地，征收为国有后，重新进行规划，实施招拍挂出让用于发展二、三产业项目，土地出让收益按一定比例返还农村，用于农村公共基础配套建设。

3）合理确定农村土地增值收益在政府、集体和个人之间的分配比例。

（4）创新体制机制

1）建立奖补机制。

2）用活土地政策

进一步完善农村土地承包经营权流转机制，建立政府主导、市场化运作服务的流转市场和服务体系。细化完善宅基地置换相关配套政策，开展"两分两换"（宅基地与承包地分开、搬迁与土地流转分开，以宅基地转换城镇房产、以土地承包经营权转换社会保障）改革，鼓励有地农民以土地承包经营权置换社会保障，有地居民土地被全部征收或全部放弃土地承包经营后，和无地居民一样享受相应的各项社会保障和公共服务等政策，有效引导农村人口向城镇转移、向规划布局点村集聚。

3）加快金融对接

深化农村新型金融组织创新，鼓励工商资本通过联合、股份合作等形式，发起组建村镇银行和适应"三农"需求的小额贷款公司、涉农信贷担保公司；鼓励和引导农民专业合作社通过联合、合作，组建跨产业、跨区域的农村资金互助合作社，开展信用合作。加快农村金融产品创新，推进确权发证后的农民住房和宅基地使用权、依法取得的农村集体经营性建设用地使用权、生态项目特许经营权、污水和垃圾处理收费权、矿山使用权等抵押贷款；深化完善林权抵押贷款；大力发展农村小额信用贷款，加大对美丽乡村重点建设项目金融支持。

4）完善机构建设

健全村镇规划建设、土地管理机构。

（5）加强基层建设

结合村级换届，进一步配强村级领导班子，充分发挥村级组织在创建活动中的带头作用，形成政府主导、村级主体、部门协作、社会参与的工作机制。认真落实"五三"工作制度，整合村务监督委员会、农村经济合作社等农村社会力量，充分发挥其在村务管理和民主监督等方面的作用。组建党员志愿者服务队、"双承诺"先锋行动等形式，引导农村（社区）党员服务美丽乡村建设。

（6）注重宣传引导

加大舆论宣传力度，充分发挥电视、广播、报刊、网络等主流媒体的作用，开展形式多样、生动活泼的宣传教育活动，大力宣传美丽乡村建设的目的意义、政策措施，总结宣传一批鲜活典型，形成全社会关心、支持和监督美丽乡村建设的浓厚氛围。切实发挥好农民的主体作用，积极倡导自力更生、艰苦奋斗精神，鼓励和引导农民群众自助自愿投工投劳投资，全面激发村民群众参与和支持美丽乡村建设的积极性、主动性和创造性。

（7）强化考核管理

把创建美丽乡村作为各级党政主要领导干部实绩等考核的重要内容，并纳入党委、政府年度农村工作责任考核体系。

6.3.6 建设案例

（1）永春县的美丽乡村建设

1）概况

2011 年，福建省省委提出要"建设更加优美更加和谐更加幸福的福建"，泉州市市委提出"因地制宜建设一批城市人向往、农村人留恋的示范村"的要求，根据这一精神，永春县在深入调研的基础上，提出按照"山水名城、特色乡镇、美丽乡村"的格局推进城乡一体化发展，并着手推进"美丽乡村"建设。2012 年 2 月初制定实施《关于开展"百村整治、十村示范"美丽乡村三年行动的工作意见》和《2012 年"美丽乡村"建设实施方案》。把"美丽乡村"建设作为推进社会主义新农村建设的重要载体，作为建设泉州"中心城市后花园"的重要举措，结合实施桃溪流域综合治理和村庄环境综合整治，从一些容易见效、能够示范的村庄入手，拉开新一轮新农村建设大幕。工作中树立"顺应自然、顺应规律、顺应民意"的全新理念。坚持"一村一策、突出特色"的基本原则，坚持做到"三个不"，即：不搞大拆大建、不套用城市标准、不拘一个建设模式。制订行动计划，明确近、中、远期工作目标。每年抓好 10 个县级示范村和一批乡镇级示范村，落实"十个联动"措施，将"美丽乡村"创建工作与桃溪流域综合治理、旧村复垦、旧村居改造、家园清洁行动、农村环境污染连片整治、造福工程、亮化工程、绿色村庄创建和文化示范村、无讼生态村等工作相结合，统筹集中相关项目资金，捆绑建设，层级推进，滚动发展。建设内容包括实施"治污、美化、绿化、创新、致富、和谐"六大工程。主要目标是通过实施"百村整治、十村示范"五年行动，实现"环境优美、生活甜美、社会和美"的目标。

在建设过程中，注重整合资源，科学运作，有序推进，滚动发展。一是强化项目支撑；二是强化资金投入；三是强化示范引导；四是强化工作机制。经过一年多来的实践，永春县"美丽乡村"行动初见成效，打造了一批具有永春田园风光、山水特色的美丽乡村，道路变宽了，村子变绿了，房子变美了，卫生变好了，生活也变甜了，效应开始逐步显现出来。永春县的美丽乡村建设初步打造了特色文化型、田园风貌型、滨溪休闲型、生态旅游型、造福新村型和产业带动型等 6 种类型的"美丽乡村"。

2）永春县美丽乡村建设的类型

①田园风貌型（图 6-85 ~ 图 6-88）

②特色文化型（图 6-89、图 6-90）

③滨溪休闲型（图 6-91）

④生态旅游型（图 6-92）

⑤造福新村型（图 6-93）

⑥造福新村型（图 6-94）

（2）"四美"愿景下的晋江美丽乡村实践（以顶溪园自然村为例）

晋江市紫帽山脚有顶溪园村，是王姓村民聚族而居的自然村落。村北有福安古道连省会福州和茶乡安溪，曾为泉州、晋江和南安三县交界的交通要道；村南沿紫溪古港，舟船可达晋江，入泉州湾，自东海而下南洋。民国《南安县志》卷一载："三十三都，在县西南十五里……乡有十八，曰深坑、曰溪园……"（图 6-95）明代理学家，泉州四大名书之一的《四书达解》的作者王振熙是顶溪园村人；村里还出过"公孙五举三知州，兄弟一朝两大夫"；菲律宾民族英雄罗曼王彬、原国军中将参谋王台炳、台湾驻美办事处主任王鼎铭都是顶溪园村人。村庄后有紫溪水库，紫溪、金溪在村南交汇，带状参差分布的村落如小舟静卧于紫溪湖畔。

1）村庄发展现状及存在的问题

顶溪园曾是一个交通便利、花果飘香、富裕安

图 6-85　蓬壶镇南幢村

图 6-86　仙夹镇山后村

图 6-87　桃城镇姜莲村

图 6-88　玉斗镇云台村

图 6-89　达埔镇楚安村

图 6-90　五里街镇大羽村

文峰村是造福工程整村搬迁村。该村结合永春县桃溪流域综合治理示范工程建设，致力把新文峰村打造成为桃溪流域上一道亮丽的风景线。聘请西北勘察设计研究院福建分院对整村进行统筹规划，组织实施了房屋立面改造、庭院绿化、垃圾处理、滨溪公园建设等项目，构建现代特色、溪流休闲的美丽乡村。

图 6-91　东平镇文峰村

北溪村结合北溪旅游区建设，全面推进生态旅游整美丽乡村建设，实施了包括村庄规划、村庄整理、村容美化、溪流整治、垃圾处理、村庄绿化、村庄亮化、道路基础设施建设以及村级老人文化活动和文化活动中心休闲场所建设等项目，创建国家级生态村，提升北溪村生态旅游的档次。

图 6-92　岵山镇北溪村

新村村坚持统一规划、设计、施工的原则，实施造福工程建设，形成现观大方、风格特色的村貌。通过拆除旧屋、建设家禽集中圈养区，建设如青公园、入村景观大道等项目，绿化美化村容村貌；通过发展旅游经济，经济经济等，招集农民就业渠道；通过盘活站点、茶果等集体资产，拓宽集体收入，着力打造一个环境优雅、现代富饶的美丽乡村。该村入选2012年度10个"泉州美丽乡村"。

图 6-93　下洋镇新村村

嵩山村是永春佛手茶生产规模最大的专业村，现有人口4576人，农民人均纯收入9344元。该村以佛手茶特色产业为支撑，按照"茶产业带动型"的规划，实施改旧起新、溪流整治、休闲公园建设、房前屋后绿化美化、古居维修和保护、道路拓宽硬化、拆旧拆杂、环境卫生保洁等项目，着力打造融采茶、制茶、品茶以及茶叶休闲观光为一体的美丽乡村。该村入选2012年度10个"泉州美丽乡村入围村"。

图 6-94　苏坑镇嵩山村

图 6-95　区位示意图

宁的历史村落。近代由于国道兴建，交通南迁，造成福安古道荒废，顶溪园失去了交通要道的区位优势。改革开放后随着村南晋江磁灶小陶瓷工业的大规模发展，烟囱林立，烟尘飘浮，顶溪园果树遭污染而不能挂果，村民失去了生活来源，不得不走南闯北，或进厂务工或开店经商，美丽的田园成了荒郊野岭，人烟罕至。

近年来，晋江市禁煤窑、拨烟囱，着力整治陶瓷产业的环境污染，顶溪园村重现了昔日的碧水蓝天、鸟语花香，村旁的紫帽山又成了名副其实的"花果山"。随着紫帽山风景名胜区和国家级泉州经济技术开发区的建设，位于产业区和旅游区之间的顶溪园村，迎来了发展绿色农业旅游、构建美丽乡村的大好时机。

目前晋江市正着力培育 20 个市级"美丽乡村"示范村，力争到 2016 年底，晋江 30% 以上村庄基本达到"美丽乡村"建设要求，努力建设一批"村庄秀美、环境优美、生活甜美、社会和美"的宜居、宜业、宜游"美丽乡村"。顶溪园是晋江市级"美丽乡村"示范村，在晋江市委、市政府的统一部署下，顶溪园

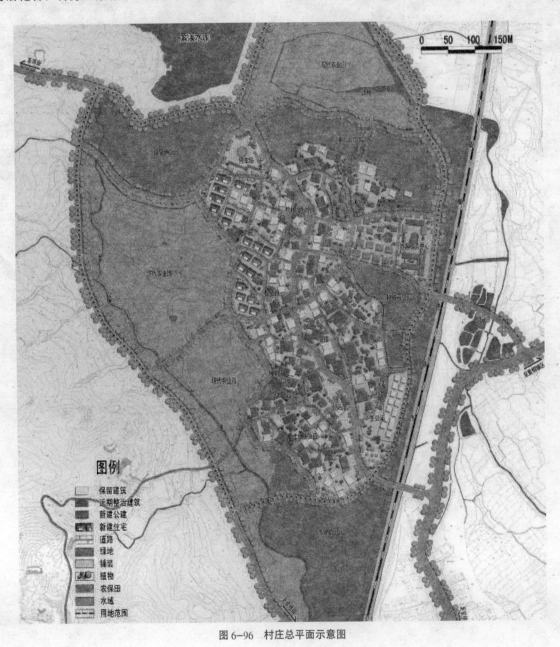

图 6-96　村庄总平面示意图

村依托自然、生态、人文优势，在"四美"的愿景下，因地制宜发动全村村民积极参与"美丽乡村"创建活动，努力建设"生态旅游、文化保护型"的"美丽乡村"。

2) 创建美丽乡村的实践路径

①村庄秀美

"村庄秀美"要求村庄规划建设管理到位，"两违"得到有效遏制，农民房屋建设有序，有效推进危旧房、石结构房改造，"空心村"及旧村居得到有效整治，无乱搭乱盖现象。

顶溪园村民代表、党员、老协会及社会贤达多次召开民主恳谈会，研究"美丽乡村"创建工作，发动村民出谋献策，出钱出力编制村庄规划，保证规划建设管理有蓝图。充分利用村旁荒坡地在村西集中建设居住新村，村东集中建设农家乐会所和游客服务中心，使村民房屋建设有出路，发展有空间，设施能配套，环境有改观（图6-96）。

对村内所有未外装修及正在外装修的房屋统一形式、统一风格、统一颜色、统一装修标准，未围围墙的统一采用篱笆墙，新建翻建的房屋统一留出3至4m的入户道路。图6-97和图6-98以保证村宅与村落整体景观风貌相协调，达到村庄秀美的目的。

②环境优美

"环境优美"要求农村垃圾、污水得到有效治理，村内无卫生死角，100%村庄建立长效保洁机制，常年清洁卫生。家禽家畜圈养，农户庭院整洁，自来水和无害化卫生户厕基本普及，消灭旱厕。农村工业污染、农业面源污染得到有效整治。村庄道路通达、绿树成荫、水清流畅。

顶溪园村目前已出动近千辆钩机、农用车对村

图6-97 村宅美化效果图

图 6-98　村落鸟瞰图

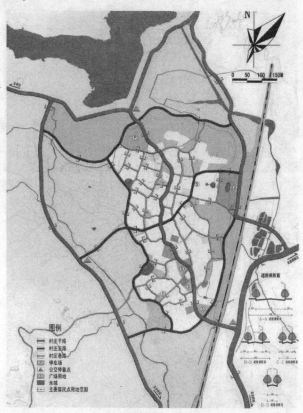

图 6-99　村庄路网规划图

内所有旱厕、猪圈进行清除，共清除 200 个旱厕、猪圈及 6 间废旧房屋。开展卫生大扫除，清除房前屋后的垃圾、杂石、杂草，村内设置垃圾收集站，村道旁配置垃圾桶。对村中古大树、福安桥古迹、阿弥陀佛石刻及王紫南墓碑等进行保护，清除古物周边杂草，对碑刻字进行描红。

对于轿车无法到门口的房屋尽量给予修通，用到村民的地，村民无偿贡献出来，形成村庄干路、支路、巷路三级路网体系（图 6-99）。

对村中农田灌渠和村前金溪进行综合整治，保证河道、沟渠、水塘净化整洁，水体清澈，无淤泥，无白色污染，无垃圾等杂物。在保证溪流行洪安全的前提下，整修和建设亲水型、生态型河道，岸边设置游步道、休闲广场、休息凉亭，形成滨溪风光带，为村民提供游息休闲场所（图 6-100）。

结合农用林网建设，对村庄周边、入村道路以

图6-100 金溪河道整治效果图

及村间道路两侧进行绿化，更新生长弱势的小杂树，种植生长快和经济价值高的树种，美化村容村貌。保护环村小山包生态环境，建设环村步道，形成绿链串珠状环村公园。实施村庄道路、庭院绿化工程，发展小竹园、小果园、小茶园、花卉苗圃园，形成村落内靓丽的风景线。

为了彻底改变村庄环境卫生面貌，治理污水根源，村庄户户建设卫生厕所、三格式封闭式化粪池，卫生间污水逐层过滤后用于庭院绿化灌溉。村庄生活污水处理引进"生活用水湿地处理池"新技术，经过层层净化，排水达到环保要求。在村庄内新添农户家用小垃圾桶和活动垃圾桶，建设大型垃圾收集房，由农户进行初次垃圾分类，可回收垃圾进行回收利用，其他垃圾集中收集由保洁人员送到垃圾中转站，彻底改变了过去村庄环境脏、乱、差的状况。

③生活甜美

"生活甜美"要求农民增收渠道增多，到2016年，晋江农民人均纯收入达15500元以上。农村教育、卫生、医疗等社会事业大力发展，公共服务设施健全，95%以上村宣传文化阵地达到"五有一所"（有阅报栏、宣传栏、科普栏、广播室、文化科技卫生服务站和农民文化娱乐场所）要求，农民文明观念提升、生活便利、文化体育活动丰富。

顶溪园村有山，村前有鸭母山，村后有紫帽山，均为风景名胜区；有水，村前有金溪，村后有紫溪和紫溪水库，村内有溪流，村民吃的是山上流下的山泉水；有田园风光，村周围有田园和果园，房前屋后有果树；有生态，村中有2对夫妻树，一片榕树林，一棵茂榕磐石，一片200多年的相思树和杉树，一棵数百年的大樟树和大松树；有历史，村中有刻于明永乐八年阿弥陀佛石刻、紫南公墓碑群、紫南公墓、王部爷墓、乌龟驮大碑、福安古桥、泉安桥、泉山桥、洋后桥、福安桥石刻、古厝群、陀螺石、鸳鸯石、风动石、王公庙、土地公庙、沟口古井、王台炳故居、王鼎铭故居；有名人，古代名人有"公孙五举三知州，兄弟一朝两大夫"，理学家王振熙，现代名人有王台炳、王鼎铭、罗曼王彬；有传说，柿子石、夫妻树、顺正王、土地公、"云水洞"、老爹公、福安古桥、阿弥陀佛传说等；有园区，村东南和西南有国家级泉州开发区的官桥园和出口加工区。

多年来，村里一直非常重视生态保护，坚持不开山炸石、不推山填地办厂。生态好了，村民却没有富裕起来。顶溪园村庄人口800多人，是经济欠发达村之一，低保户、五保户10多户，村财收入为零，村民主要收入靠外出打工。发展产业为村民提供就业岗位，减少长年在外奔波，让村民安居乐业，是美丽乡村建设要解决的首要问题。

充分利用村庄资源优势和位于城郊的区位条件，开展乡村生态农业体验活动，草莓种植品尝体验活动，水果采摘、欢乐亲子度假旅游活动，农家乐、运动健身延寿旅游活动等四季不同的半日、一日和两日游活动，大力发展休闲农业，为旅游者提供观赏、品尝等服务，从而为村庄创造广阔的就业机会，尤其是为村里家庭妇女和尚不具备技术专长的青年以及中老年年农民等农村剩余劳动力提供就业岗位。大力提高村庄农产品的商品转化率，把农业的生态效益和民俗文化等无形产品转化为合理的经济收入，拓宽农民创收的渠道，增大村民增收潜力。大力发展旅游服务产业，异地养老休闲产业，推动村庄第三产业发展和村级集体经济的壮大。争取泉州开发区的支持，实施现代家庭工业集聚区建设，新建标准厂房，利用厂房出租引进企业入村，鼓励村民创业，增加就业岗位，促进农民增收。

另外在村中心利用空闲地和旧宅院建设村健身场地、幼儿园、村公建设施，形成村级公共服务中心，为村民提供公共活动空间，丰富乡村文化生活，满足村民对社会服务和精神文化的需求，促进村庄经济社

图6-101 村落公共中心效果图

会、物质文明和精神文明协调发展（图 6-101）。

④社会和美

"社会和美"要求基层组织健全，村级组织战斗力强，群众对村级班子的满意率达到 90% 以上。农村治安良好，无发生重大刑事案件和群体性事件。农村精神文明创建活动深入开展，邻里和睦，尊老爱幼，移风易俗，社会和谐。

顶溪园美丽乡村建设得到了村民大力支持，也涌现了一批感人的事迹。村庄环境综合整治过程中，在村口竖立的风景石。村民所有旱厕、猪圈的条石，房前屋后没用条石全部无偿贡献村里用于乡村公益建设，对于旱厕、猪圈的拆除未要求一分补偿；涌现了为建设美丽乡村无偿工作的身残心美的英雄王家著，主持公道的王金条，人老心不老的王声塔，无言英雄王木桂，拆迁英雄王诗河，慷慨解囊的王扁头、王振富等。

通过美丽乡村建设，顶溪园村尊老爱幼、扶弱济贫、团结互助、爱护公物等社会公德得到崇扬，维护村庄环境卫生，搞好家庭清洁卫生，种树栽花等成为村民时尚，逐步养成清洁、卫生、健康、科学的生活习惯，环境意识、卫生意识、文明意识不断增强。另外村务管理民主化程序也逐步提高，由村民公推直选建立村委会，由村民小组推选村民代表建立村民代表会议制度，村委会内部机构分工职责明确，组织健全，重大事务以及村民关注的热点、难点问题都由村民代表会议讨论决定。

（3）取得的成效

顶溪园美丽乡村建设结合"四美"愿景，已实施了生态、美化、平安、民生和文明五大工程，其中生态工程通过推动村庄土地整理、流转，发展现代农业，实施规模经营，高起点建设了多个生态特色农庄。美化工程通过深入开展"家园清洁行动"，成立了一支环卫队伍，全面做好村庄路面清扫、垃圾转运等村级日常保洁工作；硬化了村间道路，同步进行了排雨

管道、排污管道建设，改变了路面积水的现状；对村中建筑、围墙进行统一规划设计及立面改造，改变了村貌杂乱的现状；修建了夫妻树公园和茂榕磐石公园；采用生态型旅游方式对金溪进行了综合整治。平安工程通过成立专职治安巡逻队，配备巡逻摩托车，实行 24 小时巡逻；新建了治安岗亭，增设了全球眼，提升了村庄治安防控能力。民生工程普及了村庄自来水，建起了 2 处无公害公厕。文明工程使村南音演唱、太极拳、广场舞、车鼓队日常化；建设了规划广告牌，建立了村民 QQ 交流群方便了村民宣传、沟通；请村贤整理了民间传说，保护了文物古迹。

顶溪园村通过美丽乡村建设，村庄社会事业得到了发展，基础设施大大改善，绿化工程大大提升，彻底改变了村容村貌，提高了村庄的整体影响力，实现了"村庄秀美、环境优美、生活甜美、社会和美"的美丽乡村建设目标。

6.4 建设"人的新农村"

中共中央十八届三中全会审议通过的《中共中央关于全面深化改革若干重大问题的决定》中，明确提出完善城镇化体制机制，坚持走中国特色新型城镇化道路，推进以人为核心的城镇化（"人的城镇化"）。2013 年 12 月中央农村工作会议首提"人的新农村"建设，突出"以人为本"理念，使得新农村建设内涵更为丰富。凸显了对新农村建设的更新更高要求。

6.4.1 建设"人的新农村"，提升农民幸福指数

（文/中国人民大学农业与农村发展学院教授郑风田）

长期以来，我国对"人的新农村"建设力度不够。一些地方把新农村建设理解为易见成效的村庄整治，

"钱多盖房子，钱少刷房子，没钱立牌子"，对增加农民收入、保护农村生态、培育文明乡风等投入大、见效慢的工作则重视不够。有的地方忽略了农村的特点和农民的需求，把发展城镇的思路简单套用到农村工作上，以为道路硬化、路灯亮化、农民住上楼房、通上水电暖就是新农村建设的内容。

经济基础对于农村发展至关重要，否则农村必然落后。但是，生活在农村的农民除了对物质的需要，还有精神文化、公共服务等诸多层面的需要。"三农"问题的核心是农民问题，建设"人的新农村"的核心是要关注作为权利主体的农民，保护农民权益，尊重农民意愿，实现农民的全面发展。新农村建设是一项综合性系统工程，把握好软硬件之间的平衡，既离不开基础设施改善和产业支撑，还要重视精神文明、生态文明和政治文明建设。

近年来，农民外出打工导致农村"空心化"，农村老人、妇女、儿童"三留守"问题突出，农村社会治理的复杂程度有所增加，"人的新农村"建设亟须提上日程。针对这些情况，建立健全农村基本公共服务、持续提高农民素质、留住乡土文化和建设乡村生态文明等，都是推进"人的新农村"的重要内容。

解决好农村公共事业发展问题，逐步实现城乡公共服务均等化。传统城乡二元体制下，城市的公共服务由政府承担，农村的公共服务是农民自己管理。进入 21 世纪以来，国家对新农合、新农保、农村低保等制度推进迅速。与此同时，农村社会事业发展水平很低，卫生、教育等领域公共资源在农村普遍稀缺。农村落后很大程度上表现为社会事业和公共服务落后。要加大推进城乡基本公共服务均等化的力度，把公共财政向农村倾斜，公共服务向农村覆盖。

把提升农村人口整体素质和文明程度放在新农村建设重要位置。只有高素质的农村劳动力，才能满足农业发展对农产品数量和质量的更高需求，才能更好地发挥农民在新农村建设中的主体作用。农民整体文化程度较低、年龄结构偏大，导致农村社会管理水平提升缓慢。要创造条件为农村"造血"，让有文化、有能力的年轻人成为农村的接班人。要用民主的办法搞新农村建设，真正把决策权交给农民。

留住乡土文化和农村生态文明。据测算，到 2030 年，我国城镇化率将达到 70%。也就是说，按届时总人口 15 亿计算，仍有 4.5 亿人生活在农村。建设"人的新农村"，不是要把农民都留在农村，但也不能照搬以往的做法。城乡一体化不是城乡同样化，城镇和农村应当各具特色，既不能有巨大的反差，也不能没有区别。新农村应该是升级版的农村，而不是缩小版的城市。要做好古村落、民俗村落和特色村落的保护性建设。只有传承乡村文明，保留田园风光，实现人与自然和谐发展，才是新农村。

推进"人的新农村"是我国现代化总体战略的有机组成部分，也是新时期解决农民问题的重要抓手。对于生活在农村的农民来说，建设"人的新农村"，是要全面提升农村幸福指数。破解城乡二元结构，就要让农民无论生活在城镇还是农村，都能平等享受到改革的红利和现代化的成果。

近年来，我国新农村建设丰硕成就显然易见。随着农村面貌改造提升行动的推进，屋舍换上了新颜，"屋舍整齐"不再是《桃花源记》中的憧憬；随着农村文明文化的普及，那一页页彩绘的民俗文化墙，述说着村民丰富的精神文化生活和越来越高雅的追求；随着农村整体居民素质的提高，物质文明和精神文明共进，绘出了一副副乡村美景。

新农村的快速发展，在带来了农村的日新月异的变化的同时，也带来了一系列的"乡愁"。日渐显得陈旧的农村公共服务，让农村吸引不住年青的群体，"农村空巢"现象越来越明显；快速推进的城镇化，在带来农村的生活环境的提高的同时，更带来了那再也回不去的乡愁；有些急迫的发展步伐，让乡村发展忽视了因地制宜和特色取胜，农村的生态面临着市场经济条件下利益与生存的博弈。

这是时代发展对农村提出的新一轮挑战。如果不能让农村的公共服务跟得上人们日益提高的生活需求，农村留守老人、儿童、妇女即将成为新一轮的社会问题；如果不能用传统文化留住村民心里的"乡愁"，我们面临的不止是农村建设的同质化；如果不能保有农村的绿水青山，若干年后，我们将面临的是一个被开发的面目全非的"破旧乡村"。

顺时而动，乃是让时代"为我所用"的法宝。在"物的新农村"逐渐丰盛的同时，推出"人的新农村"，这是让新农村建设"物质"和"精神"文明齐头并进的又一高层次政策抉择：将基础设施建设加上"灵魂性"的指引，让"人性化"成为引领性的新政策。

6.4.2 建设"人的新农村"，改善农村生态环境

（文／中国社科院农村所研究员李国祥）

近年来，国家和地方政府高度重视农村生态保护和人居环境，牢固树立环保底线思维和生态安全红线意识，切实加强农村生态环境保护，推进和改善农村人居环境，抓好农村治污减排和生态建设，取得了可喜的成效，为建设"美丽中国"打下了坚实的基础。但是随着城乡一体化的快速推进，带来的城乡环境污染等问题日趋严重，给农村的生态环境造成严峻的挑战和压力。农村环境一直是困扰和阻碍农村发展和新农村建设的一大难题。农村生态环境脆弱，一旦被破坏就难以恢复。再加上农民保护农村环境意识淡薄，农业生产生活和乱扔乱倒垃圾，造成了土壤和水源污染，严重影响人居环境和村民身心健康，严重制约了新农村建设和发展。

农村生态环境关系到城乡的生态安全，是城市生态环境的重要支撑。加强农村生态环境保护是建设美丽乡村的基础和前提，也是推进生态文明建设和提升新农村建设的新工程、新载体。面对日趋严峻的农村环境形势，切实加强和改善农村生态环境保护工作，守护"生态红线"，保障生态安全，留住有"人"的新农村，才是建设新农村的初衷和根本。为此，增强公众和村民环境意识，着力推进农村生态环境保护宣传教育也是必不可少的。另外，注重环保项目审批和建设，严禁带有一点污染的项目在农村建设，稳步推进农村环境保护，坚决守住农村的青山绿水和蓝天白云这片家园。继续开展生态城市、生态乡镇、生态村等环保创建活动，发挥示范带动作用，夯实生态文明建设基础，等等。这样多管齐下，有效保护红线、保障生态不被逾越。

"生态红线"是继"18亿亩耕地红线"后，另一条被提到国家层面的"生命线"。可见其重要性和意义之大。建设"人的新农村"，既需要"面子"，更离不开"里子"，只有表里如一的新农村才叫人欣赏、才宜人居住、才让人向往。新农村生态环境搞好了，新农村才能称得上真正美丽。在风景如画的美丽乡村中游玩、摘菜、赏花、登山和居住，在民风淳朴的美丽乡村中品尝"舌尖上的乡村"，这些都带给了游客许多全新的生活体验，是时下城里人热议最多的话题之一。因此，广大党员干部，要把加强农村生态环境建设，改善农村人居环境作为当前一项重要工作和任务，让农村环境靓丽起来。农村的生态环境搞好了，有新鲜的空气可呼吸、有干净清甜的水可喝、有安全放心的粮食可吃，吸引大量游客前来，促进农村变成景点、农产品变成旅游产品、农民变成旅游从业人员，促进富民强村和乡风民风文明和谐，让"人

的新农村"美好蓝图呈现给世人眼前。

6.4.3 建设"人的新农村",弘扬优秀传统文化

（文／国务院发展研究中心研究员程国强）

随着现代化进程的加快,文化经济一体化的推进,农村传统文化也面临重视和加强新农村传统文化的生态保护与发展极大的冲击。

一是传统文化失传。在市场经济大潮中,农村中青年纷纷走出家门,离土离乡,到城市、到沿海经济发达地区打工,谋求新发展、新生活,对一些商品价值低、缺乏现代气息、枯燥单调的传统民间工艺与艺术缺乏兴趣与热情,导致一些民间艺术传承后继无人。

二是传统工艺的消费意识、消费行为及其思想文化的影响,另一方面又受到当地传统工艺生产者的市场竞争所左右,导致一些传统工艺发生"变异",改变了传统工艺原来的民族风格、制作工艺和原义,丧失了"本色",显得不伦不类。这不但损害、贬低了当地传统工艺品的声誉、形象和价值,还因失去"个性"而最终导致对外地游客吸引力的丧失,使其面临难以持续发展的困境。

三是传统文化产品受到"市场失调"的冲击。以广东肇庆市闻名中外的端砚为例。端砚曾是封建王朝贡品,端砚精品历来以高文化品位享誉于世界。近半个世纪以来,端砚产品开发规模不断扩大,出现市场失控现象。在 20 世纪 50 年代末,肇庆年产端砚只有几百枚。至 1979 年,年产量达 7 万枚。80 年代末发展到年产 30 万枚。到了 90 年代,年产量达到 50 万枚。大规模的端砚开发,导致市场供求失衡,引发恶性竞争,产生了一系列不良后果。包括乱挖乱采,砚石资源浪费、枯竭;假冒伪劣端砚产品充斥市场,市场萎缩、不景气;恶性竞争损害了端砚声誉,严重影响端砚文化的传续与可持续发展。

四是农村传统文化被破坏。这种现象在农村城镇开发以及乡村旅游开发中较为普遍。不少历史文化名村、名镇、名城在城镇化过程中,往往重开发、轻保护,在旧城改造中大拆大建,致使许多有价值的街区和建筑遭到破坏,甚至有的地方拆除真文物,大造假古董,搞得不伦不类,破坏了名村、名镇、名城风貌。浙江舟山定海旧城的破坏,是一个突出的例子。当地一些领导不听专家呼吁,无视国务院职能部门的意见,强行拆除旧城的主要街区和有价值的历史建筑,造成对名城无可挽回的破坏。在广西桂林地区,自然景观与少数民族风情结合,资源优厚,十分适合旅游观光。当地政府在多年的民族工作基础上,建立了一批民俗旅游村,创造了民俗就业、文化扶贫和农村致富的机会。当然,这种工作也导致追求经济利益的倾向,有些村寨民俗的传承就脱离了原有的民俗环境和民族空间,随客拆解,标价售出,变成了摇钱树。

农村传统文化资源,一般具有多种功能,诸如文化功能、旅游功能、经济功能、教育功能等。传统文化资源作为人类历史文化遗产的积淀,是一种宝贵的财富,是一种独特的资源。随着人类社会的不断发展以及物质文化生活水平的极大提高,传统文化受到了人们的广泛关注,其功能和作用也越来越凸显。许多国家和地区都把它作为一种重要的经济资源加以挖掘、开发和利用,形成了形形色色的传统文化产业。例如,剪纸手工业、雕刻工艺产业、编织产业、文化旅游业、乡村民俗旅游业等。上文提到的肇庆端砚产业,1979 年的产值约为 350 万元,到 20 世纪 80 年代末则达到 1500 万元左右。

农村传统文化资源开发,对当地经济社会发展、农民增收致富等,起到了重要的促进作用。与此同时,传统文化资源也面临着保护不当、过度开发、人为破坏、自然退化等突出问题,有的地方甚至出现非常尖锐的保护与开发的矛盾,导致传统文化的生态危机,危及传统文化的可持续发展。

在新农村建设过程中，对农村传统文化资源要坚持保护性开发的原则，避免对农村传统文化做重大的改动，杜绝对传统文化资源的掠夺性开发和破坏，防止和减缓农村传统文化的自然退化。这是农村传统文化资源开发的核心问题，也是落实生态文明观、促进农村传统文化可持续发展的必然要求。

在建设新农村、繁荣农村文化事业过程中，必须把农村传统文化保护工作提到重要的地位，并将生态保护意识贯穿于始终。

农村历史文脉、古老民居祠堂、纪念性建筑等文化遗产，年久失修，或自然破损，或人为破坏，要加以珍惜与保护。要从人力、物力、财力等方面加大投入，通过调查、规划、维修与保护性开发等措施，赋予农村传统文化新的生命力。如江西省吉安市青原区渼陂村被誉为"庐陵文化第一村"，是第二批全国历史文化名村。当地政府围绕把渼陂古村打造成露天型江南古村博物馆的目标，编制了《渼陂古村保护建设规划》，规定了保护范围，请文物部门进行了文物普查，邀请知名专家对古村的历史渊源和建筑风格进行论证，挖掘文化底蕴，为古村保护开发提供理论基础。近几年，投入建设资金达600多万元，新建了具有深刻庐陵文化内涵的石刻牌坊，硬化了进村道路和牌坊小广场，修复了游步道和村内水系，"小桥流水人家"初见雏形；对渼陂村内破损严重的革命旧居旧址、明清民居等进行维修，有效地保护了各种古建筑。这一举措，为国家对农村传统文化实施保护开发树立了典范。

6.4.4 建设"人的新农村"，建设新型乡村文明

（文／华中科技大学中国乡村治理研究中心主任贺雪峰）

中国科学院地理科学与资源研究所发布的《中国乡村发展研究报告》显示，当前农村正在由人口空心化逐渐转为人口、土地、产业和基础设施的农村地域空心化，并产生大量的"空心村"。农村空心化直接导致农村"三留守"人口增多、主体老弱化和土地空弃化。此外，一些传统技艺、乡风民俗也濒临失传。在城镇化的进程中，村庄正在日趋离散，村庄的传统和记忆被消解，村庄传统意义上的社会信任、乡规民约等秩序也日益弱化和丧失。

我国要探索乡村文明发展之路，应着力把乡村建设的过程变成发现和重塑乡村价值的过程，变成生产要素向广大农村倾斜转移的过程。目前，我国有不少地方已经在新乡村文明之路上进行了一些有益探索。

特色古村落的"保护开发型"：如云南腾冲县和顺古镇、安徽黟县西递宏村是这方面的代表。西递宏村的徽州古民居，以其保存良好的传统风貌被列入世界文化遗产，被称为新农村建设的范本。西递宏村每年将门票收入的两成左右用于文物保护，在建立健全30项遗产保护规章制度的基础上，实施了"遗产保护、业态升级、设施配套、交通优化、社区和谐、机制创新、管理加强"等七大系统建设。

风景秀丽村落的"农家乐型"：这些村落利用农村特有的田园风光、古村民居和农家生活，开展"吃农家菜、住农家屋、干农家活"的农业旅游主题经营活动，同时推进环境整治和电网、饮用水等工程建设，加速农村基础设施和服务现代化。以四川、重庆等地农村为代表的"农家乐"，已经成为乡村旅游的重要形式。

修旧如故的"社会协助型"：引入社会资本、民间智力，把农村建设得更像农村。以河南信阳市郝堂村为例，具有豫南风格的狗头门楼、灰砖居民楼、依水而建的小桥—在尊重传统村落空间格局的前提下，采取"一户一图纸"，对村落和民居进行功能性改造，保护了承载人们记忆的乡土建筑。

现代新村的"村企一体化型"：利用当地龙头企业带动，实现资金、技术、人才、土地和文化等生

产要素在农村的优化配置，实现村庄变社区、农业现代化和就地城镇化。河北曲周县白寨生态中心村成立了富民新农村建设有限公司，在积极发展现代农业，推动"中法生态养猪"项目全产业链布局的同时，立足培育新农民，精心定制文化套餐，拓宽发展视野，让农民在不离土不离乡的情况下就能享受现代城市生活。

7 彰显创意亮点的乡村公园

乡村公园是充分激活乡村自然和人文资源，促进城乡统筹发展的一大创举。要建设好乡村公园，首先必须有好的规划，这就要求规划必须具有文化创意，才能切实体现规划的立意，因此必须挖掘文化内涵，以把"死"的变成"活"的，把"活"的变成"神"的，把"神"的变成"灵"的等巧夺天工的设计构思和营造手法，才能达到吸引游客、留住来客、招揽回头客的目标。为推动乡村的经济建设、社会建设、政治建设、文化建设和生态文明建设的同步发展，促进城乡统筹发展，拓辟城镇化发展进行积极有效的探索。

7.1 创意产业的基本概念

创意产业，又称创意工业、创造性产业、创意经济等。根据这一定义，英国创意产业包括广告、建筑、艺术和文物交易、工艺品、设计、时装设计、电影、互动休闲游戏、音乐、表演艺术、出版、软件、广播电视 13 个行业。随后许多国家纷纷仿效，其中澳大利亚、新西兰及新加坡等国沿袭了英国对创意产业的定义与分类。

7.1.1 创意产业的定义

创意产业的定义，最具典型意义的有三种。

①源于个人创造性、技能与才干，通过开发和运用其知识产权，形成具有创造财富和增加就业潜力的产业。

②提供具有广义文化、艺术或仅仅是娱乐价值的产品和服务的产业。

③版权、专利、商标和设计，四个产业的总和。构成了创意产业和创意经济。

尽管对创意产业的定义仍然存在不同的看法，尽管人们或许会用其他的词汇，例如文化产业、内容产业、娱乐产业来命名具有文化和创意性质的产业，但是，没有人会否认，以强调个人的创造性（创意）和保障个人创意的知识产权的思想为特征的创意产业概念。

7.1.2 创意产业的特点

创意产业提供的产品和服务，与其他产业有极大的不同。创意产业是创造富有文化内涵的产品和服务的产业，其价值体现在创造知识型资本。创意产业对生活方式、观察方式和"做生意"的方式都有特殊的理解，所以它的产业形态和活动方式有别于一般意义上的产业。创意产业的业态是多样的、灵活的和富于变革的。创意产业不仅关注市场，而且但更注重的是创意实践和创意的过程。

从宏观角度讲，创意产业具有如下的特点：

①创意产品的需求具有极大的不确定性；

②创意生产者以非经济的方式从自己的产品和创意活动中获取满足，但为了使创意活动能够维持生计，必须从事更单调的活动；

③创意生产常常具有集体的性质，必须建立和维持具有多种技能的创意团队；

④创意产业产品的形式和类别是多种多样的；

⑤创意人员的技能差别是按垂直方式区别的；

⑥多种多样的创意活动必须在相对短的时间里或有限的时间框架内加以协调；

⑦产品寿命长，生产者能够在生产周期完成后的很长时间里不断获取经济效益。

从微观角度讲，创意产业的企业具有如下特点：

①大比例的高学历从业人员；

②经营方式灵活多变，不断地探寻新的思路、新的合作者和新的市场；

③大多数为中小型、微型或自就业型企业；

④知识密集；缺乏商业技巧；

⑤非常规的经营方式。

7.1.3 创意产业的范围

英国政府根据自己对创意产业的定义，把13个文化产业部类确定为创意产业，这13个产业部类包括：广告、建筑、艺术和文物交易、工艺品、设计、时尚设计、电影、互动休闲软件、音乐、表演艺术、出版、软件以及电视和广播。

按照凯夫斯的定义，创意产业包括：书刊出版、视觉艺术（绘画与雕刻）、表演艺术（戏剧、歌剧、音乐会、舞蹈）、录音制品、电影电视以及时尚的玩具和游戏。

按照霍金斯的定义，创意产业的范围较英国政府划定的范围有相当大幅度的扩展，它把专利包括进来，实际上就是把科学、工程和技术领域的开发和研究全部纳入了创意产业的范围。

无论如何，创意产业可以定义为具有自主知识产权的创意性内容密集型产业，它与其他文化产业有相当密切的关联。

7.1.4 创意产业与创意农业

世界创意产业的兴起也促进了中国创意产业的发展，创意农业是创意产业的主要组成部分。借助创意产业的思维逻辑和发展理念，人们有效地将科技和人文要素融入农业生产，进一步拓展农业功能、整合资源，把传统农业发展为融生产、生活、生态为一体的现代农业，即现在所谓的创意农业。创意农业起源于20世纪90年代后期，由于农业技术的创新发展以及农业功能的拓展，观光农业、休闲农业、精致农业和生态农业相继发展起来。发展创意农业的基本模式为：

（1）资源转化为资本模式

资源转化为资本模式是创意农业发展的基本模式，也是在实践中广泛存在的形式。一方面"农业、农村、农民"本身是取之不尽的资源，可以通过创意转化为推动其发展的资本，另一方面，各类社会文化资源也都可以通过创意与农业相融合，成为新的发展推动力。这一模式在农村发展中已经比较普遍，通常融入到农业节庆、农业旅游、观光农业和休闲农业等各类新业态的发展之中。

①以创意产业的手法将资源转化为推动农村发展的资本。如利用农村的生产、生活、生态"三生"资源，发挥创意、创新构思，设计出具有当地文化特色的创意农产品、农耕文化博览馆和各种相关文化活动，扩大市场知名度，促进发展。例如天津西青区白滩寺村麦田"怪圈"、大连金州区玉米迷宫图、上海闵行区光继村由彩色水稻组成的中国共产党党徽等，按图种植，形成迷宫怪圈等图案，结合乡村游等相关旅游产品，吸引大批旅游者，也创造了新的价值。我国历史文化源远流长，农业品种、农耕活动丰富多彩，

可以编撰、演绎各种故事。发展创意农业就要以故事力来活化文化资源，将其加以转化，为农业带来增值的资本。

②以创意产业的思维整合各类社会文化资源为农业生产服务，提升农产品的附加值。比如在利用生物科技手段改变农产品形状、色彩和口味等物理功能的同时，融入文化元素，增加农产品的文化艺术含量，并根据市场需求运用新理念把农产品变为艺术品，设计生产出"来自泥土的原生态作品"，可大大提高农产品的附加值。

（2）全景产业价值体系模式

创意农业与一般农业新业态的显著区别是不仅仅创造高附加值的农产品，而且还以创意产业的思维构建全景产业价值体系，以此释放创意农业的巨大经济效益。所谓全景产业价值体系模式是指通过农业知识产权（商标、专利、品牌等）的反复交易。形成不同层次的产业体系，带动相关产业和整个区域的发展。

因为创意产业具有很强的渗透力，能以多种形式与不同的产业相融合，形成以文化创意为核心的产业系统和价值实现系统。这将给农村带来新的区域品牌和系列衍生产业。全景产业价值体系包括核心产业、支持产业、配套产业和衍生产业四个层次的产业群。其中核心产业是指以特色农产品和园区为载体的农业生产和文化创意活动。支持产业是直接支持创意农产品的研发、生长、产品的加工以及推介和促销这些产品的企业群，如科研机构、种源公司、现代农业设施、各类文化艺术活动（如会展、动漫、表演等）的策划企业、加工厂以及金融、媒体、广告等企业；配套产业则是为创意农业提供良好环境和氛围的企业群，如旅游、餐饮、酒吧、娱乐、培训等；衍生产业是以特色农产品和文化创意成果为要素投入的其他企业群，如玩具、文具、服装、服饰、箱包、食品、纪念品等生产企业。在整个创意农业产业体系中，第

一、二、三产业互融互动，传统产业和现代产业有效嫁接，文化与科技紧密融合，传统功能单一的农业及加工食用的农产品成为现代时尚创意产品的载体，发挥引领新型消费潮流的多种功能，也因此开辟了新市场，拓展了新的价值空间，产业价值的乘数效应十分显著。

（3）市场消费拓展模式

市场消费拓展是创意农业发展的主要模式之一，没有市场，创意农业的价值就无法实现，发展创意农业也就失去了意义。国内外对于创意农业市场拓展主要采取城乡互融互动的手段，通过城市消费市场的培育和乡村自然环境、生活文化与历史脉络的综合塑造，在创意农业的市场和生产两者之间实现有效对接，使得创意农业的新业态、新商品和新价值能够直接转化为市场效益。具体做法如下：

①新生活方式的塑造。通过倡导一种新型的生活方式，把创意农业的产品与市场进行有机衔接，使消费者认同并引发购买行为，其中，休闲农业、乡村旅游等即是比较成功的做法。在发达城市，旅游已经成为城市居民的一种生活方式，以旅游吸引力的方式发展创意农业园区，吸引城市消费者来旅游、度假、购买创意农产品、参与创意农业活动是目前各地普遍采取的方法。在旅游休闲活动中，消费者通过自身体验，容易接受和认同创意农业产品，市场也会因此逐渐拓展。

②农业品牌的拓展。通过品牌效应拓展市场也是发展创意农业的有效模式。品牌本身是具有文化意义的标识，文化具有较强的渗透和辐射功能，能够成为拓展市场的利器，因此也成为创意农业广泛采用的一种模式。如创意农业的发展可以结合"地理标志产品"、农产品著名商标等的市场基础不断扩展。

（4）空间集聚发展模式

创意农业的发展在空间上通常采取集聚发展的

模式，表现形式为创意农业园区和创意农业集聚带。创意农业园区是目前国内发展创意农业的普遍形式，结合现代农业和乡村旅游的发展，创意农业园区具有生产、观光、休闲、娱乐等多种功能。以上海创意农业比较发达的奉贤区为例，该区的创意农业已基本形成了"一核四园十线"的空间集聚形态。一核，即形成了以上海奉贤现代农业园区为核心的创意农业核心区。四园，即庄行农业园区、柘林绿都园区、青村申隆申亚园区、海湾都市菜园四个创意农业特色园。庄行农业园区的创意内涵特色在于整体生态创意农庄和创意产业；柘林绿都园区的创意内涵特色是以鱼虾养殖创意与生态环境创意配套；青村申隆申亚园区其内涵创意特色则是集多种功能于一体的综合性生态森林创意公园；海湾都市菜园的创意内涵特色在于提供蔬菜生产过程创意和创意产品，包括蔬菜精深加工创意产品。十线，即将一核四园等创意农业主体串珠成线，形成了10条创意农业观光休闲自助体验路线。

7.1.5 创意产业与乡村公园

乡村公园则是创意乡村产业园区化的具体表现形式。其在创意农业中表现为：

①将资源转化为资本。将乡村的自然资源、人文资源和园区的发展建设有机结合，形成资本资源，带动乡村产业发展，引领村民致富。

②将传统农业与旅游业有机融合，形成新的园区式的新型产业；

③在园区内部形成新的产业集聚或新的产业链，如浙江滕头村已形成以绿色生态为核心的旅游产业集聚；江苏蒋巷村则形成一、二、三产业的综合集聚等，从而实现乡村园区化或社区化、产业化，有效地解决了乡村发展的瓶颈问题。加快了新农村建设步伐，开拓了乡村城镇化的新模式。

7.2 乡村公园的营造理念

乡村公园的发展理念应突出地方特色，突出生态化、现代化、设施化、规范化产业化和市场化等特点，促进各种资源的高效配置和循环节约的利用，提高土地产出率，资源利用率和农业劳动生产率。让农民不受伤，让土地产黄金。乡村公园是充分激活乡村自然和人文资源，促进城乡统筹发展的一大创举，各地方在发展现代农业示范区和建设美丽乡村中的很多成功的试验和先进理念颇为值得借鉴。

（1）龙头领园

选择设立乡村公园的先行基地，确立核心园区的龙头地位。以一个拥有好区位、好资源、好环境、比较好的成长品牌的名村、生态村、幸福村庄等乡村作为先行基地的核心支撑，其带头人、党支部与村委一班人必须具有创新思维、真抓实干，在当地省（自治区、直辖市）、市、区、镇（乡）党委和政府鼎力支持下，将多要素分类聚集。建成集综合优质要素于一体的具有龙头功能的先行基地。将此基地定位于乡村公园要素综合运用的范本。打造成乡村公园的"航母""旗舰店"。并以此为模板发展不同特色、不同主题乡村公园的产业区和产业园，从而带动整个乡村公园的创建与发展。

（2）标准做园

乡村公园应在创建体系的完整与完善的基础上，制定翔实、可操作性强的标准体系，为乡村公园的建设奠定基础。

乡村公园标准化是技术推广与人员培训的基础，标准化的推行是建设和提升乡村公园高端形态的出发点。标准化有利于乡村公园建设的整体推广。为此，在乡村公园创建过程中，以指标体系为依据，有针对性地推行、组织管理标准、基础设施建设标准、服务标准、卫生标准、市场营销标准、信息管理标准等，增强乡村公园的可操作性。

（3）规划定园

乡村发展过程中，规划性较差，在当前的新农村建设过程中，虽然实行了村庄规划，但千村一面的现象比比皆是，村庄特色没有得到充分体现。在乡村公园建设中，依托乡村发展实际，结合园区主题，按照创新思路、创造发展的原则，着力规划以核心先行园区带动多区域多园、多带的整体规划。

（4）以政扶园

在乡村公园建设中，应充分利用国家和地方的政策资源，在先行基地的核心园区成立相关政策与乡村发展的的研究小组，专门研究如何利用国家和地方的优惠政策、国际援助政策、社会辅助政策等，切合实际地争取政策支持，以政策推动园区建设，确保乡村公园创建工作的顺利开展。

（5）科技兴园

乡村公园的建设，科研先行。在乡村公园的建设中，应充分注重依靠创新与发展，科研力量是乡村公园创新产业的先行者。据此，应努力把乡村公园建成研究中心、成果孵化及创业基地，并与农业行政部门、农业科研院中试基地等科研院所合作，建立孵化基地，从而指导乡村公园的创建与发展。

（6）农本投园

乡村公同仍然是以农业为根本，"我国自古重农，以农立国"，农本主义与国计、民生、治乱、习俗等关系密切。乡村公园的核心要素中，"田"仍然是其重要的组成部分，在园区内发展农业成为乡村公园之必需。但农业生产中增加了创新的因素，如创意农业、休闲农业等，均为乡村公园内农业生产增加了高附加值。同时，乡村公园应以低碳绿色为本，并在此基础上努力创建低碳国土实验区，使乡村公园成为绿色家园。

（7）产业富园

在乡村公园的整体建设中，乡村公园发展应立足于形成新的产业，新的产业需要新的要素注入，体现其创新性和特色性，以要素带动形成独具乡村公园优势的十八坊，形成引人入胜、流连忘返的"十八趣"（详见9.5.2特色经营创意）。集园区之力，做好十八坊产业，坊坊体现产业创新，形成"十八趣"。坊坊可独立组织产业、市场活动，坊坊有乐趣，坊坊聚人气，坊坊可发挥带动"三农"、扶持"三农"发展的功能，如"农民讲习所"——农民教育产业，"网坊"——助推"无线城市""无线村庄"等。乡村公园发展应以产业创新为突破口，以产业发展带动乡村公园的经济提升，同时，结合乡村发展实际，进行与乡村产业发展相匹配的产业优化，实现乡村公园产业、村级产业、村域产业园步优化，在富村、富民的同时实现产业富园。

（8）以地厚园

在不改变土地用途的前提条件下，利用发展乡村自身优势，与外来产业抢滩夺地，维护乡村自身的家园，实行百万亩生态保护与土地合理开发利用，敢当农业"新地王"，推行土地规模使用。以乡村集体为主导，针对村域产业发展实际，在乡村自己的土地上，建设自身美好家园。

（9）资本助园

乡村公园的创建与发展离不开资金支持，如何实现科学规划、合理利用是乡村公园发展的根本。乡村公园的创建，以资本运作为构架，以公司化操作为手段，法人治理，规范化管理。利用市场法则，通过资本本身的技巧性运作或资本的运作，实现产品增值、效益增长，以资金（有形）＋人际关系＋社会关系＋乡村文化等内容，形成资本运作体系，使其在发展中壮大，在增资中发展。在乡村公园建设中，依据发展规划，开展不同形式的金融投资与融资，从而打破乡村公园建设与发展中的投资格局，促进更多的相关产业发展。

（10）品牌显园

乡村公园以统一形象对外宣传。统一的名称、统一的标志、统一的基准色、统一的运作体系，并以此为基础，形成统一品牌，从而达到宣传、提升、发展、彰显乡村公园形象的目的。

（11）连锁壮园

通过发展理念的推广，今后在全国范围内，可实行乡村公园的连锁战略，各乡村公园在经营方式上形成由组织系统、运营系统、支持系统与拉制系统构成的连锁经营管理体系，由这四个分支系统构成了管理体系的基本框架。组织系统是连锁经营管理体系的基础，反映连锁公园的资产结构、法律形式、纵横一体化协作水平以及各乡村公园内部的专业化分工关系。运营系统是连锁经营管理体系的主要部分，反映连锁公园进销储运各业务营运的系统结构。支持系统是为了保证连锁公园的相关活动能够正常展开，需要各乡村公园内部人力、财力、物力、信息等资源的支持以及对各连锁乡村公园服务支持的系统结构。

（12）以会带园

可设想开展"田园博览会"，在全国范围内，选择基地资源好的、政府支持力度大的地域，或市、县、乡镇、村举办"中国田园博览会"。集各界力量，筹办世界级、国家级或区域范围内的田园博览会，以期在最短的时间内，集各优势资源，建设乡村公园，并在博览会后，让其成为永久的乡村公园，从而进一步提高乡村公园的知名度和影响力。

同时，还可根据各地不同的特点，将博览会的特色充分体现为：或园林荟萃式、或百果园式、或产业结构式、或民居聚集式等，让参与的单位或乡村、或乡镇、或乡村公园等形式，在博览会场地上展示自己的特色，形成乡村特色大荟萃。

"田园博览会"的"三大功能"主要体现在：

①"田园"不是"公园"，它首先必须具有产出高品质农产品的功能；

②体验、休闲、观光功能，旅游是"田园"的重要组成部分，体验与休闲则是旅游的充分体现；

③生态与绿色环境功能，体现真正意义上的乡村绿肺。

7.3 乡村公园的文化创意

我国自然乡村的组成要素主要包括：民居、居民、田园、水源、林地、山丘、种植与养殖对象等极其丰富的自然和人文资源物质要素。但由于在长期较为封闭的小农经济制约下，这些要素的可经营性差，甚至只体现简单现实用功能。如何利用各自独特的要素，注入新的理念、项目、资金和产品，把其重新组合和激活，使其变成可经营性的高效资源。便是创建乡村公园的关键所在。因此，在创建乡村公园的规划设计时，必须注重进行富有生命力的生态文化创意，推进产业景观化和景观产业化经营模式的优化，努力做到吸引游客、留住来客和招揽回头客。

7.3.1 景观资源创意

依据乡村的景观资源现状为基础，因地制宜加入文化要素，进行调谐使其形成颇具活力的景观要素，并在乡村公园的建设中，构成乡村公园独特的标志景观。如将具有代表性的名贵树种或百果园的选择性栽培等植入乡村公园内，引入公益产权制，创新景观，吸引更多的人士参与，推动生态景观的产业化及产业升级。抑或形成园林式的百果园核心基地，并将其打造成一个完整的景观。同时，根据不同创建单位的实际，在不改变土地使用性质的基础上，为创建单位引入可生产、可观光、可旅游的新的产品要素，以带动其他项目的深入与开展。如建筑类景观要素，有滕头村的石窗苑、祖屋；种养殖类景观要素中鸟类的养殖与观赏园，如滕头村的鸽园；特色养殖中的蜜蜂、蝶类的养殖与加工，或体验、表演，如蜂人的传奇表演、蝴蝶仙子的群蝶飞天表演等。

7.3.2 特色经营创意

以传承乡村非物质文化遗产为基础，借鉴传统十八种作坊的形式，通过文化创意的特色经营，为参与创建乡村公园的单位提供参考。在乡村公园内，可根据资源和发展需要，进行文化创意，设立不同数量、不同类型的作坊，并与创建单位的实际相结合，根据乡村公园的规划要求，组织形成生产、制作、加工、展示、表演、体验、娱乐、休闲、产品、礼品等产业链的独特休闲产业，最终形成创建乡村公园的亮点。多方争取参与乡村公园的创建，以扩大影响力和吸引游客。

以耕坊、读坊、织坊、食坊、酒坊、茶坊、陶坊、石坊、画坊、纸坊等的核心十坊，和包括百花坊、百果坊、百工坊、百雕坊、百姓坊、百戏坊、百鸟坊、百美坊等的附属八坊，共同组成富有特色经营创意的十八坊，供人们乐在其中，各得其乐，从而又形成具有乡村公园独具优势的"十八趣"，这是任何其他形式的公园都难能媲美的。

（1）耕坊（耕趣）

以传统的农耕为基础，集不同时代、不同地域的农耕用具的耕作方式，加以再收集、分类与整理，以新颖的形式展示，给参观者以新、奇、特的感觉，并组织游客参与其中，亲身体味参与的"苦"与"乐"，获得"耕趣"。

利用乡村公园的自然地理条件和地形地貌错综复杂的特点，将平原、草原、丘陵、山坡、湿地、湖泊、溪流、池塘共处一园。园内农耕作物品种齐全，五谷蔬菜应有尽有，家禽牲畜兴旺苗壮，温室大棚布列井然。珍稀植物种类繁多，名树竹林色彩斑斓，青藤缠绕果实累累，花草果瓜香飘满园。使得园内显示出文化底蕴厚重，处处深刻着农耕文化、农政思想的历史印记。

（2）读坊（读趣）

包含书坊、画坊等，不同年代书画的材质，如竹简、兽皮、树皮等，以及不同时期的书画的印刷方法及工序展示，如刻板印刷、打字机的变迁等；同时根据不同行业归类，分单项的展示，如山西晋城皇城村的字典博物馆等；或是不同民族的文字展示，如上海崇明岛花园村的百村图。让参与者或读书、或说书、听书等，形成新时期的农民讲习所，读中得乐，享受"读趣"，净化心灵。或者在坊间体验礼节式的传统读书程序，如服饰、净手、膜拜等。

（3）织坊（织趣）

不同的纺织机器、纺织方法、纺织面料和印染工艺比较展示。如手工制作及纺织机器演变过程，棉纺、丝纺、毛纺、麻纺、草织等面料差异，或展示、或比赛、或体验、或销售。

或以传统手工编织的商品、小物件、挂件等形成开心织坊，以吸引针对人群制作，从参与中获得"织趣"，并将产品馈赠、摆放与销售。也可与传说中的织女下凡相结合，加入神话因素，注入传说文化。

（4）食坊（食趣）

集乡村名吃于一体，以乡土制作方式，回归自然，崇尚低碳生活，让参观者在品尝名吃的同时，回味儿时的感觉。可设立帝王的民间食坊、官宦的乡村食坊、古宅的特色食坊等汇集不同的名吃及饮食用具、制作用具的展示，体验食物的制作过程，享受回归自然的食趣。

（5）酒坊（酒趣）

将乡村制酒的工艺引入坊间。在酒的制作过程中，汇集不同的酒类，如红酒、黄酒、白酒、清酒等的品种进行充分展示，或将坊间的制作方法让参观者了解、学习、体验，同时还可加入历代酒文化的氛围，让酒文化充分展示。

可设立御廷酒坊、民间作坊、特色酒坊等。加入酒的起源、历史、传说、特色功效等。使人们参与其中，闻其香、品其美，获得"酒趣"。

（6）茶坊（茶趣）

以采茶、炒茶、品茶为核心，展示我国的绿茶、红茶、黑茶、青茶、黄茶、白茶等茶品，同时展出茶具的各种类型：陶土茶具、瓷器茶具、漆器茶具、玻璃茶具、金属茶具（用金、银、铜、锡等金属制作）、竹茶具，以及其他还有玉石、水晶、玛瑙等制作的茶具。让参观者在欣赏茶艺的同时，品尝各种名茶，享受"茶趣"

（7）陶坊（陶趣）

以不同类型的陶瓷为展品，形成展示坊，同时加入陶瓷工艺的坯制、上色、烧制等过程，让参加者得到有体验、有参与、有新奇的成就感，获取"陶趣"。

（8）石坊（石趣）

汇集产自全国 200 多处的玉石，如新疆和田玉、河南独山玉、辽宁岫岩玉和湖北绿松石等中国四大玉石集中展示，或以产品示人。或收集奇石、异石及化石等加以展示、评比与销售，让人们在观赏各种奇石中获得"石趣"。

（9）画坊（画趣）

以农民画和民间木刻、民间剪纸等为核心，可以增加木刻、剪纸等，画坊除展示功能外，还可邀请画家参与表演、比赛、制作等项目，甚至可制作为永久性的装饰，也可以组织为短暂性的展廊，供人们参与其中，互相鉴赏、评比，享受"画趣"，陶冶情操。

（10）纸坊（纸趣）

以乡村手工制作纸类为基础，集不同时期、不同地域、不同民族的手工制造纸品的材料、制作过程、产品，结合文字综合体现其收藏、应用价值。另外，还可以根据纸张的分类情况，融入笔的演变要素，汇集中国十大名笔及名砚、名墨，与纸品相匹配，同坊展示；以增加中国独特书画的魅力，让人们从参与中获得"纸趣"。

（11）百花坊（花趣）

花卉展示（包括花瀑、花墙、花圃、花门、花塔、花阵等）、花宴、花浴、花间舞蹈、插花、鲜干花艺品的制作等，可与名花种植基地相融合。或将花间寄生物或蜜蜂、或蝴蝶为主要展示对象，将整个的养殖、加工过程展示出来，同时还可以以蜜蜂奇人、蝴蝶仙子为核心，进行表演，从而将产品以多种形式出售或馈赠，让人们观花闻香，享受"花趣"。

（12）百果坊（果趣）

以百果王为基础，展示种植＋采摘＋创意＋加工的差异性生产过程，从而形成产品，或享受其采摘过程和品尝体验其独特口感的"果趣"。

（13）百工坊（工趣）

集乡村的传统手工艺于一体，集中展示打铁、藤编、木工制作、竹艺、纸织艺、麦秸画等制作过程和成品，体验参与制作的"工趣"，并可出售手工艺品。

（14）百雕坊（雕趣）

选择不同的雕刻材料，如石雕、骨雕、贝壳雕、玉石雕、象牙雕、木雕、泥雕、金属雕、塑雕、竹雕、陶雕、瓷雕、蜡雕等，或雕刻成十二生肖、历代窗艺、佛头或佛手等，并参与制作、加工、展示的体验。或雕刻成百兽、百佛、百村、百章、村民百态、人间百态等，形成从产品雕刻体验与销售的"雕趣"。

在整体布局中，让有代表性的大型雕像或群雕映入眼帘，内含有奇异雕、微雕等，也可同时举行"雕刻艺术高峰论坛"。

（15）百姓坊（姓趣）

突出百家姓的文化及渊源追溯，让参观者在此找到自己的世代宗亲及自己姓氏的来源与派生体系，从中获得寻根的"姓趣"。

（16）百戏坊（戏趣）

收集乡村传统的乐器、加以分类展示，将不同背景文化的戏曲汇集演唱．由民间艺人真实演绎或传授绝技。同时，还可将幼时嬉戏的游戏用品收集展示，并参与儿时的玩乐，回味童年故乡的"戏趣"，享受回归。

（17）百鸟坊（鸟趣）

将鸟类的文化、知识、表演、体验等聚集一起，让参观者体验、参与和购买。或以百鸟朝凤的形式，大气势地展示给游客。或以鸽子等鸟类为背景，进行人工驯化与调教，与游览戏相结合，以园区的形式形成独有的特色。如浙江头村的鸽园。让人们从观赏百鸟飞翔、百凤朝阳、百鸟争鸣中，获得回归自然以鸟共趣的"鸟趣"。

（18）百美坊（美趣）

以"中国黄花（少女）节"为切入点，展示不同年代、不同地域美丽村姑的饰品、服装及用品，或以选美的形式进行。展示传统的制作工艺和女性习俗，在展示女性习俗的发展过程中，可以让更多的人了解不同年代女性生活的发展史，享受"美趣"。

7.3.3 休闲度假创意

根据乡村公园的资源条件和发展需要，可以开发类型各异的休闲度假创意。

乡村旅游，是旅游者以乡村空间环境为依托，以乡村具有不同特色的自然和人文景观资源（民族文化、民俗风情、乡村历史、生产形态、生活方式等）为对象，组织旅游者参与观光、踏青、游憩、度假、尝鲜、采摘或购物的一种旅游形式。其消费模式主要是"住农家院、吃农家饭、干农家活、学农家艺、享农家乐"。这些活动千篇一律，基本上集中在乡间一家一户进行，如同城里人偶回乡下探亲一般，活动较单调，比较初级，户外活动比较少，旅游者参与程度不高。"农家乐"原本是一种乡村旅游最普通、最普及的形式，它将生态农业和休闲旅游结合起来，实现了一产和三产的交融，使农户之间形成了新型的产业分工，不少农户经营农家乐已发了家，一部分农户则借此发展种养业和加工业，为农家乐提供旅游商品，还有一些农户购买汽车为游客提供接送服务。农家乐的发展，对促进农村旅游、调整产业结构、建设区域经济、加快农业市场化进程产生了良好的经济效益。有些地方"农家乐"已逐渐形成了自己的品牌。"农家乐"发展起来后，游客带来的不仅仅是消费收入，还有产品信息、项目信息和市场信息，为当地经济的发展提供了契机。以"农家乐"为中心的乡村旅游，已成为农民了解市场的"窗口"，成为城市与乡村互动的桥梁。

然而，现阶段"农家乐"发展中也存在不少问题，有些"农家乐"正在使人们渐渐失去热情。从中国"农家乐"整体发展状况看，主要问题还是资源整合不够，品质粗糙、内容单调、弄虚作假、产品类同、从业人员的素质偏低等现象比较突出。大多数"农家乐"特色不突出，旅游服务的功能比较单一，激发游客参与性、体验性的活动还不多，环境卫生较差，旅游设施简陋，景点吸引力不强，旅游商品的开发力度不够，从更深的层面看，多数地区缺乏对自身宝贵乡村旅游资源的策划、创意、定位与总体规划，一般都是在原有乡村环境、农业经济和简陋设施的基础上稍加改造便匆匆迎游，运营上更未建立科学的管理制度与可靠的运营方法。

因此，"农家乐"与乡村旅游需要进行规划引导，需要提高档次，需要注入新的文化要素，需要创新发展。

（1）开发休闲联谊基地

以乡村公园为依托，开发休闲联谊基地。其目的在于：促使"企业家""艺术家""科学家""事业家"等社会群落，在直接参与回归的同时，倡导和引领当代国人热爱生命，回归乡村，享受自然，成为具有"本色、情色、气色、特色"的生活情趣，并通过联谊交流，促进乡村文化产业的发展，引领和提升乡村旅游的品质。

（2）开发休闲养生和养老基地

借助乡村公园的资源和大量空闲的农宅、古民居，组织城乡统筹的休闲养生和养老产业，既可提高农宅、民居的使用率，还可为城市人提供更多更好的服务。

（3）开发生活体验和素质教育基地

在乡村公园内，可建立生活体验、素质教育基地，为广大城市的青少年熟悉大自然，参与各种农耕活动，培养吃苦耐劳、勤俭节约和生活自理的生存能力。

（4）开发企业经营和技术培训基地

随着经济的发展，技术的创新。人们为了适应发展的需要，知识要更新，技能要提高，为此，可借助乡村公园的区位优势和环境优势，开发企业经营和技术培训基地，组织各类经营管理和创新技能的培训活动。做到就近学习，但又可避免干扰。

总之，通过以上四种基地的开发，可以吸引大量的各阶层城里人下乡度假、下乡休闲、下乡观光、下乡旅游、下乡学习，从而，促使乡村休闲旅游成为参与主体、市场主体、消费主体。努力做到五个坚持：坚持绿色村庄得生态旅游、休闲旅游、体验旅游、学习旅游并举；坚持农村农户成为自办旅游、自创旅游、自愿旅游、自主旅游的主体；坚持农家休闲乐而不同、乐而不凡、乐而不粗、乐而不俗、乐而不散的服务；坚持中国特色的低碳农业、低碳人居、低碳旅游、低碳生活道路；坚持合作促进休闲品质、休闲模式、休闲特色、休闲品牌的创新。

将此项活动定位于乡村公园的核心内容之一，可以集社会各界力量，推动乡村休闲产业的发展，有针对性地开展活动，做到常做常新。

7.3.4 品牌文化创意

农产品是指种植业、养殖业、林业、牧业、水产业生产的各种植物、动物的初级产品及初级产品加工品。包括种植、饲养、采集、加工以及捕捞、狩猎等产品，这部分产品种类繁杂，品种繁多，主要有粮食、油料、木材、肉、蛋、奶、棉、麻、烟、茧、茶、糖、畜产品、水产品、蔬菜、花卉、果品、干菜、干果、食用菌、中药材、土特产品以及野生动植物原料等。

在乡村公园内，作为创意要素成分的农产品，主要以特色为主，以乡村域生产的产品展示为核心，主要突出土、特、鲜、有机等，彰显"生态乡村·绿色产品"的展示宗旨，以满足人们对绿色有机食品的需求，体现乡村公园中农产品的"绿色、营养、美味、健康"的品牌形象。这类产品可以是鲜活类、干果类，也可以是粗加工类、精加工类，可以是原汁原味的产品，也可以是副产品，可以是食品，可以是用品，也可以是装饰品和工艺品。在展示分类中，根据各展示主题不同，采取不同的分类方式。

综合展示的分类，则以特色农产品、果蔬、畜牧、水产、农资产品、特色工艺品、旅游休闲食品及现代农业科技成果等方面进行综合展示；以农产品的本色分类，如白、红、绿、黄、紫、黑等六大类产品分类，仅豆类一项，六大类就可以充分体现，其他类的产品也在不同的色系中各有分类；以创意农业为基础的分类更是体现其独有的特色，以创意为突破口，将整个创意产业链注入园区的建设中，为乡村公园的产业化奠定基础。而差异化产品作为乡村公园的品牌组成部分，或纪念品、或礼品、或体验感受型进行馈赠或销售等，既倡导了绿色产品的消费，又让游客品味了健康食品，同时也推进了乡村公园绿色产品的品牌与文化传播。

7.4 可供借鉴的创意案例

7.4.1 小水草"闯出"大名堂

乡下随处可见的水草，对农家而言，不仅没用，还要费力去拔除。可就是这毫不起眼的水草，在宜兰人徐志雄的手中，缺变身为"宝"，并演绎了一出点"草"成金的传奇故事——从荒废的鱼塘，种起了水草；到开水族店，打开市场通路；再到水草DIY，转向休闲观光。使得农业有"土味"，也可以有"观光味"。

若非亲眼所见，真的很难让人相信小小的一棵水草竟然也有得看、可以玩、还能吃。

在台湾宜兰县员山乡水草休闲农场—胜洋农场，记者见到了一款款造型独特、憨态可掬的水草盆栽、环保生态瓶、幸福藻球……有人说，这里展卖的不仅仅是水草，更是精巧别致的创意。

一个个灯泡状的水草生态瓶从屋顶垂下来，高低错落，晶莹剔透，煞是惹人喜爱。"这生态瓶内装有底砂、海树、水草，还有小虾，放在瓶中一块儿养，共生共存嘛。"胜洋农场农场主徐志雄指着环保生态瓶说。这样的独特创意，让徐志雄拿到了台湾休闲农渔业园区创意大赛农业体验 DIY 组第一名。

一棵棵毫不起眼的田边杂草竟"生长"出了一个水草产业、一处休闲观光景点。在宜兰县胜洋休闲农场采访时，路边停放的一辆辆观光车，纷至沓来的四方游客，赏水草、动手 DIY、吃美食，让不少人大开眼界。

胜洋休闲农场借助政府的正常辅导、资金扶持，利用当地优良的自然条件，维护好一个个生态池塘，在搞活种植之余，又开动脑筋做起以水草为主题的休闲农场。水草 DIY、水草餐厅、水草文化馆……每一个环节，都往文化创意上靠，直至发展成为一个兼具科普和文创的产业。这条路子很新，却具有开创性的意义。

当然，赚钱之余，也不忘保护生态，胜洋农场四处收集台湾特有的水生植物、水族鱼类，并加以种植、繁育，也保护了一些濒危物种。"我们是靠水草赚钱，也要回馈给水草，回馈给大自然"，徐志雄说。

借鉴胜洋休闲农场发展的相关经验，把农业生产和休闲旅游结合起来，这样的农业不单单只有"土味"，也有了更多的"观光味""创意味"，既赚了口碑，也赢得效益，这不也是现代农业发展的一个方向。

（注：以上摘自福建日报，记者李向娟）

7.4.2 那些被生活美学点化了的台湾乡村

自 2008 年以来，台湾持续不断地推动生活美学运动。生活美学往往与文化创意相得益彰，将创意融入生活，在生活美学中撷取商机，或许是台湾人最有价值的生活智慧。这种生活美学不仅充盈了都市，也感染了乡村。

（1）美浓

美浓是个典型的客家小镇，开垦之初常烟雾弥漫，故原名"弥浓"，后有人将其改为"美浓"。一字之易足以点睛，很多人便像我一样慕名而去。

进入"美浓民俗村"，谁都会忍不住拿出相机来拍，因为扑入眼帘的都是花花绿绿的油纸伞、花扇和客家红蓝花布，色彩饱和得让人亢奋，再辅以乡村风味的水车、竹椅等，顿觉纯朴清新又饶有情趣。其实最吸引镜头的不是鲜艳的色彩，而是纸伞铺里一位正在专心作画的老师傅，只见他正俯身在一个大大的伞面上娴熟地描画着，身边伞骨、颜料及一应工具散放，老工艺作坊的景象再现眼前，老师傅的一举一动也恍若行为艺术令人着迷。以此表演性的展示为噱头，不用讲解也无需说明，美浓著名的纸伞产业已一目了然。

有的人好奇心被调动，会向师傅请教关于美浓纸伞的许多问题。而随着交流的展开，人们对纸伞及周边产业进而对整个美浓都产生了兴趣，开始了步步深入的探究。随后，在民俗村里购买纸伞、花布、陶制品，以及品尝当地特色美食等，就变得顺理成章。

古早味、手工制作、还原现场等，都是台湾以文化创意包装乡村的重要元素。而让游客参与互动则是常用的手段，其自然而然地将人带入一个充满生活美学的氛围，并沉浸其中。试想，在伞面上描画几笔、亲自捣一捣客家擂茶，能不让一趟原本平凡的乡村之旅增加细节、丰富感受，从而大大提升快感？假如还有名师现场指导、有耄耋老人一旁编织、有原住民美女帅哥热情邀你又唱又跳，那么，当你离开后想忘记这些场景恐怕都难。当地主管部门与民间组织的精心创意策划，令人激赏。

（2）侯伯寮

同样一桌风味菜，放在城里的小店只是一桌菜而已，搬到乡下竹楼土屋就成了"农家乐"，而若是在扎着稻草人的农田间支起一座简易凉亭，再由农家大嫂用担子挑来摆放在简朴长桌上，它就成了丰盛"割稻饭"，那效果可不是一般的惊艳。末了，主人一定会告诉你，这是村里哪家巧媳妇或老阿嬷亲手做的农家饭，那么吃起来的味道不仅特别香甜，还有隐隐的感动。当年因农忙而额外加餐的光景神奇重返，"久在樊笼里，复得还自然"的陶然之情也油然而生。由此可见，营造秀场般的环境氛围相当重要，而这正是台湾文创业者的拿手好戏。

在台南市后壁乡一个旧称"侯伯寮"的地方，田间小路窄得旅行车差点都拐不过弯来。就是这么一个无甚风景名胜的偏远乡村，愣是有人挖空心思想出了"割稻饭"这一招，引得远方游客纷至沓来。在"割稻饭"带动下，乡里由老阿嬷们主营的编织工坊、冠军米店等都生意兴隆，甚至连手工制作的鹅毛耳挖也变得十分抢手。

（3）棉麻屋

炒概念也是台湾乡村营销的一大法门。台东县东河乡有间叫棉麻屋的针织店，店面很小却声名远播，常有外地游客前来探访并购买那些手工钩织的挎包。记者细看那些包，款式简洁，针法简单，想来大陆的民间巧手也不难钩出，然而，这些包不仅一个个价格不菲，且颇为畅销，只因已创出了品牌。

是什么令这间僻壤小店这般红火？店内墙面上随手涂鸦的文字让人略有所悟，"缓慢、自然是我们对生活的一种态度""我喜欢待在这个小地方，一

个单纯的随时能让人感动的地方"……原来，这里不仅售卖时下都市白领热衷的手工棉麻工艺品，更传导一种时尚的生活理念，而后者似乎更为吸引人。这样的理念在城里不足为奇，而出现在乡村时就既新鲜又与当地的场景及主人的做派合辙，让人很有"感觉"。很多生活创意者正是通过诱发客人的好"感觉"，赚到了人生的第一桶金。

在台湾，像上述那些以生活美学来感染并提升人们内心与周边环境的美感，从而提高产品附加值的例子不胜枚举。新北市的三貂岭，艺术家和居民们一同进行艺术创作，使没落的村庄重又焕发生机；嘉义板陶窑艺术园区，以传统工艺的创意表现，让村落变得如乐园般美丽；宜兰南方澳让当地居民票选新颜色，将老屋宇的墙面换上新装，成为旅游的精彩看点等。

有人说，"台湾整体看起来有点旧，却是一种经得起细看的旧。""旧"却"经得起细看"，颇值玩味，它也是经营生活美学的一项成果。生活美学的名词听起来很大，若不落到实处就会沦为空泛的口号。值得欣喜的是，五年来台湾公共事务管理部门和民间共同努力推行并渐渐结出硕果，受此影响台湾的乡村休闲游看点增多、内涵扩大，已变得越来越热门。眼下，大陆农业观光旅游方兴未艾，两岸地理风貌与风土民情有颇多相似之处，这些成功经验或许可资借鉴。

当一种追求心灵感受的消费方式进入社会主流价值中，甚而形成消费趋势时，似乎在宣告"美学经济"时代的到来。在田间吃"割稻饭"、到乡村买针织包，不仅是旅行的愉悦感受，也是一种生活美学的体验。

于地方经济发展而言，这种越来越多样的生活美学现象，意味着更为创意的商业嗅觉，也代表着一种转型升级的发展趋势。与台湾服务业占 GDP 总量的 70% 相比，大陆服务业目前仅占 45%。巨大的提

升空间，需要的不仅是店家数量的快速复制，更是对于生活品质和服务细节的揣摩和研读。精于此道的岛内乡镇，凭借文化创意，纷纷亮出一张张颇为吸睛的地方名片，让生活场景成为美好的体验，也带动了地方经济的发展。

"美丽中国""美丽乡村"等社会热词，既是生态文明建设的方向，也有对美好生活向往的含义。在生活中发现美，在生活美学中嗅到不一样的商机，实现物质和精神的双重发展，对于时下的城市发展和新农村建设或许具有一定的启发意义。

（注：以上摘自福建日报，记者林娟）

7.4.3 退休养老，回乡留城两相宜

退休了，留城还是回乡？记者深入晋江城乡调查了多位做出不同选择的退休老人，了解他们各自不同的晚年生活。

（1）回乡养老的别样生活

19 时 30 分，晋江磁灶镇官田村菜市场广场跳舞准时开始，年已八旬的许淑华带领老年姐妹们翩翩起舞。

许淑华一个人独居在市场旁边一幢三层的楼房里，儿孙们都在外地，偶尔村里老年姐妹会陪她同住。

她是晋江安海镇人，后来嫁到官田村，1981 年调到省电子工业学校，1989 年退休。退休头 12 年，许淑华一直在福州。2001 年，许淑华回官田过年。"在县域经济这么发达的晋江，官田村一直是磁灶镇最穷的一个村。"许淑华说，"村里连一个老年活动中心都没有。"

于是，许淑华找到华侨和企业家好友，筹集了 20 多万元，花了半年时间，拆掉村里老旧的碾米厂，盖起了一栋三层楼高的老年活动中心。从此，许淑华留了下来，过上了边养老边建设家乡养老事业的生活。

老年活动中心虽不大，但配有乒乓球室、棋牌室。

村里的菜市场紧挨着老年活动中心，白天卖菜，晚上就变成跳广场舞的舞台。

在许淑华的带领下，官田村相继组建了军鼓队、腰鼓队、广场舞队，还办起了老年大学。

如今，许淑华除了每年回福州体检时在省城的家里住上 10 天半个月之外，其余时间都在官田。

"跟村里的老年朋友们在一起，每天有说有笑，生活过得很充实。我很习惯也很享受这样的乡村养老生活。"许淑华说，"我的 6 个孩子常常会打电话来问候，每个月都有人回来看望。自己穿的衣服都是 3 个女儿买的。"

官田村现有村民 3200 多人，其中 60 岁以上的老人有 285 人。眼下，许淑华正在积极组建居家养老服务站。"村里的卫生环境和医疗条件比较差，这是亟待改善的两点。"许淑华略微感叹道。

（2）农村养老院里笑声多

晋江磁灶镇大埔村有一个占地 20 多亩的大埔敬老院，去年秋季建成，共投资 1000 多万元，建筑面积 7000 多 m^2，设有戏台、"乡村颐乐"公园、门球场、农家书屋、食堂等。"建设资金来自村集体土地的补偿金、村里企业家乡贤和华侨的捐款。村里成立了敬老基金，每个月有 10 多万元的利息收入，正好可以维持敬老院的基本运营。"村委会委员兼敬老院常务副院长吴建平说。

大埔村现有村民 4800 多人，60 岁以上老人 500 多个，其中 70 岁以上的老人有 209 个。"敬老院有 220 个床位，共有房间 101 个，其中夫妻双人房 54 间、三人房 47 间。"吴建平说，"只要年满 70 周岁且身体状况允许的本村老人，都可以无条件完全免费入住敬老院。"

今年 85 岁的吴声深是大埔村人，1983 年从晋江内坑镇副书记任上退休后，一直在磁灶镇的家里养老。吴声深虽已是四世同堂，可儿孙都在外地工作。"家里只有我们老两口，有时不免觉得孤独。"吴声

深说。

去年重阳节，吴声深和老伴搬进了大埔敬老院，住进了夫妻双人房。房间里日常生活设施配套齐全。每间房门的左上方还有一个红色警报器。"这是紧急警报器，房间里设有两个按钮，有什么紧急情况，按动开关，管理人员会马上赶过来处理。"

大埔敬老院食堂的菜谱中，早晚两餐是稀饭，中午是米饭。早晚饭有面线糊、馒头、面条、炒米粉、油条等，午饭有鱼、肉、青菜，三菜一汤，荤素搭配。

"在这很好，远离镇区安静，绿化也好，空气很清新。我们每天看书、上网、打牌、聊天、看戏。"吴声深说，"卫生有专门的保洁员负责，吃饭在食堂就餐，每周做2次常规检查，一季度做一次心电图、血糖和血脂检查。自己有点高血压，村里联系镇中心卫生院定期来体检，可以用自己的医保卡去外面药店买药，敬老院里也有免费的配药，很方便。"

（3）城里养老亦乐在其中

"我84岁，退休25年。"在晋江市老年大学，陈伏希谈起了他的退休生活。

陈伏希出生于晋江陈埭镇涵口村，1989年从晋江县政协副主席位置上退休，却没有停下"工作"。

涵口村原本是一个建制村，后来分为涵口和大乡2个建制村，由于历史上种种原因，一直宿怨很深。1988年，在陈伏希的协调下，两个村合办了一个老人协会。"通过这个协会，给两个村搭起一个对话的平台，矛盾也逐渐得到消解。"

1998年，陈伏希开始担任晋江老年大学校长，到今年8月卸任。在他的努力下，晋江市老年大学校舍已发展到建筑面积1300多 m²、7个基金会、7部办公校车和3200多名学员。

"现在我才是真正退休，每天早上4点30分准时起床，洗漱完之后，5点30分去公园锻炼一下，回到家，做30分钟的自创保健操。早饭前跟老年大学的朋友们看电视、聊天、交流信息。晚上看一会儿电视新闻报道，9点之前准时休息。"陈伏希很满足地告诉记者说，"孩子们工作离得近，经常会过来看我和老伴。晚年生活无忧无虑，身体无病，还能发挥一点余热，真是比神仙还快乐呵！"

（4）记者手记：补齐短板好养老

晋江大埔村85岁的吴声深和妻子，从家里搬到村办的敬老院，让老两口体会到与在家时不一样的快乐。

大埔敬老院，能让老人们喜欢，是因为环境好、服务好、配套完善。创办和管理该院的村两委，不仅考虑到老人的物质、精神生活，还提供了医疗保障，甚至充分想到老人的安全，每个房间都配备红色警报器，老人突感不适或遇到需要帮助的事，轻轻一按开关，管护人员就会上门察看照顾。如此细致入微，普通家庭都难于做到。

但并非所有的村庄，都能像大埔一样，有能力投资上千万元建起一流的敬老院，还能确保其正常运转。

晋江磁灶镇官田村，虽然有从省城回乡的许淑华与热心老人同心协力建起老人活动中心，但因为位置偏僻，就医不便，许淑华每年只能回福州参加体检，来回颇为不便，农村公共卫生不尽如人意，也是许淑华等老人们的"心病"，他们热切希望这些方面获得改善。

居住城市养老，就医购物方便，文娱活动多，但交通拥挤，空气不如乡村，噪音扰人。农村绿水青山，空气清新，瓜果新鲜，但卫生、医疗、文化设施等方面，显然是短板。希望养老的短板，能得到政府和社会各界更多关注，多出关心老人之策，多做关爱老人之举。让老人们不管在城市，还是在乡村养老，都幸福！

（注：以上摘自福建日报，记者刘益清、林剑波，2013年10月21发表）

7.4.4 可复制的企业模式研究

本文借由研究台湾南投市桃米村，由一个于 1999 年为 921 特大地震几乎摧毁的破败社区，至 2007 年转变为一个生态观光社区的社会企业的成功经验，探讨其成功模式。结论认为这种藉由第三方专业非营利组织的辅导经过赋权的过程，引领目标社区自行向社会企业发展的方式，是社会企业复制的可行模式。

（1）前言

921 大地震是一次大灾难，它重创了 1999 年的台湾中部地区与社会，但在大破坏之后也带来了大建设。这个大建设指的不单是如学校、公路等硬件，还建构了台湾省的非营利组织同政府间的伙伴关系。事实上，灾区学校的重建工作，不管是由政府主办的 185 所，还是由非营利组织主办之 108 所（换言之，政府主导与民间主导重建的学校数量大约是六四比），多多少少都是经由政府与公益组织的协力、合作才能圆满达成。当然，这充分显示非营利组织并非能完全独力完成工作，其实，台湾省先后投入超过新台币 2100 亿元的预算进行灾区的重建。我们了解到：政府在重建工作中仍然扮演最主导的角色。

1984 年的 Bromley-by-bow 社区（3B 社区），在全英国贫穷行政区排行榜高居第二，但是，由于英国政府没有足够的开发资金注入，私人企业对这个地区的发展，更是兴趣缺乏，可以说这是个被遗忘的社区。然而，在 Andrew Mawson 进入之后，情况大幅度的改变了。到 1994 年时，该社区已拥有投资金额达 140 万英镑的最高规格社区医疗中心，而且，也是由当地居民、当地议员，以及其他利益相关团体共组的执行委员会来共同管理。同时，皇家太阳联合保险公司，也资助 3B 社区为期三年、总额约 30 万英镑的项目，以寻求减少这一地区青少年犯罪的

方法。另外，国家西敏寺银行也提供 22 万英镑的基金，支持当地的青年创业家。在经过十年的耕耘之后，Mawson 和他的团队，虽然没有能完全使 3B 社区脱离高失业率和不景气现状，但是他们成功建立能应对艰难环境的社区中心，并成为了社会企业的典范（Leadbeater，Charles，2006）。

桃米里在 1999 年 9 月 21 日之前，正如同 3B 社区一样，是一个农业劳动力日益老化、人口外流严重、产值持续萎缩的农业社区。财团法人新故乡文教基金会（简称新故乡）会同桃米里当地的居民，如同 Mawson 与 3B 社区一样，携手将一个震前发展相对落后的社区，重建成为与自然保持和谐、自给自足，且能永续发展的社会企业。

（2）台湾 921 特大震灾与桃米里概况

1）台湾 921 特大震灾

921 特大地震是于 1999 年 9 月 21 日凌晨 1 点 47 分 15.9 秒，发生在台湾的一次主震规模达里氏规模 27.3 级的大地震，其后不到 1 小时的凌晨 2 时 16 分，又发生了里氏规模达 6.8 的余震，总计此次地震所造成超过里氏规模 6 级以上的余震达 6 次之多。正是这些威力强大且频繁的主震加余震，造成台湾 20 世纪末最严重的天然灾害。该地震共造成 2434 人死亡、54 人失踪、11306 人受伤、近 11 万户房屋全倒或半倒。此次地震摇晃全岛，在各地均造成大小不一的灾情，其中尤以地处震中的南投县最为严重。921 大地震的震央所在的南投县，据统计房屋全倒 28118 户、半倒 28960 户，死亡及失踪合计 933 人，重伤 268 人（曾国源：60）。南投县境内房屋受损最严重的前三名依次为埔里镇、南投市以及草屯镇。本文所研究的桃米里正是位于受创最严重的埔里镇上。1999 年时埔里镇下辖 33 个里，桃米里在 921 地震中房屋全倒 168 户、半倒 60 户，占原有 369 户人家的 62%（曾国源，2005）。

2）桃米里震灾前后

如前所述，桃米里是南投县埔里镇内的一个里。

表7-1 埔里镇户口人口统计表

村別	戶數	人口數	村別	戶數	人口數
一新里	240	1,443	枇杷里	2,285	7,998
大城里	2,200	7,951	南村里	471	1,897
大湳里	459	1,621	南門里	383	1,352
水頭里	1,080	3,981	桃米里	368	1,284
牛眠里	860	3,278	泰安里	827	3,145
北安里	1,287	4,790	珠格里	352	1,338
北門里	1,038	3,615	清新里	1,377	5,098
北梅里	1,020	3,578	愛蘭里	540	1,917
史港里	230	805	溪南里	280	976
同聲里	855	2,995	蜈蚣里	1,041	3,470
向善里	243	865	福興里	367	1,293
合成里	530	2,077	廣成里	400	1,416
成功里	146	438	薰化里	537	1,805
西門里	1,258	4,600	麒麟里	381	1,269
房里里	423	1,680	籃城里	287	1,129
東門里	1,218	3,951	鐵山里	636	2,278
杷城里	942	3,308	總計	24,561	88,641

(来源：南投县埔里镇户政事务所网站 http://village.nantou.gov.tw/plcg/population.asp)

南投县是台湾唯一的内陆县，位于台湾的中部，埔里镇则是南投县经济发展比较好的一个地方，地处南投县近中心部位，位于埔里镇的西南角。桃米里总面积约18km²，海拔高度介于420m到800m之间，居民主要生活在桃米山和珠仔山中间的平缓谷地中。谷内主要溪流为桃米溪。桃米里最初叫做（挑米坑仔），这是因为在清朝时期邻近地区的鱼池五城一带缺乏米粮，当地的居民需翻山越岭到此购买，由于交通不便，所有运输需靠人工挑运，故以此为名。到了日本占据时代则改称挑米坑庄，台湾光复以后再改称桃米里。

从表7-1埔里镇户口人口统计表中，我们可知1999年921地震前桃米里在全部33个里中户数排名第25，人口则排名第28。桃米里相对于整个埔里镇而言，是一个人口较少的地区。事实上桃米里在震灾前不仅是人口少，它还面临了台湾农村普遍的问题，即在年轻人口外流严重，老年人口劳动力衰退的情况下，原有农业产值愈趋低落，不知社区该何去何从的窘境。尤有甚者，随着产业的退化，桃米里最终居然成为了埔里镇的废土场及垃圾掩埋场的所在地。

921地震后桃米里发生了重大的变化，危机带来了转机，目前已建立起全台闻名的"桃米生态村"，发展出了结合教育性游乐设施、有机餐饮、民宿的生态旅游等产业。除此之外，还善用本身原有的竹木资源，发展文化创意产业，提升了原产品的附加价值。经过几年的发展，桃米里已经是一个能永续发展的社会企业，也成为921灾后社区重建的典范。今天的桃米里拥有震灾纪念馆、茅埔坑湿地公园、桃源小学、摇摇桥步道、福同宫、戏水公园、生态苗圃、生态池、水上瀑布等著名的观光景点，以及各有特色的民宿。游客居住在这些民宿之中，不仅可以感受到这些特色建筑的风情，也能享受夜游桃米溪谷的乐趣，以及同青蛙及蜻蜓直接接触的新鲜体验，和畅听当在地农民培育成的生态导览员的深度解说。相较于一般走马看花式的观光行程，这些参加生态导览的游客们，对这样趣味性的生态之旅都高度肯定，并多次重游此地。

（3）桃米里的蜕变

那么桃米里是怎么开始转变的？又如何开展转型工程的呢？一般而言，桃米里从1999年震灾开始到其成功转型成为生态村的2004年，有四个阶段：试探期、依赖期、半自营期和自营期。

1）试探期

如前所述，桃米里在921震灾前是一个人口外移、劳动力老化的社区。事实上，一开始桃米提出的重建规划的方向，只是很模糊的"适居、美丽、生态的新农村规划"。因此最初桃米重建时经历了一段试探期。试探期进行的工作为：重建人际关系、调查社区资源，与重新认识社区。

这一时期桃米人重新认识了桃米社区，更进一步了解桃米的自然和人文风貌。特别是邀请了行政院农业委员会特有生物研究保育中心（特生中心），针对桃米进行生态资源的调查。经过调查发现：桃米动植物资源深具特色，如全台湾29种青蛙中的21种，可以在桃米找到。蜻蜓、鸟类则是另两项丰富的资源。全台蜻蜓有143种，在桃米可以发现45种；全台鸟类约有450种，桃米可以看到其中的72种。如果以比例来看，桃米里面积占台湾的0.05%，却拥有台湾青蛙种类的72%、蜻蜓种类的31%；鸟类种类的16%，其生态资源之丰富，可见一斑。

在自然景观的调查中，发现桃米里坐拥桃米坑山、白鹤山两山，中有桃米坑溪、中路坑溪、纸寮坑溪、茅埔坑溪、种瓜坑溪、林头坑溪6条小溪流经，溪水全年清澈。另外还拥有4个较大的天然湿地：草湿地、诗凉湿地、碧云湿地及山中兰园湿地，拥有丰盛、

表7-2 桃米里动植物资源表

蛙类	盘古蟾蜍、黑眶蟾蜍、日本树蛙、褐树蛙、面天树蛙、艾氏树蛙、白颌树蛙、莫氏树蛙、黑蒙西氏小雨蛙、小雨蛙、腹斑蛙、贡德氏赤蛙、古氏赤蛙、泽蛙、拉都希氏赤蛙、金线蛙、虎皮蛙、梭德氏赤蛙、斯文豪氏赤蛙、中国树蟾、长脚赤蛙等21种。
蜻蜓	粗钩春蜓、杜松蜻蜓、猩红蜻蜓、紫红蜻蜓、霜白蜻蜓、善变蜻蜓、焰红蜻蜓…等45种。
鸟类	牛背鹭、小白鹭、夜鹭、黑冠麻鹭、小弯嘴画眉、大卷尾、小卷尾、红嘴黑鹎、白环鹦嘴鹎、白腹秧鸡、红冠水鸡、五巴鸟…等72种。
植物	桃实百日青、莲华池柃木、吕氏菝葜、南投菝葜、圆叶节节菜、八字蓼、细叶雀翘、石菖蒲、黄花水龙、紫芋、台湾萍蓬草、水芹菜、白花紫苏草、野姜花、青萍、紫萍、水萍、满江红、海金京、凤尾蕨、过沟菜蕨、密毛小毛蕨、台湾金狗毛蕨…等。

[来源：新故乡（18）]

多元的动植物资源。桃米多样的青蛙、、鸟类资源，同其湿地有密切的关联。因为湿地地形是世界上生物最多样、生产力最大的生态体系之一，具有生态、环境、经济、教育、观光及科学研究等方面的功能与价值。经调查桃米的生态资源如表7-2。经过生态调查之后，桃米人了解到自己的社区拥有的丰富自然景观及动植物资源，特别是原来不被重视的青蛙和，转而成为桃米人的优势，更成为了桃米社区发展生态休闲及生态教育产业的基础。

除了自然资源的调查之外，这一时期另一项重要的工作就是重建人际关系。如前所述，桃米社区是一个有着较长发展历史的社区，同时也是一个人口外流严重的社区。这样的社区内原来的人际关系网络千丝万缕、互相牵连，在社区发展并不好的情况下，社区居民长期积累不少对彼此的不友善关系。921地震虽然让人们体验到生命的可贵，进而促使人们珍视彼此的缘分。但要如何将曾经疏远，甚至敌视的关系重新联系，是一项重大的人性考验工程。桃米的重建的特色是：社区重建是从人际关系的重建着手。

最具指标性的人际关系重建工程是"护溪工程"。

"护溪工程"指的是保护桃米社区内的溪流不受污染，这项工作依赖的不单纯是生态工程技术，更多的是必须依赖社区居民的环保自觉与生态保护行动。许多的溪流整治工作，初期在生态工程的进行期间都能有效完成，但不用多久时间就又回归原状，追根究底是因为沿岸居民对溪流的利用、保护行为较缺乏环境意识。缘此，桃米的护溪行动乃从推动桃米居民保护家园的意识开始着手。通过持续的倡导、会议交流，最后护溪终于成为桃米人的共识。在共识建立的过程中，常常发生意见的不一致或甚至对立，这些不一致和对立，不一定是针对护溪这个主题，常常杂有社区居民间过去的不愉快经验。经过一段时间的争论，在公众面前的彼此沟通，最后不仅护溪成为共识，在个过程中也消融了许多居民间的长期矛盾，达成了人间关系重建的重要目标，进以提升了社会资本。

2）依赖期

依赖期指的是桃米社区依赖非营利组织，将原有的社区发展协会扩编，并且对社区的居民进行动员和能力培训。

前文提及，桃米社区的重建是由护溪运动开始的。经由前期的社区资源调查，除了重新发现了社区的资源之外，也挖掘出了社区的种种问题。社区的问题最终还是必须由社区自行处理。在此期间，桃米社区在新故乡文教基金会（以下简称新故乡）的辅导下，扩张了原有的社区发展协会的编制，引进社区中热心的年轻人，也增加了社区居民参与公共事务的机会。

社区有了共识，也有了能推动社区事务的组织之后，接下来就是要提升社区的能力。经由引进外部的师资，举办社区能力培训课程，并透过观摩活动和实地操作，培育更多社区精英进入社区组织，扩大参与面，带动社区成长的活力。也是经由这样由社区外的非营利组织引领的培训和引导，渐渐地勾勒出桃米社区未来应该朝向生产、生态、生活、生命四生并重的生态村去发展。

3）半自营期

经过依赖期的许多培训和实作课程之后，社区居民不但在观念上升，相关的知识和能力也同时提高。居民对自身居住的社区也有了更深厚的感情，愿意为家乡付出。也是在此时期，非营利组织开始辅导社区自主经营生态旅游。包括游程设计、解说员排班、民宿安排等。让从未参与实际经营的居民，逐建拥有经营理念。前此培训的社区发展协会干部、当地居民，在经过许多的训练课程之后，也渐渐能自行操作。在完成了一件件的活动之后，桃米社区慢慢可以不依赖辅导的新故乡文教基金会。

4）自营期

新故乡除了经营生态旅游经营管理的能力之外，另外还有一项能力是争取外部资源的能力。这项能力事实上也是新故乡协助桃米发展生态旅游一个很重要的能力。因此除了培训生态旅游经营管理能力，建构桃米社区发展协会争取外部资源的能力，对桃米社区来说也是很重要的。当然，一个成功的社会企业最重要的便是其永续经营的可能性。在这一方面，桃米社区达成一项共识：因生态旅游所获得的每一笔收入，拨百分之十成为公积金，作为社区公共事务运作及社区照顾的经费来源。由于桃米社区掌握了生态旅游的经营管理能力，以及争取政府补助的能力，更有回馈机制能让社区永续发展。经过了数年的发展之后，桃米终于成功拥有自主经营生态旅游村的能力。

（4）桃米生态村发展分析

社会企业所指涉的概念范围广泛，既可能是效法企业化的效率管理的非营利组织，也可能是介入非营利领域的营利企业，还可能是几个非营利组织投资为了社会公益目的创设的营利性公司，所以在界定何者是社会企业而何者不是的争议，在学界的讨论持续进行。美国学界对社会企业的讨论集中在社会企业家精神（Social Entrepreneurship），这或许和其重要研究中心是设在管理学院之中有关，例如1993年设立的哈佛商学院社会企业发展中心(Harvard Business School :The Initiative on Social Enterprise）和1997年设立的斯坦福大学商学院（Graduate Stanford of Business）企业研中心社会企业研究小组。在社会企业定义的讨论上以 Dees，J. Gregory（1999）所提出的"社会企业光谱"概念影响较大。

Dees 以主要利害关系人为经，营利性为纬，尝试定位出社会企业、非营利组织和营利企业的相对位置，如表 7-3 社会企业光谱。Dees 的社会企业光谱告诉我们社会企业是一个复杂的集合体，因为社会企业和传统的慈善组织不一样。传统的慈善组织其动机是纯粹的善意，其目标明确的为创造社会价标，其受益者无需支付任何费用。而纯商业的企业则以创造企业最大的利润为动机，以创造最大的经济价值为目标，其受益者依市场行情支付费用。社会企业位于社会企业光谱的中间栏，其动机是混合慈善和商业的，具有社会及经济两种目标，其受益人需支付一定的费用来获得服务、其资本可能是来自捐献或是以较市场行情低的成本取得，其劳力需支付低于市场行情，介于志愿者和全职工作者的工资，其供应商愿意以一定的折扣提供，或是以现金、非现金的方式提供货品或是服务。在光谱的两端是传统的慈善机构和私营企业，光谱中间的任何一点，都是社会企业的可能形式。

如此介定社会企业的范围能够很好地包括几乎全部形态的社会企业，从目的性来看，社会企业可以说是私人企业向着光谱左端纯慈善方向的移动，或者反过来说，社会企业可以说是纯慈善机构向着光谱右端纯商业方向的移动。不过 Dees 的社会企业光谱在实务应用上有其困难，特别是在个别的案例上的应用，仍需要更好地界定以便进行更细致的研究。例如关于受益人付费的这一项，许多社会企业的受益人不是合适的支付者，在某些情况下甚至谁是目标受益人都不清楚，例如在拯救鲸鱼使之不至灭绝的计划中，谁是目标受益人呢？鲸鱼？公众？或是后代子孙？在另一些情况下，目标受益人无力支付任何费用，假使像乐施会（Oxfam）这种为贫困、混乱的社区服务的机构只依靠向社区居民收费作为收入来源的话，它们恐怕只能到让相当富裕的社区去拯救贫穷了。

表 7-3　社会企业光谱

纯慈善的 ← → 纯商业的

		诉诸善意 使命驱使 社会价值	混合动机 使命及市场导向 社会及经济价值	诉诸自利 市场导向 经济价值
动机 方法 目标				
主要利害关系人	受益人	免费	补助金 或 介於免费和全价间的费用	支付市场行情的费用
	资本	捐献和补助	低於市场行情的资本 或 混合捐献及市场行情的资本	市场行情的资本
	劳力	志愿工作者	低於市场的工资 或 介於志愿者及全薪职工	市场行情的报酬
	供应商	非现金捐献	特定的折扣 或 非现金与现金的混合捐献	市场行情的价格

（来源：Dees, 1997：147；参考江明修, 2004：21 及 Dees, 2004：134-135。）

在欧洲，Social Enterprise London 也如同 Dees 使用连续光谱的概念，从所有权结构、收入来源、社会目的、发展焦点和市场焦点更详细地描述社会企业的各种形态。自所有权结构来看，社会企业并不完全属于出资人，而是多元化的结构，可能是如合作社形态的为所有社员共有，也可能是投资人委托专业机构托管以进行社会公益事业；从收入来源看，社会企业主要依赖贩卖所得而非完全依赖补助和捐助；从社会目的来看，社会企业因所有权在社会，因此有别于那些具有社会责任的私人企业；从发展焦点来看，社会企业主要是吸纳那些为社会正常劳动市场所排除的人们，而和追求企业发展的营利企业有所区别；从市场焦点来看，社会企业所关注的大多是地方性的市场。如图 7-1 社会企业形态的 5 个连续光谱所示。总结来说社会企业乃是介于公私部门间的组织，主要形态为利用交易活动以达成目标及财政自主的非营利组织，社会企业除了采用私营企业的企业技巧外，还具有非营利组织强烈的社会使命特质。

从 Dees 的社会企业光谱到 SEL 的社会企业形态的 5 个连续光谱我们可以了解到虽然并不一致，但学者普遍同意那些经由从事任何赚取收得的事业或采取营收略，以便获得经费所得来支持其公益慈善的宗旨的非营利组织，即可称之为社会企业。

基于社会目的，社会企业指的是私人企业的非营利化；基于经济目的，社会企业指的是非营利组织的商业化。为了更明确定义社会企业，欧盟国家从社会和经济两个面向分别制定社会企业认定指标，如表 7-4。本文亦采取此看法及认定架构进行分析。

桃米社区的发展契机是 921 大地震后，新故乡进驻桃米里辅导当地社区居民重建受损的家园。在新故乡和特生中心联手对桃米社区的自然资源进行调查之后发现，原来桃米拥有全台湾稀有的丰富生态资源：湿地、青蛙和蜻蜓。经过新故乡有技巧、有组织的主导，桃米社区经过试探期、依赖期、半自营期，如今桃米社区拥有一个由桃米人自主经营的生态旅游产业。接下来我们尝试依表 7-4 中欧盟社会企业认定指标的指标来对桃米社区进行社会企业特质的检定。

1) 社会面

a. 具有利于社区的明确目标：桃米社区的生态旅游发展，其目标从一开始即确定是要重建有利于桃米

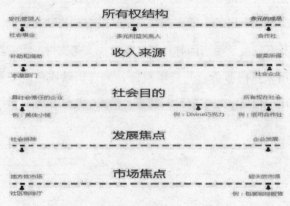

图 7-1 社会企业型态的 5 个连续光谱
(来源：SEL，2001，转引自萧盈洁，2001)

表 7-4 欧盟社会企业认定指标

社会面	经济面
1. 具有有利於社区的明确目标	1. 持续生产货品和(或)销售服务
2. 由一群公民开始启动	2. 高程度的自主性
3. 决策权非基於资金拥有者	3. 经济危机的重要层级
4. 包含受到活动影响民众的参与本质	4. 付薪工作的极少化
5. 利益分配限制	

(来源：陈金贵，2002，转引自叶玲玲，2005)

永续发展的目标，非常明确。

b. 由一群公民开始启动：桃米社区的发展，其启动是由新故乡和桃米社区内的一群公民联合启动。

c. 决策权非基于资金拥有者：桃米社区发展协会的决策者是由里民所共同推选，其组织是"人的组合"，而非"资金的组合"，其资金是由政府及企业所提供。

d. 包含受到活动影响民众的参与本质：桃米的发展从最初新故乡主导到后来由居民自行主导，其过程皆基于居民的同意后为之。

e. 利益分配限制：桃米的情况是建立公积金制度，即所有经由生态旅游项目的营收，均缴交一定比例给桃米社区发展协会。

2）经济面

a. 持续生产货品和（或）销售服务：桃米所提供的产品和服务是永续的大自然生态及详细解说，另外也提供付费民宿和相关文化创意产品的贩售。

b. 高程度的自主性：桃米的发展虽然受政府和企业的资助，但其运作及发展的目标是操控在桃米人自己组织的桃米社区发展协会，拥有高度的自主性。

c. 经济危机的重要层级：桃米社区在重建之前是一发展相对落后的社区，面临着劳力老化、短缺的情况，和产值低落无法为继的经济危机。

d. 付薪工作的极少化：桃米社区的发展是由新故乡以及社区发展协会一同工作组织当地居民进行的。

比对指标我们发现桃米社区完全符合欧盟的社会企业各项指标。丘昌泰将台湾的社会企业分为五个类型：①积极性就业促进型社会企业——是指藉由提供工作机会给被社会排除的弱势群体（特别是身心障碍者），使他们整合进入正常劳动市场的企业。②地方社区发展型的社会企业——指的是一些非营利组织致力于改善地方经济情势，有些自行设立社会企业，有些则协助当地居民发展地方产业、产品和服务。③服务提供与产品销售型社会企业——它还可分成两类：非营利组织提供付费的服务和贩卖非营利组织所生产或代售的产品，但不论是提供的服务或是产品，均同非营利组织本身的宗旨使命有密切的关联性。④公益创投的独立企业型社会企业——其实是一个营利公司，但其创设的目的是为了使某一家或数家非营利组织有利可图，其营运目标就是要产生利润，使之能重新分配给一家或数家非营利组织。⑤社会合作社型社会企业——此型社会企业鼓励内部的利益关系人积极参与组织事务，透过组织共同追求集体利益。由前面的分析我们了解，桃米里社区是地方社区发展型社会企业。

（5）桃米里地区的社会企业化模式

桃米社区成功社会企业化的过程应该同新故乡关联在一起才能看出完整的面貌。以下从桃米社区同新故乡关系的变化做出阶段分期。

1）整合、协助

921 地震初期，桃米人的重建工作是各自为政。桃米里是新故乡认养的众多社区中的一个。在新故乡的协助下，社区重建委员会在 2001 年 1 月成立，此时新故乡扮演的是协助整合的角色。

事实上此时大部分的居民对将桃米重建成为生态村抱持质疑观望的态度，他们的质疑是"怎么会有人来听青蛙解说？""好好的田不种，做什么湿地？"此时期新故乡除了持续的倡导之外，也以生态村的概念争取到政府的补助经费进行重建。两年多的时间内在桃米里内创造了超过 1200 万的经济效益，而且是以当地的人力、资源为主体。既串联了社区资源也突显在本地特色的文化脉络。

2）引领、主导

由于桃米里向来是个以农业为主的社区，农业是第一级产业，突然要求他们跳入第三级产业的生态旅游，其内部人力资源的不足和对产业认识的不足是能够想象的。例如要办社区居民的培训，缺经费、缺老师……是自然的,即便是上课的学员都必须想办法动员参加。在此情况下,新故乡自外部争取经费、聘请专业师资,仅要求参加培训的居民需配合上课、搭配进行活动。自 2001 年至 2004 年,新故乡为桃米争取到的外界补助超过 4 亿元。在适当的以政府和民间的资源结合展现了生态村概念确实能为桃米带来新契机之后,新故乡开始召开大小型会议,办理社区资源调查、争取各项政府建设经费,主导企划各项专案和活动,这一连串的实际行动,获得社区的尊重和信赖。

3) 协调、操作

新故乡对桃米社区的辅导主要希望达到三个目标:

a. 协助桃米社区看到自己具备的能力及发展的瓶颈和机会。

b. 协助桃米社区吸收生态旅游有关知识、操作技巧和解决问题的能力。

c. 协助桃米社区和辅导团队建立良好伙伴关系。

这个阶段新故乡和行政院农业委员会特有生物研究保育中心合作办理了许多课程,包括解说员培训及认证、生态伦理的引入、生态知识的建立、生态方法的推广、河川及湿地保护、生态旅游的辅导培训等。另外也与世新大学陈墀吉教授合作,辅导民宿业者经营,建立识别系统,成立游客营运中心。在此一时期,新故乡仍然担负了大多数的工作,善用政府资源特别初期善用劳委会以工代赈的每月 15000 元补助,吸引居民愿意参加培训课程之后成为解说员领取薪资。随着居民的自主力量提升,新故乡也能慢慢后退,鼓励社区自主发展。

4) 互动、学习

如前所述,新故乡操作生态旅游或其他活动时,并非是从头到尾由基金会内部人员完成,由于新故乡是希望协助桃米区民能具备自主经营管理、问题解决的能力,所以新故乡只负责必要的部分,其他的

则指导当地居民完成。这样一种带着居民从实践中学习的方式,也让桃米居民逐渐能够掌握实践的精髓,自行完成活动项目。

由于社区发展协会的干部成员日益充实,加入了许多新血替换了原来的干部,慢慢地社区发展协会和新故乡在某些社区发展的问题自然地产生不一样的看法。此时,新故乡同新的社区发展协会成员也开始互相学习如何更好地处理彼此的不同意见。同时双方也开始会竞争补助资源,但这种竞争因为新故乡长期投入桃米社区的发展,获得桃米社区的信赖,因此并未演化成双方的冲突,反而促成了桃米居民经过民主方式协调的习惯。当然,这个习惯也是桃米社区居民在和新故乡在不间断地互动中养成的。

5) 互利、共生

当桃米社区展协会能够自主经营生态旅游时,新故乡也乐于退居顾问的角色,转向解决桃米的其他问题。也因为新故乡不与民争利,加上长期以来为桃米的奉献付出得到居民的肯定,因此桃米社区发展协会同新故乡在此时成为了伙伴关系。桃米社区发展协会自主推动的项目,乐于向新故乡咨询;新故乡申请的项目,桃米社区发展协会也乐于成为执行伙伴。新故乡作为一个更全面性的非营利组织,关心的议题和能够动用解决问题的资源自然也和当地的桃米社区发展基金会有所差异,形成了自然分工。例如桃米的强项是在生态解说,而新故乡目前则更关心环境保护议题,因此在争取补助资源时,双方形成了一个互利、共生的关系,而不是敌对的竞争对手关系。

从上述的分析,我们可以析出几个重要的角色:第三方非营利组织、本地非营利组织、政府及企业。依据四方互动的不同,我们整理归纳出可复宽的社会企业发展模式如图 7-2 社会企业可复制模式图。这个模式的分期名称是从担任辅导方的第三方非营利组织的角度出发来命名的。

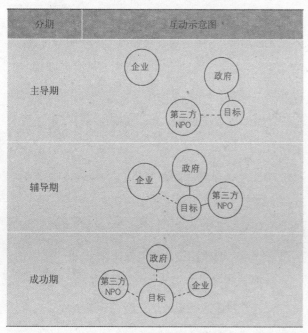

分期	互动示意图
主导期	
辅导期	
成功期	

图 7-2 社会企业可复制模式图

图 7-2 中第三方 NPO 指的是第三方非营利组织，目标是指欲变身社会企业的客体，可能是社区也可能是一个现存的组织。图圈的大小表示重要性的大小，愈大的圆圈表示扮演愈重要的角色。实线是指直接的影响或指挥，虚线是指间接的影响。主导期是由第三方非营利组织展示替代目标进行社会企业的先期工作，辅导期则是目标认同并开始接受第三方非营利组织的指导进行社会企业化工作；成功期则是最后的完成阶段。

（6）结论

1999 年的台湾 921 大地震造成这个位于台湾唯一不临海的南投县埔里镇的小社区——桃米里房屋全倒、半倒 62%，可以说是半毁状态。经过新故乡和桃米人自身的努力，最后终于将这个震灾前并不发达的农业社区，摇身成为生态旅游区，能永续发展的社会企业。

桃米从各界收到的补助经费总额为 46734095 新台币，除以桃米里 1999 年 88641 的总人口数（表 7-1），2001～2004 的 4 年间桃米里每人共获得 527.23 元（约合当时人民币 131.80 元），平均每人每年获得

131.80 元（约合当时人民币 32.95）。换句话说，新故乡带领桃米人以每人每年不到 132 元的经费，以 4 年的时间成功重建桃米社区。

（注：以上摘自徐启智摘要）

7.4.5 经营有道的台湾特色民宿

台湾民宿的故事，就像一千个读者的心中有一千个哈姆雷特一样，很难用类似于传统宾馆酒店的评价词汇来描述。作为台湾最美人文风景之一的民宿，有时候可以边品味老板娘亲手制作的蚵仔煎，边听她聊起琐碎的家长里短；或是借他们家一辆自行车，按图索骥去店主推荐游人较少、风景绝佳的私房景点；甚至是跟主人家的猫一起在午后阳光的阴影中相顾无语，一同发呆，真的不失为旅行的另一种意义。民宿相较于宾馆酒店，就是如此拥有着太多制式化之外的随意与温情。因此，民宿越来越成为游客了解原汁原味宝岛风情的最爱住宿方式。如今，台湾各地涌现出大量民宿，其风格各异，装饰别致，或主打田园风情，或体现家居温暖，吸引着各地游客纷纷落脚体验。

目前宜兰县仅登记在册的民宿达 800 多家。早上先去泡个冷泉，中午到小店品尝苏澳港海鲜，晚上再搭台铁到宜兰冬山，租一辆脚踏车骑行到罗东夜市边逛街边品小吃。这些基本上是台北人周末到宜兰来的通常安排。

正值暑假，来宜兰度假的游客络绎不绝，许多当地民宿常常需要提前预订。特别是那些个性和特色十足、温情与淳朴兼具的店家，许多都达到了一床难求的境况。

宜兰民宿"水岸森林"屋如其名。绿油油的稻田蛙声不断，清澈的人工湖里，两只黑天鹅悠游自在地觅食，欧式风格的建筑点缀于其间，再加上门厅中的鹦鹉和宅子里一闪而过的狗，一下子就让人模糊了童话与现实之间的距离。"我们喜欢带孩子来这儿

休假，与小动物们一起玩乐，到田间呼吸新鲜空气，感受乡村的味道，还有民宿主人的热情和风趣，非常闲适自在。"游客陈先生道出其钟情这家民宿的缘由，不用亲身体验，只是听他讲来，就足够让人艳羡了。

林佳民经营一家名为"恋恋小栈"的民宿。一进院子就能看到林佳民太太亲手创作的油画，墙壁上贴着"猫出没，请注意"的搞笑字样。一边欣赏四处摆放着关于猫的各类工艺品，一边懒懒地蜷缩在大厅沙发上，和老板娘一起边喝茶边聊聊艺术或是别的话题，闲适的味道就那么轻易地从杯中散发开来。

"民宿也是我们自己生活的地方，每家民宿都有每家的特色，可以让游客感受到这个民宿主人真实平淡的生活。"林佳民说，目前在岛内许多主打休闲体验的民宿业者，除了在环境上进行创意设计之外，大多数都非常重视人情味和讲述当地人文历史。

宜兰县乡村民宿发展协会理事长林渭川认为，发展民宿不仅仅是把自家房子打扫干净，而是需要整个村落、整个片区联合起来，形成一个氛围，讲述一种文化，这需要用心慢慢积累，也需要沉淀村落或者片区的文化记忆。虽然各式民宿建筑的设计风格独具匠心，但更让人怀念的是，在民宿里，你可以品尝主人亲自掌厨的特色菜肴，聊天中很快知晓当地的风土人情，不经意之间总能发现许多自然而然的"小确幸"。

"特色怎么来的？比如我在台北教书三十多年，教育就是我的特色。"高雄垦丁民宿主人陈智夫说，他经营的庄园里单是花草树木就有150多种，为了让游客观赏学习，他还专门为这些植物贴上了介绍牌，把野生植物教学融入了游客的住宿体验之中，吸引了许多带小朋友前来度假的游客群体。

嘉义县来吉部落的兰后民宿因地处深山，"无限风光在险峰"，许多景点须经当地人带领方可进入，民宿主人阿发夷，不仅要照料食宿，有时还身兼司机或导游。晚间，阿发夷还准备了精心编排的篝火晚会，让山间夜生活丰富多彩，顺便也推广了当地部落文化。

此外，在绿岛，民宿主人白天带客人环岛游，晚间会拿着手电筒带客人去看梅花鹿、找萤火虫。台湾许多独具特色的旅游项目，也是因为这些民宿主人的奇思妙想，而源源不断地开发出来。

早期台湾民宿经营，大都是以家庭副业的方式进行，随着民宿的风潮渐热，副业逐渐变成了主业，甚至一些房地产投资商、城市到乡间的"新移民"等，都加入民宿经营。愈有特色愈有市场的经验，让许多业者纷纷着墨于独特的风格设计、当地化的人文历史和温情的家居感受等方面，这也让台湾民宿成为大陆游客赴台游最爱的人文风景之一。

时任台湾民宿协会名誉理事长昊干正说，台湾的每一家民宿的个性虽不同，但大都有独具特色的创意理念和设计风格，希望给游客留下不一样的住宿体验。此外，许多民宿发展的经验，是希望通过"衍生产品"，提供给游客另外一个家的感觉与气氛，这应是民宿行销策略的重心所在。

临近景区景点而兴起的民宿，如果只是将服务定位于解决游客最基本的住宿需求，在"不仅要买得放心，还要买得舒心"的消费时代，无异于一件冷冰冰的柜台商品，很难得到消费者的青睐，近年来，台湾旅游主管部门持续推动特色民宿评选、业者创意设计辅导等等活动，极大提升了民宿的住宿率。

"台湾最美的风景是人。"这些旅行消费者的感受和体验，或许对于大陆蓬勃发展的民宿行业具有一定的启发意义。

（注：以上摘自福建日报，记者李向娟）

附录：城镇乡村公园实例

1 洋畲创意性生态农业文化示范村规划

2 建瓯市东游镇安国寺畲族乡村公园概念性景观规划

3 永春县五里街镇现代生态农业乡村公园概念性规划

4 南安市金淘镇占石红色生态乡村公园核心景区规划

5 永春县五里街镇大羽村鹤寿文化美丽乡村精品村规划

6 建宁县枫源百花乡村公园规划

（提取码：71k3）

参考文献

[1] 骆中钊，袁剑君. 古今家居环境文化 [M]. 北京：中国林业出版社，2007.

[2] 骆中钊，张野平，徐婷俊，等. 小城镇园林景观设计 [M]. 北京：化学工业出版社，2006.

[3] 中国大百科全书出版社编辑部，中国大百科全书总编辑委员会《建筑·园林·城市规划》编辑委员会. 中国大百科全书——建筑·园林·城市规划 [M]. 北京：中国大百科全书出版社，2004.

[4] 严钧，黄颖哲，任晓婷. 传统聚落人居环境保护对策研究 [J]. Sichuan Building Science，2009(05).

[5] 王晓俊. 园林设计论坛 [M]. 南京：东南大学出版社，2003.

[6] 杨鑫，张琦. 基于领土景观肌理的城郊边缘空间整合——解读巴黎杜舍曼公园 [J]. 新建筑，2010(06).

[7] 谢晓英. 唐山凤凰山公园改造与扩绿工程，河北，中国 [J]. 世界建筑，2010(10).

[8] 张晋石. 乡村景观在风景园林规划与设计中的意义 [D]. 北京：北京林业大学，2006.

[9] 张光明. 乡村园林景观建设模式探讨 [D]. 上海：上海交通大学，2008.

[10] 陈玲. 园林规划设计中乡村景观的保护与延续 [D]. 北京：北京林业大学. 2008.

[11] 张志云. 小城镇景观规划与设计研究 [D]. 武汉：华中科技大学. 2005.

[12] 钱诚. 山地园林景观的研究和探讨 [D]. 南京：南京林业大学. 2009.

[13] 刘健. 基于区域整体的郊区发展：巴黎的区域实践对北京的启示 [M]. 南京：东南大学出版社，2004.

[14] 陈威. 景观新农村：乡村景观规划理论与方法 [M]. 北京：中国电力出版社，2007.

[15] 郭焕成，吕明伟，任国柱. 休闲农业园区规划设计 [M]. 北京：中国建筑工业出版社，2007.

[16] 王浩，唐晓岚，孙新旺，等. 村落景观的特色与整合 [M]. 北京：中国林业出版社，2008.

[17] 李百浩，万艳华. 中国村镇建筑文化 [M]. 武汉：湖北教育出版社，2008.

[18] 骆中钊，张惠芳. 南少林寺禅缘古今叙语 [M]. 香港：中国民族文化出版社，2002.

[19] 骆中钊，刘泉全. 破土而出的瑰丽花园 [M]. 福州：海潮摄影艺术出版社，2003.

[20] 吴文涛，吴志旭. 家居健康与禁忌 [M]. 天津：百花文艺出版社，2004.

[21] 任骋. 中国民间禁忌 [M]. 北京：作家出版社，1991.

[22] 崔世昌. 现代建筑与民族文化 [M]. 天津：天津大学出版社，2000.

[23] 李长杰. 中国传统民居与文化（三）[M]. 北京：中国建筑工业出版社，1995.

[24] 欧阳龙生. 住宅与风水 [M]. 南宁：广西民族出版社，1993.

[25] 简·巴特勒·比格斯. 生活环境简明十讲 [M]. 李湘桔，任丰平译. 天津：天津大学出版社，2003.

[26] 刘沛林. 风水——中国人的环境观 [M]. 上海：上海三联书店，2004.

[27] 韩增禄. 易学与建筑 [M]. 沈阳：沈阳出版社，1999.

[28] 国家住宅与居住环境工程中心. 健康住宅建设技术要点 [M]. 北京：中国建筑工业出版社，2004.

[29] 何晓昕. 风水探源 [M]. 南京：东南大学出版社，1990.

[30] 一丁，雨露，洪涌. 中国古代风水与建筑选址 [M]. 石家庄：河北科学技术出版社，1996.

[31] 丁文剑. 建筑环境与中国居家理念 [M]. 上海：东华大学出版社，2005.

[32] 高友谦. 中国风水文化 [M]. 北京：团结出版社，2005.

[33] 乐嘉藻. 中国建筑史 [M]. 北京：团结出版社，2005.

[34] 骆中钊. 风水学与现代家居 [M]. 北京：中国城市出版社，2006.

[35] 俞孔坚. 理想景观探源—风水的文化意义 [M]. 北京：商务印书馆，1998.

[36] 胡汉生. 明代帝陵风水说 [M]. 北京：燕山出版社，2008.

[37] 陈政，陈建武. 中国神秘文化 [M]. 南京：江苏文艺出版社，1992.

[38] 王乾. 古今风水学 [M]. 昆明：云南人民出版社，2000.

[39] 王玉德. 古代风水术注评 [M]. 北京：北京师范大学出版社，广西：广西师范大学出版社，1992.

[40] 丘处机，等. 养生经 [M]. 李羽译注. 北京：中国纺织出版社，2007.

[41] 姚鼎山，张朝伦，田小兵. 生命在于和谐——生态健康之路 [M]. 北京：化学工业出版社，2006.

[42] 姚鼎山，张朝伦，田小兵. 走进长寿村 [M]. 上海：东华大学出版社，2006.

[43] 罗坤生，罗树伟. 宇宙统一场论 [M]. 北京：中国社会科学出版社，2008.

[44] 计王菁，曾维华. 界画与传统建筑装饰艺术 [M]. 北京：化学工业出版社，2011.

[45] 陈敏豪，等. 归程何处——生态史观话文明 [M]. 北京：中国林业出版社，2002.

[46] 骆中钊，商振东，张勃. 小城镇景观设计 [M]. 北京：机械工业出版社，2011.

[47] 宇振荣，郑渝，张晓彤，等. 乡村生态景观建设理论和方法 [M]. 北京：中国林业出版社，2001.

[48] 福建省住房和城乡建设厅. 福建村镇建筑地域特色 [M]. 福州：福建科学技术出版社，2012.

[49] 沈泽江，杨秋生，孙越明. 村庄资源与创新项目——中国农业公园 [M]. 北京：中国农业出版社，2011.

[50] 庄晨辉. 乡村公园 [M]. 北京：中国林业出版社，2009.

[51] 郑占锋. 我国乡村风景公园体系构建理论初探 [OL]. 中国风景园林网 (www.chla.com.cn).

[52] 孙大章. 中国民居之美 [M]. 北京：中国建筑工业出版社，2011.

[53] 王其钧. 结庐人境——中国民居 [M]. 上海：上海文艺出版社，2006.

[54] 维基·理查森. 新乡土建筑 [M]. 吴晓，于雷译. 北京：中国建筑工业出版社，2004.

[55] 赵新良. 诗意栖居——中国传统民居的文化解读 [M]. 北京：中国建筑工业出版社，2007.

[56] 骆中钊. 中华建筑文化 [M]. 北京：中国城市出版社，2014.

后 记

感恩

"起厝功，居厝福"是泉州民间的古训，也是泉州建筑文化的核心精髓，是泉州人"大 精神，善行天下"文化修养的展现。

"起厝功，居厝福"激励着泉州人刻苦钻研、精心建设，让广大群众获得安居，充分地展现了中华建筑和谐文化的崇高精神。

"起厝功，居厝福"是以惠安崇武三匠（溪底大木匠、五峰石艺匠、官住泥瓦匠）为代表的泉州工匠，营造宜居故乡的高尚情怀。

"起厝功，居厝福"是泉州红砖古大厝，创造在中国民居建筑中独树一帜辉煌业绩的力量源泉。

"起厝功，居厝福"是永远铭记在我脑海中，坎坷耕耘苦修持的动力和毅力。在人生征程中，感恩故乡"起厝功，居厝福"的敦促。

感慨

建筑承载着丰富的历史文化，凝聚了人们的思想感情，体现了人与人、人与建筑、人与社会以及人与自然的关系。历史是根，文化是魂。每个地方蕴涵文化精、气、神的建筑，必然成为当地凝固的故乡魂。

我是一棵无名的野草，在改革开放的春光沐浴下，唤醒了对翠绿的企盼。

我是一个远方的游子，在乡土、乡情和乡音的乡思中，踏上了寻找可爱故乡的路程。

我是一块基础的用砖，在莺歌燕舞的大地上，愿为营造独特风貌的乡魂建筑埋在地里。

我是一支书画的毛笔，在美景天趣的自然里，愿做诗人画家塑造令人陶醉乡魂的工具。

感动

我，无比激动。因为在这里，留下了我走在乡间小路上的足迹。1999年我以"生态旅游富农家"立意规划设计的福建龙岩洋畲村，终于由贫困变为较富裕，成为著名的社会主义新农村，我被授予"荣誉村民"。

我，热泪盈眶。因为在这里，留存了我踏平坎坷成大道的路碑。1999年，以我历经近一年多创作的泰宁状元街为建筑风貌基调，形成具有"杉城明韵"乡魂的泰宁建筑风貌闻名遐迩，成为福建省城镇建设的风范，我被授予"荣誉市民"。

我，心花怒发。因为在这里，留住了我战胜病魔勇开拓的记载。我历经十个月潜心研究创作的时代畲寮，终于在壬辰端午时节呈现给畲族山哈们，安国寺村鞭炮齐鸣，众人欢腾迎接我这远方异族的亲人。

我，感慨万千。因为在这里，留载了我研究新农村建设的成果。面对福建省东南山国的优美自然环境，师法乡村园林，开拓性地提出了开发集山、水、田、人、文、宅为一体乡村公园的新创意，初见成效，得到业界专家学者和广大群众的支持。

我，感悟乡村。因为在这里，有着淳净的乡土气息、古朴的民情风俗、明媚的青翠山色和清澈的山泉溪流、秀丽的田园风光，可以获得乡土气息的"天趣"、重在参与的"乐趣"、老少皆宜的"谐趣"和净化心灵的"雅趣"。从而成为诱人的绿色产业,让处在钢筋混凝土高楼丛林包围、饱受热浪煎熬、呼吸尘土的城市人在饱览秀色山水的同时,吸够清新空气的负离子、享受明媚阳光的沐浴、痛饮甘甜的山泉水、脚踩松软的泥土香;感悟到"无限风光在乡村"!

我,深怀感恩。感谢恩师的教诲和很多专家学者的关心;感谢故乡广大群众和同行的支持;感谢众多亲朋好友的关切。特别感谢我太太张惠芳带病相伴和家人的支持,尤其是我孙女励志勤奋自觉苦修建筑学,给我和全家带来欣慰,也激励我老骥伏枥地坚持深入基层。

我,期待怒放。在"外来化"即"现代化"和浮躁心理的冲击下,杂乱无章的"千城一面,百镇同貌"四处泛滥。"人人都说家乡好。"人们寻找着"故乡在哪里?"呼唤着"敢问路在何方?"期待着展现传统文化精气神的乡魂建筑遍地怒放。

感想

唐代伟大诗人杜甫在《茅屋为秋风所破歌》中所曰:"安得广厦千万间,大庇天下寒士俱欢颜,风雨不动安如山!"的感情,毛泽东主席在《忆秦娥·娄山关》中所云:"雄关漫道真如铁,而今迈步从头越。从头越,苍山如海,残阳如血。"的奋斗精神,当促使我在新型城镇化的征程中坚持努力探索。

圆月璀璨故乡明,绚丽晚霞万里行。